高等职业教育计算机专业系列教材

Java
程序设计案例教程

主　编　邢海燕　陈　静　卜令瑞

副主编　靳晓娟　牟艳霞　李　朋

孙艳华　李　兵

北京理工大学出版社

BEIJING INSTITUTE OF TECHNOLOGY PRESS

内 容 简 介

Java是计算机类相关专业的编程入门语言，本书从Java语言的安装环境、基础语法、控制结构到面向对象编程、图形用户界面、输入/输出、数据库编程和网络编程，一步步深入，由简单到复杂。本书的每一部分内容都以学习任务为导向，涵盖了各个知识点。通过任务实施，学员可以巩固前面所学的知识和技术，积累项目开发经验。

本书通俗易懂，对图示、代码几乎都加了注释，帮助读者快速理解；提供大量的案例，以增强读者的动手能力，激发学习兴趣。本书提供电子教案、课件、源代码、习题及答案，为教师授课和学生学习提供便利。

本书既可以用作计算机相关专业的程序设计课程教材，也可以用作Java技术基础的培训教材，并且是一本适合广大计算机编程初学者学习的入门级读物。

图书在版编目（CIP）数据

Java程序设计案例教程/邢海燕，陈静，卜令瑞主编．—北京：北京理工大学出版社，2021.4（2024.1重印）

ISBN 978-7-5682-9460-7

Ⅰ.①J… Ⅱ.①邢…②陈…③卜… Ⅲ.①JAVA语言-程序设计-教材 Ⅳ.①TP312.8

中国版本图书馆CIP数据核字（2021）第005049号

责任编辑：王玲玲　　文案编辑：王玲玲
责任校对：周瑞红　　责任印制：施胜娟

出版发行／北京理工大学出版社有限责任公司
社　　址／北京市丰台区四合庄路6号
邮　　编／100070
电　　话／（010）68914026（教材售后服务热线）
　　　　　（010）68944437（课件资源服务热线）
网　　址／http：//www.bitpress.com.cn

版 印 次／2024年1月第1版第4次印刷
印　　刷／三河市天利华印刷装订有限公司
开　　本／787 mm×1092 mm　1/16
印　　张／21
字　　数／462千字
定　　价／59.90元

图书出现印装质量问题，请拨打售后服务热线，负责调换

Foreword 前言

Java 语言于 20 世纪 90 年代初期诞生，伴随着计算机平台的多样化及互联网的迅猛发展而发展，逐渐成为重要的网络编程语言。Java 语言是一种面向对象的程序设计语言，它的风格和 C++ 语言十分接近，换句话说，它继承了 C++ 语言面向对象技术的核心，但舍弃了 C++ 语言中容易产生错误的部分。Java 语言具有面向对象、分布式、解释性、健壮性、安全性、跨平台、可移植性、高性能、多线程等重要技术特性。

习近平总书记在中国共产党第二十次全国代表大会上的报告中指出办好人民满意的教育。教育是国之大计、党之大计。培养什么人、怎样培养人、为谁培养人是教育的根本问题。本书本着以学生为中心，内容实用、资源丰富、通俗易懂等原则，构架了完整的知识体系，全书共分 9 个模块，介绍了 Java 程序开发环境的搭建及 Java 程序的开发流程、Java 语言的基本语法规则、面向对象的编程基础和进阶、Java 图形用户界面编程、Java 多线程和异常处理机制、Java 的输入/输出流、Java 数据库编程和 Java 网络编程等知识。

本书坚持创造性转化、创新性发展，以社会主义核心价值观为引领，每一个模块的内容都由案例引入，根据案例需求进行知识讲解，并配有相应的实训，逐步增加难度和复杂度。内容的选取以理论知识必需、够用为度，突出具有针对性和实用性的职业能力训练项目，侧重于培养读者使用 Java 语言进行面向对象程序设计的基本技能，而不是对 Java 技术进行百科全书式的介绍。

本书主要特色如下：

（1）每一个模块中的内容都由案例引入。每个模块除了引入的案例外，另有若干针对性和实用性强的职业能力训练项目。

（2）本书包含丰富的案例，图文并茂，突出实践，以达到活学活用的目的。本书采用的案例及训练项目都经过严格筛选，并经由企业人士指导。

本书提供电子教案、课件、源代码、习题及答案，为教师授课和学生学习提供便利。本书可以为后续的 Java 高级开发及其他编程语言的学习打下良好的基础。本书既可以用作计算机相关专业的程序设计课程教材，也可以用作 Java 技术基础的培训教材，并且是一本适合广大计算机编程初学者学习的入门级读物。

本书由山东劳动职业技术学院、德州职业技术学院、山东师范大学和联想集团合作完成。本书由邢海燕、陈静、卜令瑞主编，靳晓娟、牟艳霞（德州职业技术学院）、李朋（山东师范大学）、孙艳华、李兵（联想集团）副主编。其中，模块 1 由陈静编写，模块 2 和模块 9 由靳晓娟编写，模块 3 和模块 5 由李朋编写，模块 4 由邢海燕编写，模块 6 由卜令瑞编写，模块 7 由孙艳华编写，模块 8 由牟艳霞和李兵编写。邢海燕负责全书的统稿工作。

由于编者水平有限，书中难免存在疏漏之处，欢迎广大读者批评指正。

编　者

Contents 目录

模块 1　Java 开发环境搭建 …… 1

任务 1　Java 概述 …… 1

任务 2　搭建开发环境 …… 5

任务 3　第一个 Java 程序 …… 15

习题 …… 25

模块 2　Java 语言基础 …… 27

任务 1　求圆的面积和周长案例 …… 27

任务 2　判断大小写字母案例 …… 43

任务 3　数字排序案例 …… 55

习题 …… 70

模块 3　面向对象编程基础 …… 73

任务 1　定义名为 Student 的学生类 …… 73

任务 2　计算长方形的面积 …… 79

任务 3　Teacher 教师类 …… 92

习题 …… 101

模块 4　面向对象编程进阶 …… 104

任务 1　动物类的继承 …… 104

任务 2　形状类和矩形类 …… 126

任务 3　计算器 …… 138

习题 …… 150

模块 5　Java 图形用户界面开发 …… 153

任务 1　HelloWorld 窗体和对话框 …… 153

任务 2　用户注册界面设计 …… 158

任务 3　简单计算器 …… 193

习题 …… 204

模块 6　Java 多线程与异常处理 …… 205

任务 1　移动文字与改变颜色案例 …… 205

任务 2　银行存取款案例 …… 215

任务 3　数组越界和除数为零异常案例 …… 225
习题 …… 231
模块 7　输入/输出流 …… 233
任务 1　文件管理操作 …… 233
任务 2　文件编辑器 …… 240
任务 3　文件复制 …… 252
习题 …… 259
模块 8　数据库编程 …… 261
任务　学生信息管理系统 …… 261
习题 …… 306
模块 9　Java 网络编程 …… 308
任务 1　通过 URL 类访问网络资源案例 …… 308
任务 2　基于 TCP 协议的网络通信案例 …… 315
任务 3　基于 UDP 协议的网络通信案例 …… 322
习题 …… 327

模块 1
Java 开发环境搭建

【模块教学目标】

- 掌握 Java 的开发环境的搭建、Java 平台的构成
- 掌握 Java 程序的两种开发方法、开发过程及各自特点
- 了解 Java 语言的特点

任务 1 Java 概述

导入任务

了解 Java 平台的架构；了解 Java 语言的特点；了解 Java 的应用。

知识准备

一、Java 简介

Java 是一种高级的面向对象的程序设计语言。Java 既安全、可移植，又可跨平台，并且人们发现它能够解决 Internet 上的大型应用问题，从 PC 机到手机上都有 Java 开发的程序和游戏。1991 年，Sun 公司的 James Gosling 等开始开发名称为 Oak 的语言，目标定位在家用电器等小型系统的程序语言，主要应用于电视机、电话、闹钟、烤面包机等家用电器的控制和通信。由于这些智能化家电的市场需求没有预期的高，Sun 公司放弃了该项计划。随着互联网的发展，Sun 公司看见 Oak 在互联网上的应用前景，于是改造了 Oak，于 1995 年 5 月以 Java 的名称正式发布。Java 伴随着互联网的迅猛发展而发展，逐渐成为重要的网络编程语言。

Java 编程语言的风格十分接近 C++ 语言。继承了 C++ 语言面向对象技术的核心，Java 舍弃了 C++ 语言中容易引起错误的指针，改为引用替换，同时移除原 C++ 与原来运算符重

载特性，也移除多重继承特性，改用接口替换，增加垃圾回收器功能。在 Java SE 1.5 版本中引入了泛型编程、类型安全的枚举、不定长参数和自动装/拆箱特性。Sun 公司对 Java 语言的解释是：“Java 编程语言是个简单、面向对象、分布式、解释性、健壮、安全与系统无关、可移植、高性能、多线程和动态的语言。”

Java 不同于一般的编译语言或直译语言。它首先将源代码编译成字节码，然后依赖各种不同平台上的虚拟机来解释执行字节码，从而实现了“一次编写，到处运行”的跨平台特性。在早期 JVM 中，这在一定程度上降低了 Java 程序的运行效率。但在 J2SE1.4.2 发布后，Java 的运行速度有了大幅提升。与传统形态不同，Sun 公司在推出 Java 时就将其作为开放的技术。全球数以万计的 Java 开发公司被要求所设计的 Java 软件必须相互兼容。“Java 语言靠群体的力量而非公司的力量”是 Sun 公司的口号之一，并获得了广大软件开发商的认同。这与微软公司所倡导的注重精英和封闭式的模式完全不同，此外，微软公司后来推出了与之竞争的 .NET 平台及模仿 Java 的 C#语言。后来 Sun 公司被甲骨文公司并购，Java 也随之成为甲骨文公司的产品。

二、Java 语言的特点

Java 语言的特点主要表现在：简单、面向对象、自动的内存管理、分布计算、健壮性、安全性、解释执行、跨平台、多线程及异常处理、动态性等方面。

1. 简单

由于 Java 的结构类似于 C 和 C++，所以熟悉 C 与 C++ 语言的编程人员稍加学习就很容易掌握 Java 的编程技术了。出于安全、稳定性的考虑，Java 语言去除了 C++ 中一些不容易理解又容易出错的部分，如指针。Java 所具有的自动内存管理机制也大大简化了 Java 程序设计开发。

2. 面向对象

Java 语言是一种新的面向对象的程序设计语言，它除了几种基本的数据类型外，大都是类似 C++ 中的对象和方法，程序代码大多体现了类机制，以类的形式组织，由类来定义对象的各种行为。

Java 提供了简单的类机制和动态的构架模型，对象中封装了它的状态变量和方法（函数、过程），实现了模块化和信息隐藏；而类则提供了一类对象的原型，通过继承和多态机制，子类可以使用或者重新定义父类或者超类所提供的过程，从而实现代码的复用。

3. 自动内存管理

Java 的自动垃圾回收（auto garbage collection）实现了内存的自动管理，因此简化了 Java 程序开发的工作，早期的垃圾回收（garbage collection，GC）对系统资源抢占太多，从而影响整个系统的运行，Java2 对 GC 进行的改良使 Java 的效率有了很大提高。GC 的工作机制是周期性地自动回收无用存储单元。Java 的自动内存回收机制简化程序开发的同时，提高了程序的稳定性和可靠性。

4. 分布计算

Java 为程序开发提供了 java. net 包，该包提供了一组使程序开发者可以轻易实现基于 TCP/IP 的分布式应用系统。此外，Java 还提供了专门针对互联网应用的类库，如 URL、

Java mail 等。

5. 健壮性

Java 语言的设计目标之一就是编写高可靠性的软件。Java 语言提供了编译时检查和运行时检查，用户可以满怀信心地编写 Java 代码，在开发过程中系统将会发现很多错误，不至于将错误推迟到产品发布时才发现。

6. 安全性

Java 的设计目的是提供一个用于网络/分布式的计算环境。因此，Java 强调安全性，例如确保无病毒、小应用程序运行安全控制等。Java 的验证技术是以公钥（public-key）加密算法为基础，并且从环境变量、类加载器、文件系统、网络资源和名字空间等方面实施安全策略。

7. 解释执行

Java 解释器（interpreter）可以直接在任何已移植的解释器的机器上解释、执行 Java 字节码，不需重新编译。当然，其版本向上兼容，因此，如果是高版本环境下编译的 Java 字节码，到低版本环境下运行也许会有部分问题。

8. 平台无关性

Java 是网络空间的“世界语”，编译后的 Java 字节码可以在所有提供 Java 虚拟机（JVM）的多种不同主机、不同处理器上运行。“一次编写，到处运行”也许是 Java 最诱人的特点。用 Java 开发而成的系统，其移植工作几乎为零，一般情况下只需对配置文件、批处理文件做相应修改即可实现平滑移植。

9. 多线程

Java 的多线程（multithreading）机制使程序可以并行运行。同步机制保证了对共享数据的正确操作。多线程使程序设计者可以用不同的线程分别实现各种不同的行为，例如，用户在 WWW 浏览器中浏览网页还可以听音乐，后台浏览器又可以同时下载图像，因此，使用 Java 语言可以非常轻松地实现网络上的实时交互行为。

10. 异常处理

C 语言程序员大都使用 goto 语句来做条件跳转，Java 编程中不支持 goto 语句。Java 采用异常模型使程序的主流逻辑变得更加清晰明了，并且能够简化错误处理工作。

11. 动态性

Java 语言的设计目标之一是适应动态变化的环境。Java 在类库中可以自由地加入新方法和实例变量，而不影响用户程序的执行。Java 通过接口来支持多重继承，使其具有更灵活的方式和扩展性。

三、Java 语言的应用

Java 介于编译型语言和解释型语言之间。编译型语言如 C、C++，代码是直接编译成机器码执行，但是不同的平台（x86、ARM 等）CPU 的指令集不同，因此，需要编译出每一种平台的对应机器码。解释型语言如 Python、Ruby 没有这个问题，可以由解释器直接加载源码然后运行，代价是运行效率太低。而 Java 是将代码编译成一种“字节码”，它类似于抽象的 CPU 指令，然后针对不同平台编写虚拟机，不同平台的虚拟机负责加载字节码并执行，这样就实现了“一次编写，到处运行”的效果。当然，这是针对Java开发者而言的，对于虚拟机，需要为每个平台分别开发。为了保证不同平台、不同公司开发的虚拟机都能正确执行Java字节码，Sun公司制定了一系列的Java虚拟机规范。从实践的角度看，JVM的兼容性做得非常好，低版本的Java字节码完全可以正常运行在高版本的JVM上。

随着Java的广泛应用，Java分为三个体系Java SE（Java 2 Platform Standard Edition，Java平台标准版），Java EE（Java 2 Platform Enterprise Edition，Java平台企业版），Java ME（Java 2 Platform Micro Edition，Java平台微型版）。

Java SE：Java SE以前称为J2SE。它是允许开发和部署在桌面、服务器、嵌入式环境和实时环境中使用的Java应用程序。Java SE包含了支持Java Web服务开发的类，并为Java EE提供基础。

Java EE：这个版本以前称为J2EE。企业版本帮助开发和部署可移植、健壮、可伸缩且安全的服务器端Java应用程序。Java EE是在Java SE的基础上构建的，它提供Web服务、组件模型、管理和通信API，可以用来实现企业级的面向服务体系结构（service-oriented architecture，SOA）和Web 2.0应用程序。

Java ME：这个版本以前称为J2ME。Java ME为在移动设备和嵌入式设备（比如手机、PDA、电视机顶盒和打印机）上运行的应用程序提供一个健壮且灵活的环境。Java ME包括灵活的用户界面、健壮的安全模型、许多内置的网络协议及对可以动态下载的连网和离线应用程序的丰富支持。基于Java ME规范的应用程序只需编写一次，就可以用于许多设备，并且可以利用每个设备的本机功能。

这三者之间的关系如图1－1所示。

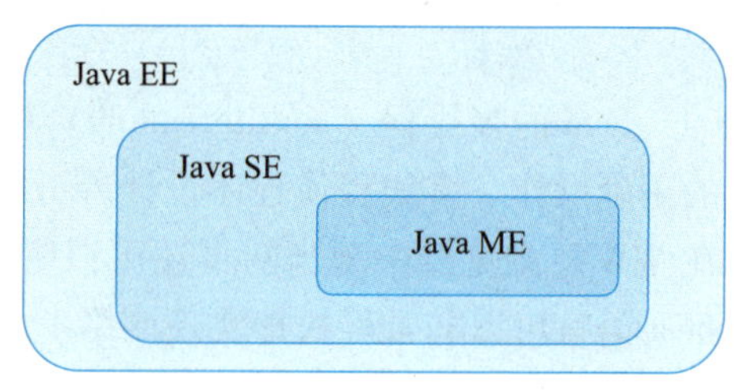

图1－1　Java EE、Java SE、Java ME三者之间的关系

简单来说，Java SE就是标准版，包含标准的JVM和标准库，而Java EE是企业版，它只是在Java SE的基础上加上了大量的API和库，以方便开发Web应用、数据库、消息服务等。Java EE使用的虚拟机和Java SE完全相同。Java ME和Java SE不同，它是一个针对嵌入式设备的“瘦身版”，Java SE的标准库无法在Java ME上使用，Java ME的虚拟机也是“瘦身版”。

毫无疑问，Java SE是整个Java平台的核心，而Java EE是进一步学习Web应用所必需的。人们熟悉的Spring等框架都是Java EE开源生态系统的一部分。不幸的是，Java ME在早期的智能手机中广泛应用，现在Android开发成为移动平台的标准之一，因此，没有特殊需求，不建议学习Java ME。

根据目前需要的岗位核心能力，推荐的Java学习途径如下：

①首先要学习Java SE，掌握Java语言、Java核心开发技术及Java标准库的使用。

②若要从事Java EE工程师、Web开发给工程师等岗位，需要继续学习Java EE，学习的后续内容是Spring框架、数据库开发、分布式架构。

③若要从事大数据开发工程师等岗位，那么Hadoop、Spark、Flink这些大数据平台就是需要学习的，它们都基于Java或Scala开发的。

④若要从事移动开发工程师岗位，那么就深入 Android 平台，掌握 Android App 的开发。无论怎么选择，Java SE 的核心技术是基础。

四、Java 未来前景

由于 Java 语言具有上述优秀特性，所以其应用前景必然美好，未来发展肯定会与互联网的发展需求绑定：

①所有面向对象的应用开发。

②软件工程中需求分析、系统设计、开发实现和维护。

③中小型多媒体系统设计与实现。

④消息传输系统。

⑤分布计算交易管理应用（JTS/RMI/CORBA/JDBC 等技术应用）。

⑥Internet 的系统管理功能模块的设计，包括 Web 页面的动态设计、网站信息提供管理和交互操作设计等。

⑦Intranet（企业内部网）上完全基于 Java 和 Web 技术的应用开发。

⑧Web 服务器后端与各类数据库连接管理器（队列、缓冲池）。

⑨安全扫描系统（包括网络安全扫描、数据库安全扫描、用户安全扫描等）。

⑩网络/应用管理系统。

⑪其他应用类型的程序。

任务2 搭建开发环境

导入任务

安装 Java 开发工具包 JDK，进行环境变量的配置，完成 JDK 开发环境的搭建。安装配置成功后，在命令提示符窗口输入“javac”命令，得到如图 1－2 所示效果。

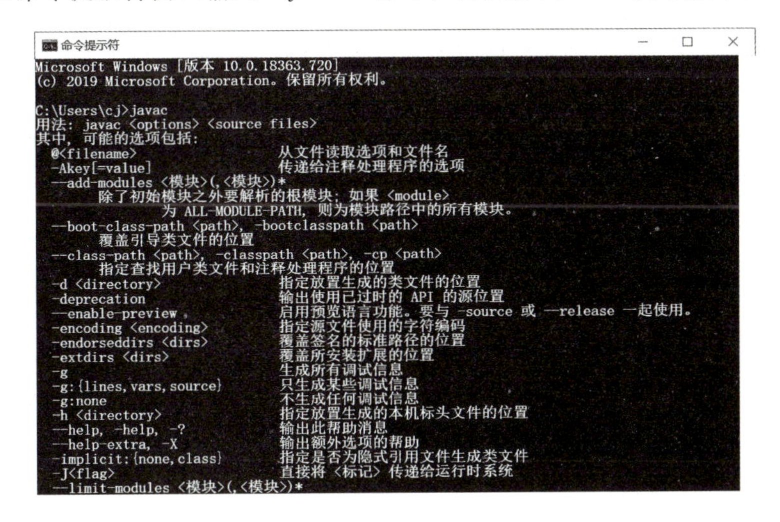

图 1－2 运行效果图

知识准备

一、Java 开发环境

Java 运行环境，即 Java Runtime Environment，简称为 JRE，是在任何平台上运行 Java 编写的程序都需要用到的软件。终端用户可以以软件或者插件方式得到和使用 JRE。Sun 公司还发布了一个 JRE 的更复杂的版本，叫作 JDK（Java Development Kit），即 Java 开发者工具包。那么 JRE 和 JDK 之间是什么关系呢？简单地说，JRE 就是运行 Java 字节码的虚拟机。但是，如果只有 Java 源码（源程序），要编译成 Java 字节码，就需要 JDK，因为 JDK 除了包含 JRE，还提供了编译器、调试器等开发工具，因此，搭建 Java 的开放环境就变成了安装配置 JDK。JDK 和 JRE 二者之间的关系如图 1－3 所示。

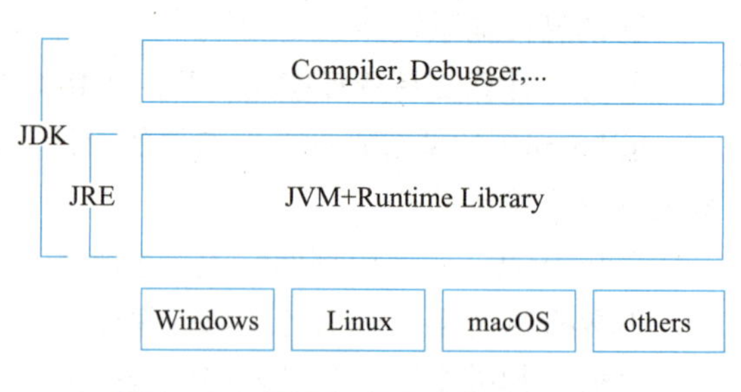

图 1－3　JDK 和 JRE 二者关系

JDK 现在是一个开源、免费的工具。JDK 是其他 Java 开发工具的基础，也就是说，在安装其他开发工具以前，必须首先安装 JDK。对于初学者来说，使用该开发工具进行学习，可以在学习的初期把精力放在 Java 语言语法的学习上，体会更多底层的知识，对于以后的程序开发很有帮助。

但是 JDK 未提供 Java 源代码的编写环境，这个是 Sun 公司提供的很多基础开发工具的通病，所以实际的代码编写还需要在其他的文本编辑器中进行。比如 Java 可以在记事本中进行代码编写，其实大部分程序设计语言的源代码都是一个文本文件，只是存储成了不同的后缀名罢了。

二、JDK 版本介绍

1995 年 5 月 23 日，Java 语言诞生。从 1996 年发布 1.0 版本开始，到目前为止，最新的 Java 版本是 Java SE 14。Java 版本发展历史及每个版本的新增特性见表 1－1。

表 1－1　Java 版本发展历史

版本号	发布时间	新增新特性
Java 1.0	1996 年 1 月	Java 虚拟机、Applet、AWT
Java 1.1	1997 年 2 月	JAR 文件格式、JDBC、Java Beans、RMI
Java 1.2	1998 年 12 月	EJB、Java Plug－in、Java IDL、Swing
Java 1.3	2000 年 5 月	Math、Timer API、JNDI、RMI－IIOP、Java 2D API、Java Sound
Java 1.4	2004 年 2 月	Regular Expressions、异常链、NIO、日志类、XML 解析器、XSLT 解析器
Java 1.5	2004 年 9 月	自动装箱与拆箱、泛型、动态注解、枚举、可变长参数、遍历循环、静态导入

续表

版本号	发布时间	新增新特性
Java 6	2006 年 12 月	提供动态语言支持、Desktop 类和 SystemTray 类、使用 JAXB2 来实现对象与 XML 之间的映射、理解 STAX、使用 Compiler API、轻量级 Http Server API、插入式注解处理 API、使用 Console 开发控制台程序、Common Annotations、Java GUI 界面的显示、嵌入式数据库 Derby、Web 服务元数据、Jtable 的排序和过滤、更简单和更强大的 JAX－WS
Java 7	2011 年 7 月	switch 语句中可以使用字符串、泛型实例化类型自动推断、自定义自动关闭类、新增一些读取环境信息的工具方法、Boolean 类型反转、空指针安全、参与位运算、两个 char 之间的 equals、更加安全的加减乘除、对 Java 集合（Collections）的增强支持、数值可加下划线、支持二进制数字
Java 8	2014 年 3 月	接口的默认方法、Lambda 表达式、函数式接口、方法与构造函数引用、扩展了集合类、新的 Date API、Annotation 多重注解、Streams API、Parallel Streams、Map 数据结构改进
Java 9	2017 年 9 月	Jigsaw 模块化项目、简化进程 API、轻量级 JSON API、钱和货币的 API、改善锁竞争机制、代码分段缓存、智能 Java 编译、HTTP2. 0、客户端、Kulla 计划
Java 10	2018 年 3 月	局部变量的类型推断、GC 改进和内存管理、线程本地握手、备用内存设备上的堆分配、其他 Unicode 语言－标记扩展、基于 Java 的实验性 JIT 编译器、开源根证书、根证书颁发认证（CA）、将 JDK 生态整合单个存储库、删除工具 javah、Java REPL（JShell）
Java 11	2018 年 9 月	本地变量类型推断、字符串增强、集合增强、Stream 增强、Optional 增强、InputStream 增强、标准化 HTTP Client API、单个命令编译运行源代码
Java 12	2019 年 3 月	微基准测试套件、Switch 表达式、Shenandoah 垃圾回收集、JVM Constants API、Default CDS Archives
Java 13	2019 年 9 月	动态应用程序类－数据共享、增强 ZGC 释放未使用内存、Socket API 重构、Switch 表达式扩展（预览功能）、文本块（预览功能）
Java 14	2020 年 3 月	instanceof 的模式匹配（预览）、改进了 NullPointerException 的可读性、Record（预览特性）、改进的 switch 表达式实现完全支持

三、JDK 的下载、安装、配置和测试

（一）JDK 的下载

如果需要获得 JDK 最新版本，可以到 Oracle 公司的官方网站上进行下载，下载地址为 https://www. oracle. com/java/technologies/javase-downloads. html，下载最新版本的“Java SE 14”，选择对应的操作系统即可。若 PC 机是 Windows 操作系统，可做如图 1－4 所示选择。

其实如果不需要安装 JDK 最新版本的话，也可以在国内主流的下载站点下载 JDK 的安装程序，只是这些程序的版本可能稍微老一些，这些对于初学者来说影响不大。

JDK 14.0.1 checksum

Java SE Development Kit 14

This software is licensed under the Oracle Technology Network License Agreement for Oracle Java SE

Product / File Description	File Size	Download
Linux Debian Package	157.92 MB	jdk-14.0.1_linux-x64_bin.deb
Linux RPM Package	165.04 MB	jdk-14.0.1_linux-x64_bin.rpm
Linux Compressed Archive	182.04 MB	jdk-14.0.1_linux-x64_bin.tar.gz
macOS Installer	175.77 MB	jdk-14.0.1_osx-x64_bin.dmg
macOS Compressed Archive	176.19 MB	jdk-14.0.1_osx-x64_bin.tar.gz
Windows x64 Installer	162.07 MB	jdk-14.0.1_windows-x64_bin.exe
Windows x64 Compressed Archive	181.53 MB	jdk-14.0.1_windows-x64_bin.zip

图 1－4　JDK 下载界面

（二）JDK 的安装

Windows 操作系统上的 JDK 安装程序是一个 exe 可执行程序，直接安装即可，在安装过程中可以选择安装路径及安装的组件等，如果没有特殊要求，选择默认设置即可。程序默认的安装路径在 C:\Program Files\Java 目录下，也可以更改安装路径，如图 1－5 所示。按照软件提示一步步安装即可，得到如图 1－6 所示结果，表明安装成功。

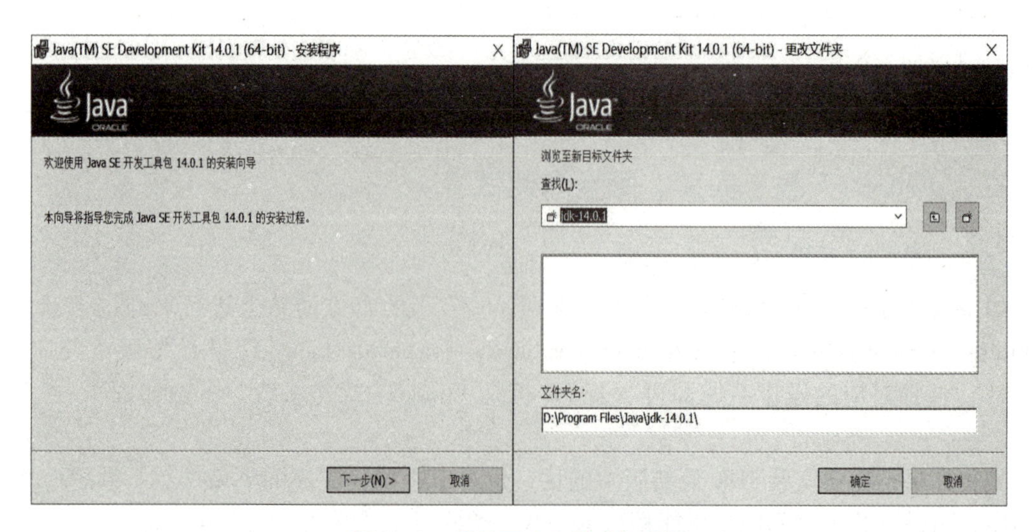

图 1－5　JDK 更改安装路径选择

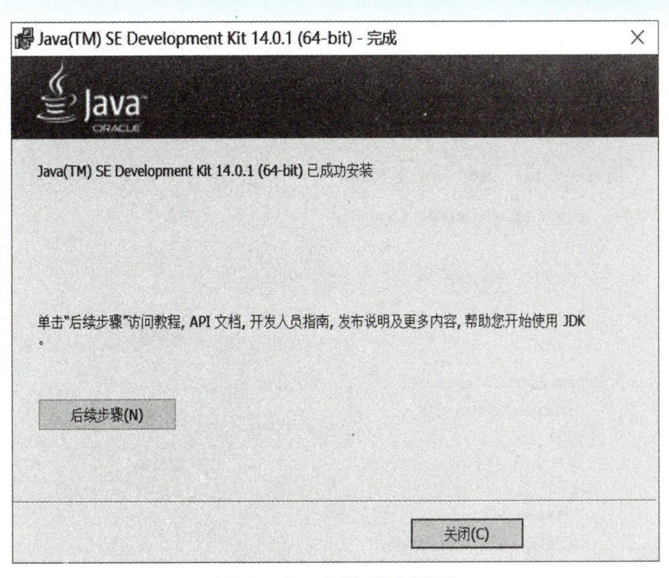

图 1－6　安装成功界面

（三）JDK 的配置

JDK 安装完成以后，可以不用设置就进行使用，但是为了使用方便，一般需要进行简单的配置。由于 JDK 提供的编译和运行工具都是基于命令行的，所以需要进行一下 DOS 下面的一个设定，把 JDK 安装目录下 bin 目录中的可执行文件都添加到 DOS 的外部命令中，这样就可以在任意路径下直接使用 bin 目录下的 exe 程序了。配置的参数为操作系统中的 path 环境变量，该变量的用途是系统查找可执行程序所在的路径。配置步骤如下。

①找到 JDK 的安装路径，打开文件夹 D:\Program Files\Java\jdk－14. 0. 1\bin，选中地址栏的地址路径，右击，选择“复制”，如图 1－7 所示。

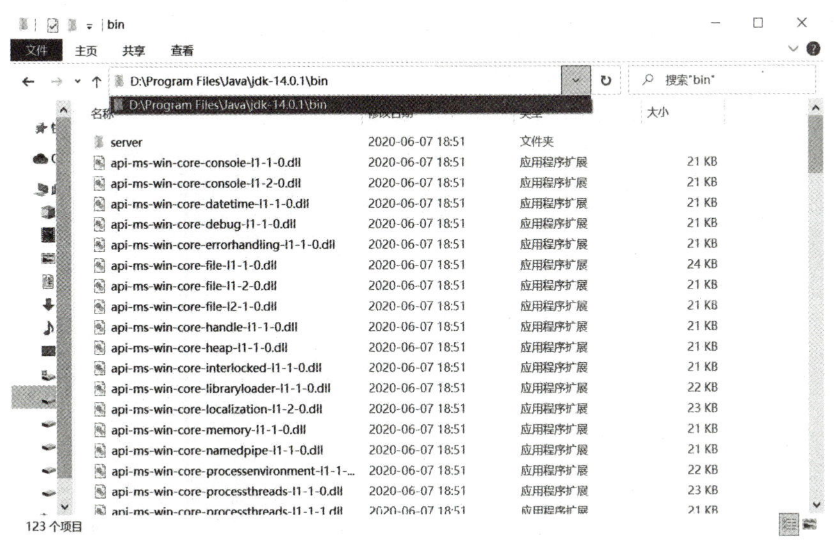

图 1－7　bin 目录中的可执行文件的路径

②单击“开始”→“设置”→“控制面板”→“系统”。也可以选择桌面上的“我的

电脑”，单击鼠标右键，选择“属性”，打开“系统”窗口，在窗口中选择“高级系统设置”，打开“系统属性”窗口，如图1－8所示。

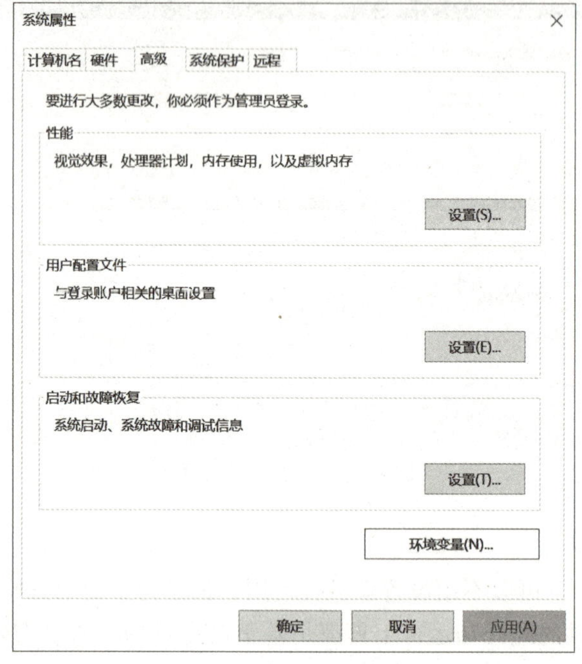

图1－8 “系统属性”窗口

③在“系统属性”窗口中，单击“高级”属性页中的“环境变量”按钮。选中用户变量中的Path变量这一行，单击“编辑”按钮，打开“编辑环境变量”对话框，选择“编辑”按钮，在第二行空白处单击右键，选择“粘贴”，将之前复制的bin目录中的可执行文件的路径粘贴到这里，如图1－9所示。

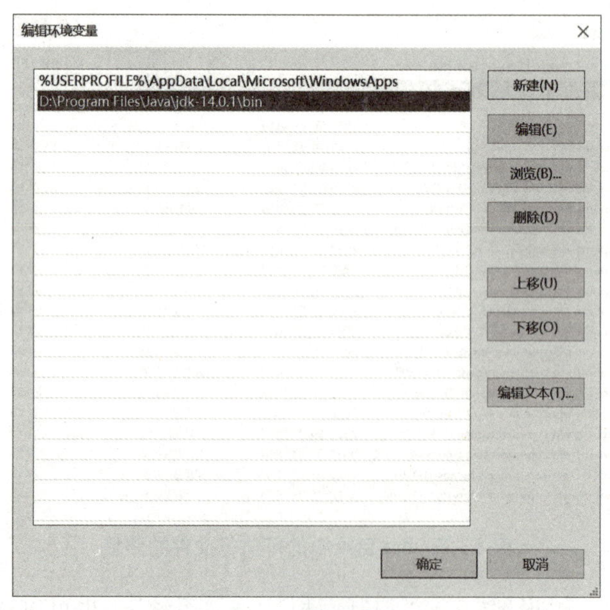

图1－9 编辑用户变量

④在“环境变量”窗口中，单击“系统变量”中“新建”按钮，打开“新建系统变量”对话框，变量名输入“ClassPath”，变量值输入“.;”，再将复制的路径粘贴到这里，单击“确定”按钮，如图1-10所示。

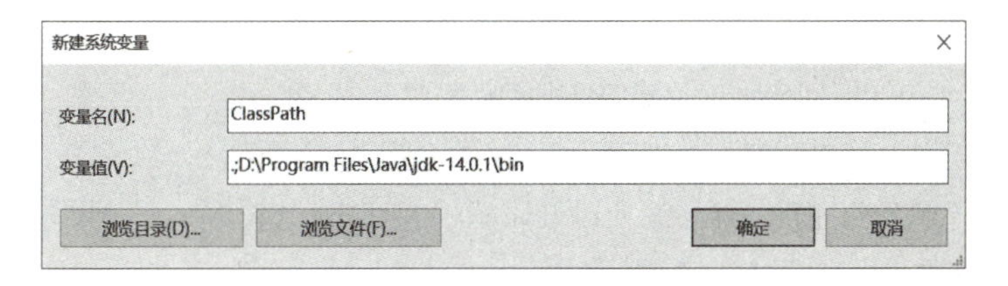

图1-10　新建系统变量

⑤在“环境变量”窗口中，单击“系统变量”中“新建”按钮，打开“新建系统变量”对话框，变量名输入“Java_Home”，再将复制的路径粘贴到这里，单击“确定”按钮，如图1-11所示。

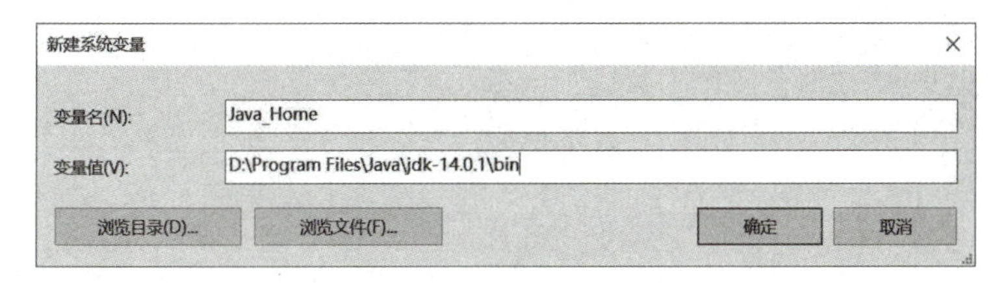

图1-11　新建系统变量 Java_Home

⑥新建完成两个系统变量后，效果如图1-12所示，单击“确定”→“确定”按钮，保存设置。

图1-12　系统变量设置成功

注意：把 JDK 安装路径中 bin 目录的绝对路径添加到变量的值中，并使用半角的分号和已有的路径进行分隔。本机 JDK 的安装路径下的 bin 路径 D:\Program Files\Java\jdk-14. 0. 1\bin，则把该路径添加到变量值中，以上路径在不同的计算机中根据安装位置可能不同。

（四）测试

配置完成以后，可以使用如下格式来测试配置是否成功：

①单击“开始”→“程序”→“附件”→“命令提示符”。

②在“命令提示符”窗口中，输入“javac”，按 Enter 键执行。如果输出的内容是使用说明，则说明配置成功，如图 1－13 所示。

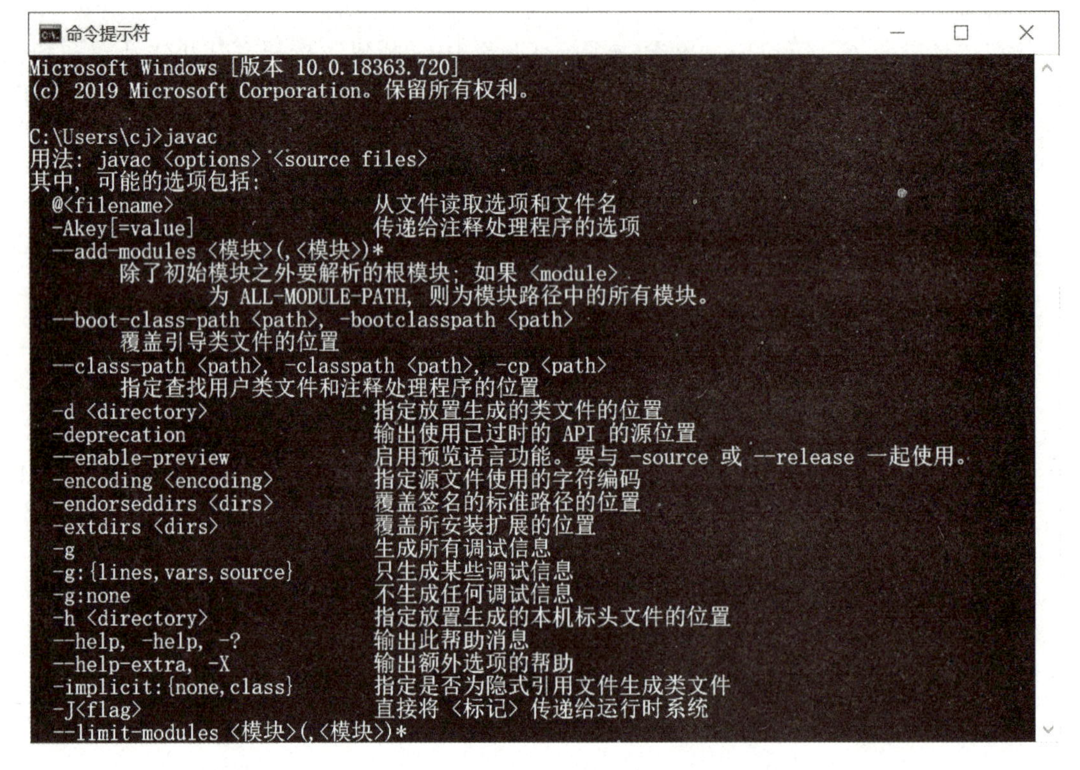

图 1－13　测试配置是否成功

如果输出的内容是“‘javac’不是内部或外部命令，也不是可执行的程序或批处理文件。”，则说明配置错误，需要重新进行配置。

常见的配置错误为：

①JDK 的安装和配置路径错误，路径应该类似于 D:\Program Files\Java\jdk－14. 0. 1\bin。

②分隔的分号错误，例如错误地打成冒号或使用全角的分号。

四、集成开发环境

Java 源代码本质上是普通的文本文件，所以理论上来说任何可以编辑文本文件的编辑器都可以作为 Java 代码编辑工具。比如 Windows 记事本、写字板、Word 等。但是这些简单工具没有语法的高亮提示、自动完成等功能，这些功能的缺失会大大降低代码的编写效率。所以，学习开发时一般不会选用这些简单文本编辑工具。一般会选用一些功能比较强大的类似于记事本的工具，比如 Notepad++、Sublime Text、Editplus、Ultraedit、Vim 等。

初学 Java 时，为了能更好地掌握 Java 代码的编写，一般会选用一款高级记事本作为开发工具，而实际项目开发时，更多的还是选用集成 IDE 作为开发工具，比如当下最流行的两款工具 Eclipse 和 IDEA。所谓集成 IDE，就是把代码的编写、调试、编译、执行都集成到一个工具中，不用单独再为每个环节使用工具。下面就以 Eclipse 为例，做一下简单介绍。

Eclipse 是著名的跨平台的自由集成开发环境（IDE）。最初主要用来进行 Java 语言开发，通过安装不同的插件 Eclipse 可以支持不同的计算机语言，比如 C++ 和 Python 等开发工具。Eclipse 本身只是一个框架平台，但是众多插件的支持使得 Eclipse 拥有其他功能相对固定的 IDE 软件很难具有的灵活性。许多软件开发商以 Eclipse 为框架开发自己的 IDE。Eclipse 附带了一个标准的插件集，包括 Java 开发工具 JDK（Java Development Kit）。本书使用 Eclipse 作为开发演示环境，原因在于：完全免费使用；所有功能完全满足 Java 开发需求。

（一）下载安装 Eclipse

Eclipse 的发行版提供了预打包的开发环境，包括 Java、JavaEE、C++、PHP、Rust 等，下载的官网地址为 https://www.eclipse.org/downloads/packages/，需要下载的版本是 Eclipse IDE for Java Developers，根据操作系统是 Windows、Mac 还是 Linux，从右边选择对应的链接进行下载，如图 1－14 所示。该软件为绿色免安装软件，解压缩后就可以直接运行。

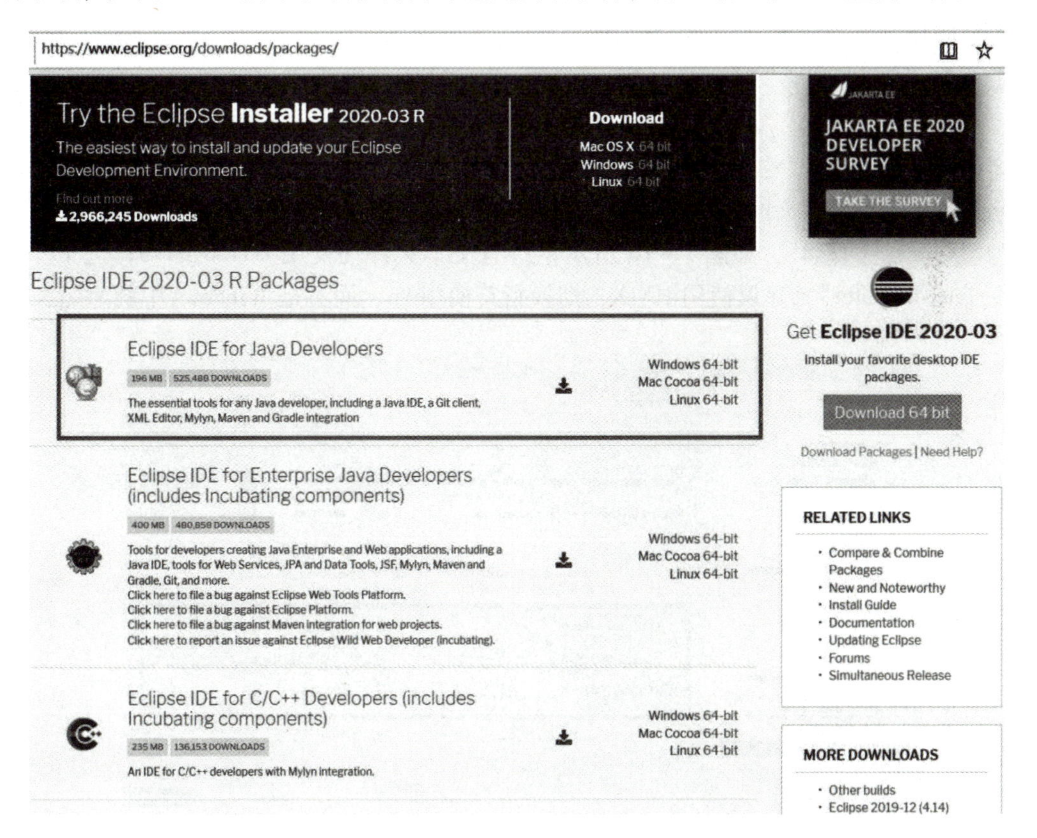

图 1－14　Eclipse 下载界面

（二）设置 Eclipse

启动 Eclipse，对 IDE 环境做一个基本设置：选择菜单“Eclipse”→“Window”→“Preferences”，打开配置对话框，如图 1－15 所示。

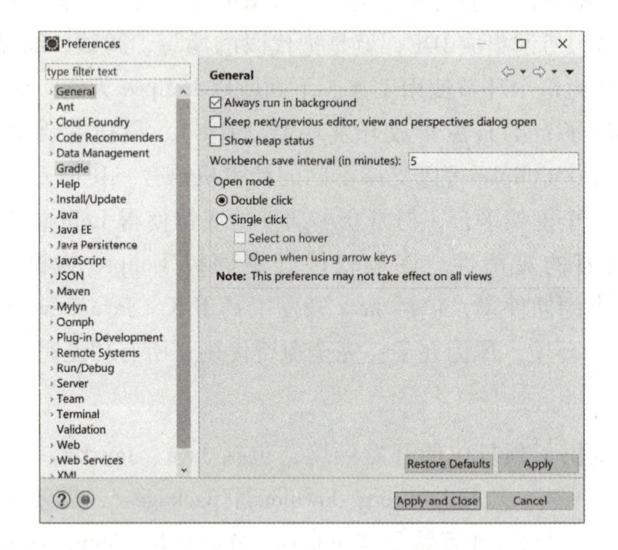

图 1－15　Eclipse 配置对话框

需要调整以下设置项：

①单击“General”→“Editors”→“Text Editors”，选中“Show line numbers”，这样编辑器会显示行号。

②单击“General”→“Workspace”，选中“Refresh using native hooks or polling”，这样 Eclipse会自动刷新文件夹的改动；选中“Text file encoding”，如果 Default 不是 UTF-8，一定要改为“Other：UTF-8”，如图 1－16 所示，所有文本文件均使用 UTF-8 编码；选中“New text file line delimiter”，建议使用 UNIX，即换行符使用 \n，而不是 Windows 中的 \r\n。

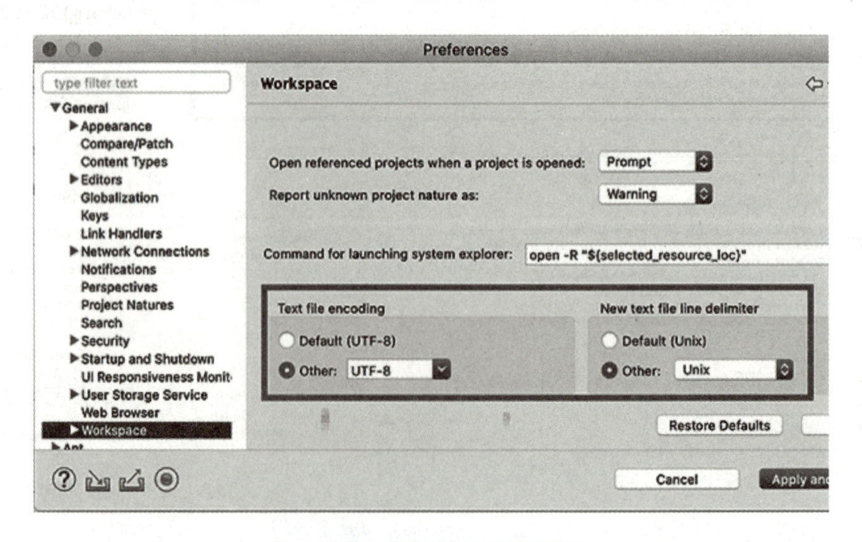

图 1－16　Eclipse 工作区设置

③单击“Java”→“Compiler”，将“Compiler compliance level”设置为14，并且编译到Java 14的版本。

去掉“Use default compliance settings”，并钩上“Enable preview features for Java 14”，这样就可以使用Java 14的预览功能了。

④单击“Java”→“Installed JREs”，在Installed JREs中应该看到Java SE 14，如果还有其他的JRE，可以删除，以确保Java SE 14是默认的JRE。

（三）Eclipse IDE结构

打开Eclipse后，整个IDE由若干个区域组成，如图1－17所示。中间可编辑的文本区（见①）是编辑器，用于编辑源码；分布在左右和下方的是视图：Package Explorer是Java项目的视图（见②），Console是命令行输出视图（见③），Outline是当前正在编辑的Java源码的结构视图（见④）。视图可以任意组合，然后把一组视图定义成一个Perspective（见⑤），Eclipse预定义了Java、Debug等几个Perspective，用于快速切换。

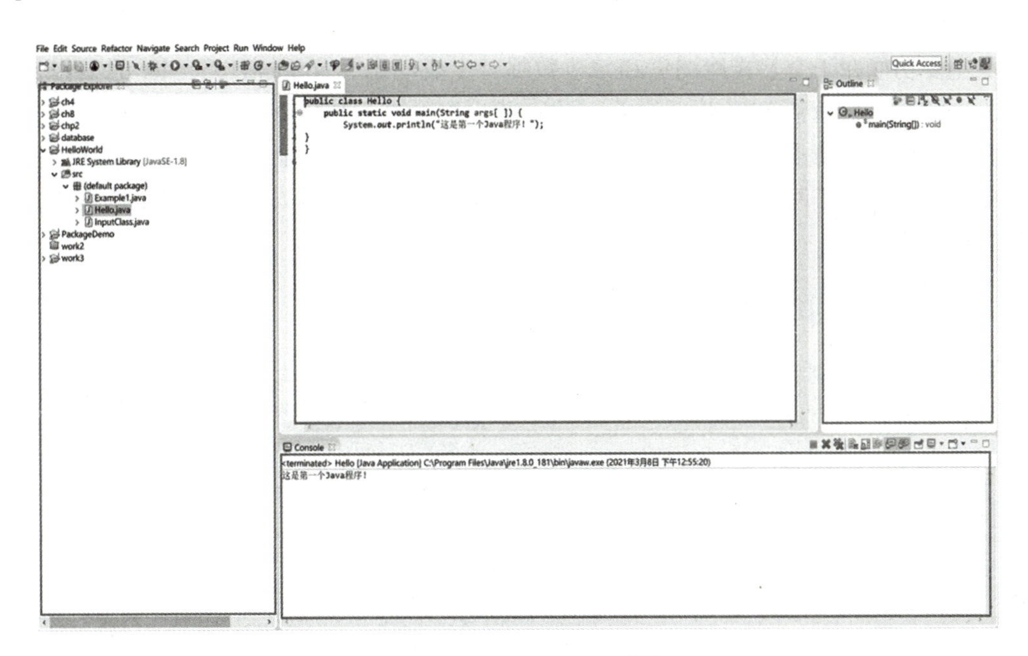

图1－17　Eclipse IDE结构

任务3　第一个Java程序

导入任务

编写一个简单的输入输出字符的程序。先从键盘输入字符，然后将字符的编码和字符本身输出到屏幕上。运行结果如图1－18所示。

Console
<terminated> InputClass
请输入：
a
输入字符的编码是：97
输入的字符是：a

图1－18　输入输出字符运行结果

知识准备

一、Java 程序的分类

Java 程序分为 Application、Applet、Servlet 三种类型。

Application：应用程序，是可以独立运行的 Java 程序，由 Java 解释器控制执行，也是最常见的类型。

Applet：Java 小程序，不能独立运行，需要嵌入 Web 页中，由 Java 兼容浏览器控制执行，现在使用的比较少。

Servlet：是 Java Servlet 的简称，狭义的 Servlet 是指 Java 语言实现的一个接口，广义的 Servlet 是指任何实现了这个 Servlet 接口的类，一般情况下，人们将 Servlet 理解为后者。Servlet 运行于支持 Java 的应用服务器中。从原理上讲，Servlet 可以响应任何类型的请求，但绝大多数情况下 Servlet 只用来扩展基于 HTTP 协议的 Web 服务器。用 Java 编写的服务器端程序，主要功能在于交互式地浏览和修改数据，生成动态 Web 内容。Servlet 的工作是读入用户发来的数据，通常在 Web 页的 form 中；找出隐含在 HTTP 请求中的其他请求信息，如浏览器功能细节、请求端主机名等；产生结果，调用其他程序、访问数据库、直接计算；格式化结果，一般用于网页；设置 HTTP response 参数，例如告诉浏览器返回文档格式，将文档返回给客户端。

二、Java Application 实现

例 1-1：在控制台输出"Hello,World!"。

代码实现：

```
public class HelloWorld {        //这是名称为"Hello.java"的简单程序

    public static void main(String args[ ]) {
        System.out.println("Hello, World!");
    }
}
```

程序解释：

①单行注释以//开始，以行末结束。

②关键字 class 声明类的定义，后面的 HelloWorld 是类的名称。整个类及其所有成员都是在一对大括号 { } 之间定义的。它们标志着类定义块的开始和结束。

③main( ) 方法是程序的入口。args[ ] 是 String 类型的数组。

④关键字 public 是一个访问控制修饰符，控制类成员的可见度和作用域。

⑤关键字 static 修饰 main( ) 方法，说明 main( ) 是类方法。

⑥关键字 void 修饰符 main( ) 方法，说明执行时不返回任何值。

⑦println( ) 方法通过 System.out 显示作为参数传递给它的字符串。

实现步骤：

①新建 Java 项目。

②在 Eclipse 菜单中选择“File”→“New”→“Java Project”，输入“HelloWorld”，JRE 选择 Java SE 13，如图 1-19 所示。

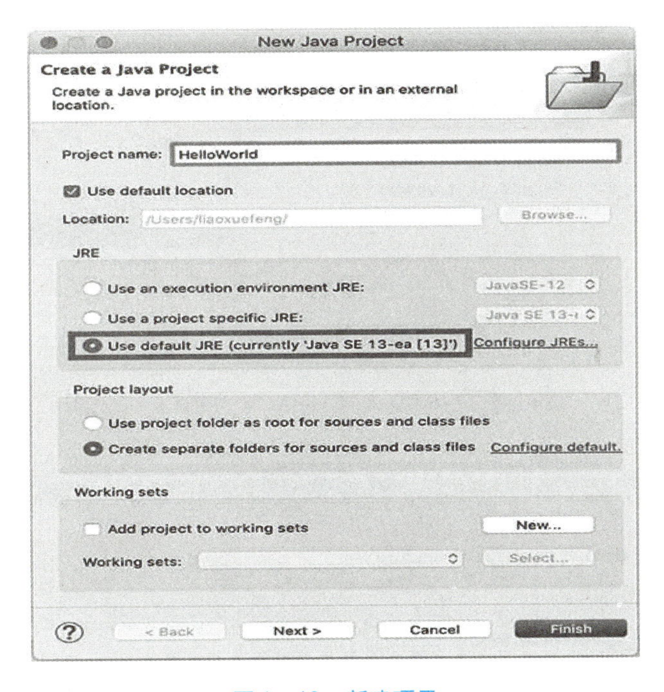

图 1-19　新建项目

暂时不要勾选“Create module-info. java file”，因为模块化机制暂时用不到，如图 1-20 所示。

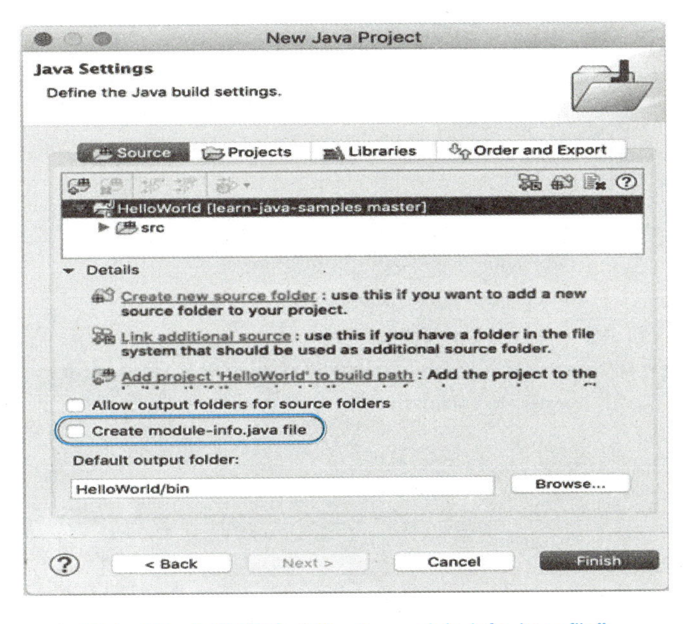

图 1-20　不要勾选“Create module-info. java file”

③单击“Finish”按钮就成功创建了一个名为HelloWorld的Java工程。

④展开HelloWorld工程，选中源码目录src，单击右键，在弹出菜单中选择“New”→“Class”，如图1-21所示。

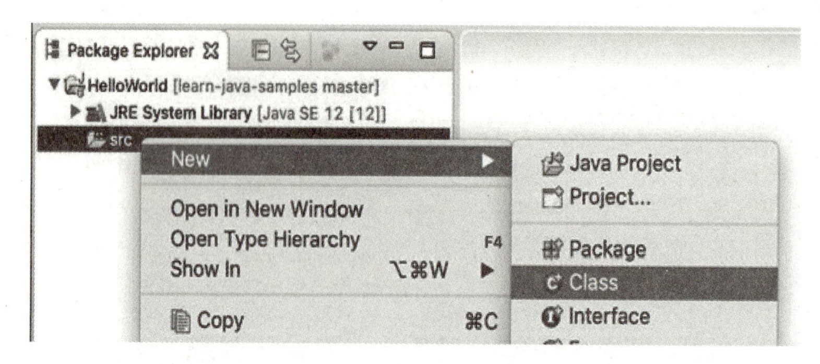

图1-21　新建类

在弹出的对话框中，“Name”一栏填入“Hello”，如图1-22所示。

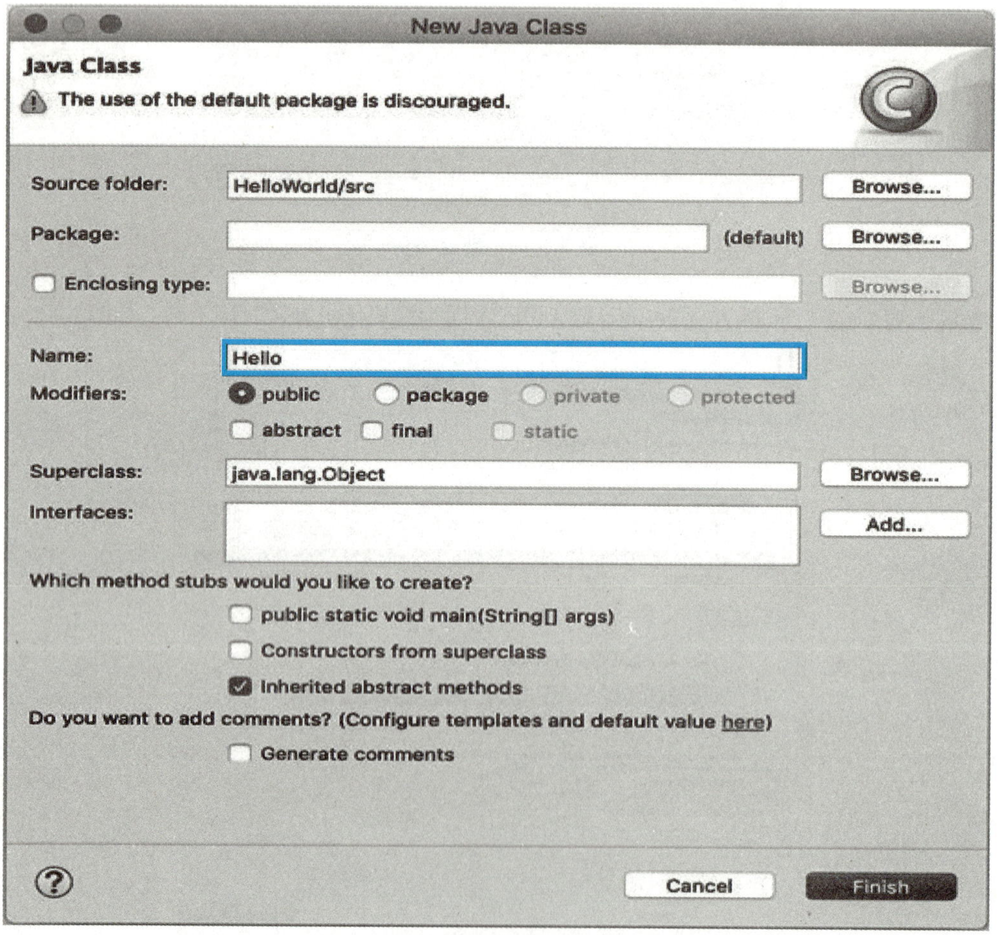

图1-22　新建类对话框

⑤单击“Finish”按钮，就自动在src目录下创建了一个名为Hello. java的源文件。双击打开这个源文件，填上代码，如图1－23所示。

图1－23　编辑代码

⑥保存，然后选中文件Hello. java，单击右键，在弹出的菜单中选中“Run As”→“Java Application”，如图1－24所示。

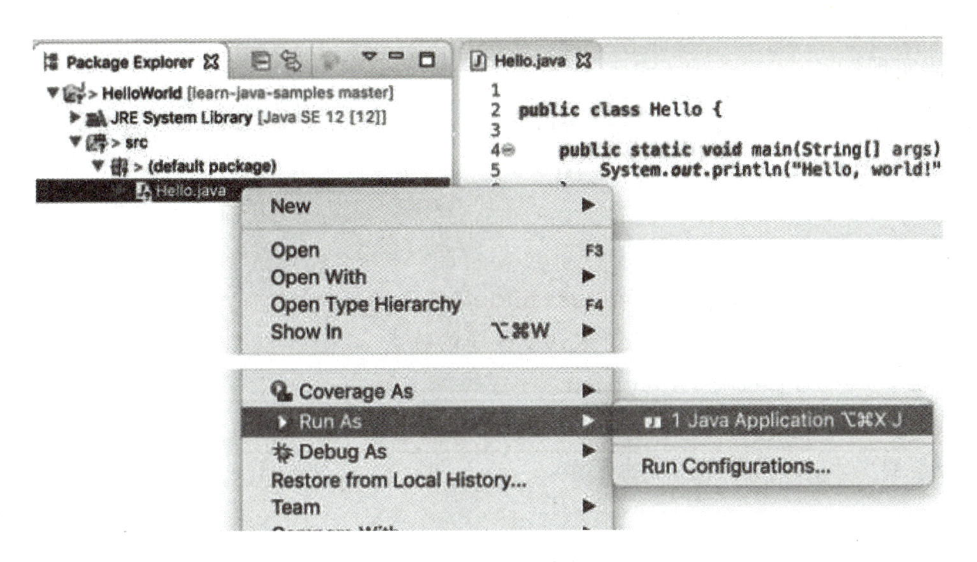

图1－24　运行

在“Console”窗口中可以看到运行结果，如图1－25所示。

如果没有在主界面中看到“Console”窗口，选中菜单“Window”→“Show View”→“Console”，即可显示。

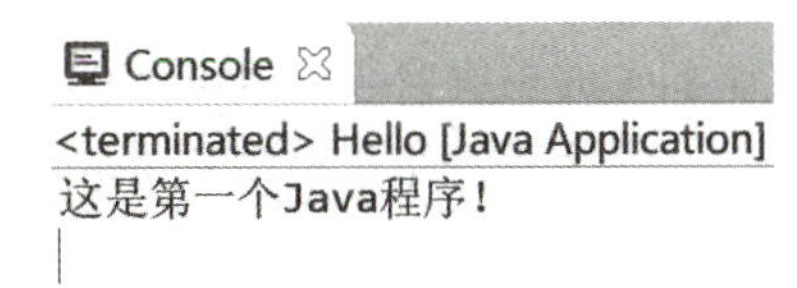

图1－25　运行结果

三、Java Applet实现

1. 简介

Applet应用程序是嵌入在HTML（Hypertext Markup Language，超文本标记语言）文件中的Java程序。它可以连同Web页面一起被下载到客户的浏览器中，并由实现了JVM的浏览器运行。编写Applet程序时，需要编写出相应的HTML文件，并在文件中加上调用Applet程序的标记。

```
<HTML>
   <HEAD>
```

```
        <TITLE>The Simple Applet</TITLE>
    </HEAD>
    <BODY>
        <APPLET CODE="SimpleApplet.class" WIDTH=200 HEIGHT=100>
    </APPLET>
</BODY>
</HTML>
```

可以用 Web 浏览器或用 JDK 提供的 appletviewer 运行 Applet 应用程序。

2. 案例

用 Applet 实现显示“这是第一个 Java 程序”。

代码实现：

```
ExampleApplet1.java
import java.awt.*;
import java.applet.*;

public class ExampleApplet1 extends Applet {
// 继承 Appelet 类,这是 Applet Java 程序的特点
    public void paint(Graphics g) {
        g.drawString("这是第一个 Java 程序",50,40);
    //绘制文本,50,40 为显示的坐标      、
}
```

一个 Java Applet 也由若干个类组成，Java Applet 不再需要 main()方法，但必须有且仅有一个类扩展了 Applet 类，即它是 Applet 的子类，这个类称为 Java Applet 的主类，Java Applet 的主类必须是 public 的，Applet 类是系统提供的类。

这个程序中没有实现 main()方法，这是 Applet 与应用程序 Application 的区别之一。为了运行该程序，首先也要把它放在文件 ExampleApplet1.java 中，然后对它进行编译，得到字节码文件 ExampleApplet1.class。由于 Applet 中没有 main()方法作为 Java 解释器的入口，必须编写 HTML 文件，把该 Applet 嵌入其中，然后用 appletviewer 来运行，或在支持 Java 的浏览器上运行。

程序对应的 HTML 文件“ExampleApplet1.html”的代码如下：

```
<html>
<applet  code="ExampleApplet1.class"
         width="200"
         height="80">
</applet>
</html>
```

本例中，需要把对应的 . html 文件放到和 . class 文件在同一目录下。

<applet>标记来启动 ExampleApplet1，code 指明字节码所在的文件，width 和 height 指明 Applet 所占的大小。虽然这里 HTML 文件使用的文件名为 ExampleApplet1. HTML，它对应于 ExampleApplet1. java 的名字，但这种对应关系不是必需的，可以用其他的任何名字（比如 Ghq. HTML）命名该 HTML 文件。但是使文件名保持一种对应关系可以给文件的管理带来方便。

编译并运行 HTML 文件，结果如图 1－12 所示。

开发 Java Applet 程序的步骤如下：

- 编写 Applet 源程序，保存为“. java”文件。
- 编译源程序，生成字节码文件“. class”。如果源文件包含多个类，则会生成多个“. class”文件。如果对源文件进行修改，那么必须重新编译，再生成新的字节码文件。
- 编写 HTML 文件，即含有 applet 标记的 Web 页，嵌入 Applet 字节码文件“. class”。
- 编译并运行 HTML 文件。

运行结果如图 1－26 所示。

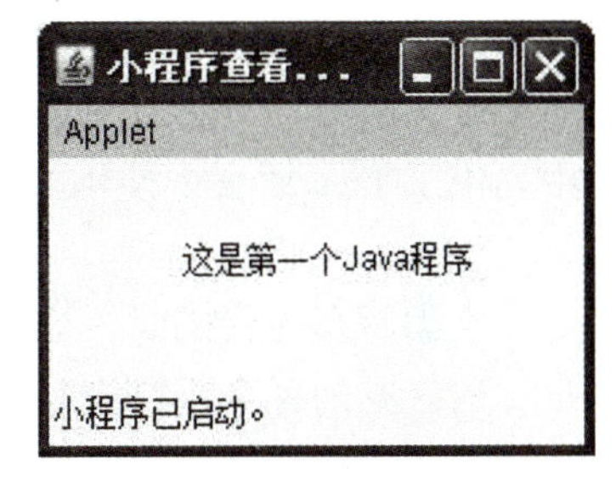

图 1－26　运行结果

3. Java 语法规则

字符是组成 Java 程序的基本单位，Java 语言源程序使用 Unicode 字符集。Unicode 采用 16 位二进制数表示 1 个字符，可以表示 65 535 个字符。标准 ASCII 码采用 8 位二进制数表示 1 个字符，共有 128 个字符。如果要表示像汉字这样由双字节组成的字符，采用 ASCII 码是无法实现的。ASCII 码对应 Unicode 的前 128 个字符。因此，采用 Unicode 能够比采用 ASCII 码表示更多的字符，这为在不同的语言环境下使用 Java 奠定了基础。

（1）Java 程序注释。

注释是用来对程序中的代码进行说明，帮助程序员理解程序代码的作用，以便对程序代码进行调试和修改。在系统对源代码进行编译时，编译器将忽略注释部分的内容。Java 语言有三种注释方式：

①以//分隔符开始的注释，用来注释一行文字。

②以/＊…＊/为分隔符的注释，可以将一行或多行文字说明作为注释内容。

③以/＊＊…＊/分隔符的注释，用于生成程序文档中的注释内容。

一般情况下，如果阅读源程序代码，用方法①和方法②给代码加注释。如果程序经过编译之后，程序员得不到源程序代码，要了解程序中类、方法或变量等的相关信息，可以采用生成程序注释文档的方法，程序员通过阅读注释文档，便可以了解到类内部方法和变量的相关信息。

JDK 提供的 Javadoc 工具用于生成程序的注释文档。将例题程序生成注释文档须执行：

```
Javadoc-private HelloWorld.java
```

该命令执行结束后，生成了名为 index. html 的文件，在浏览器中阅读该文档，可以看到程序中方法和变量的说明信息。参数“ -private”表示生成的文档中将包括所有类的成员。

（2）Java 的标识符。

Java 程序是由类和接口组成的，类和接口中包含方法和数据成员。编写程序时，需要为类、接口、方法和数据成员命名，这些名字称为标识符。

标识符可以由多种字符组成，可以包含字母、数字、下划线、美元符号（$），但首字符不能是数字，不能包括操作符号（如 +、-、/、* 等）和空格等。例如，HelloWorld、setMaxValue、UPDATE_FLAG 都是合法的标识符；而 123、UPDATE - FLAG、ab*cd、begin flag 等都是非法的标识符。

Java 是区分大小写的编程语言，字符组成相同但大小写不同视为不同的标识符，如 strName 和 StrName 标识不同的名称。

（3）Java 的关键字。

标识符用来为类、方法或变量命名。按照标识符的组成规则，程序员可以使用任何合法的标识符，但 Java 语言本身保留了一些特殊的标识符——关键字，它不允许在程序中为程序员定义的类、方法或变量命名。关键字有着特定的语法含义，一般用小写字母表示。表格中列出了 Java 语言中使用的关键字 。

（4）Java 的分隔符。

在编写程序代码时，为了标识 Java 程序各组成元素的起始和结束，通常要用到分隔符。Java 语言有两种分隔符：空白符和普通分隔符。

空白符：包括空格、回车、换行和制表符等符号，用来作为程序中各个基本成分间的分隔符，各基本成分之间可以有一个或多个空白符，系统在编译程序时，忽略空白符。

普通分隔符：也用来作为程序中各个基本成分间的分隔符，但在程序中有确定的含义，不能忽略。Java 语言有以下普通分隔符：

{ } 大括号，用来定义复合语句（语句块）、方法体、类体及数组的初始化；

; 分号，语句结束标志；

, 逗号，分隔方法的参数和变量说明等；

: 冒号，说明语句标号；

[ ] 大括号，用来定义数组或引用数组中的元素；

( ) 圆括号，用来定义表达式中运算的先后顺序，或在方法中，将形参或实参扩起来；

. 用于分隔包，或者用于分隔对象和对象引用的成员方法或变量。

4. 实训

①用 Java Application 实现在屏幕上输出“你好,Java!”。

代码：

```
import java.io.* ;                                  //引入包
public class Example1 {                             //定义类
      public static void main(String args[]) { //main()方法
        System.out.println("你好,Java!"); //输出数据
      }
  }
```

运行结果如图 1－27 所示。

②编写一个简单的 Java Applet 小应用程序，其功能是在浏览器中显示两行文字。运行结果如图 1－28 所示。

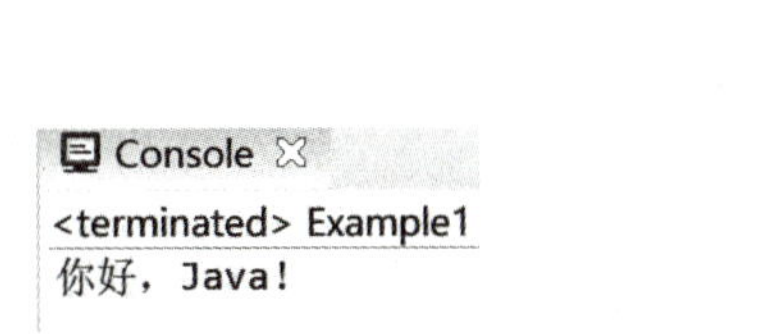

图 1－27　运行结果

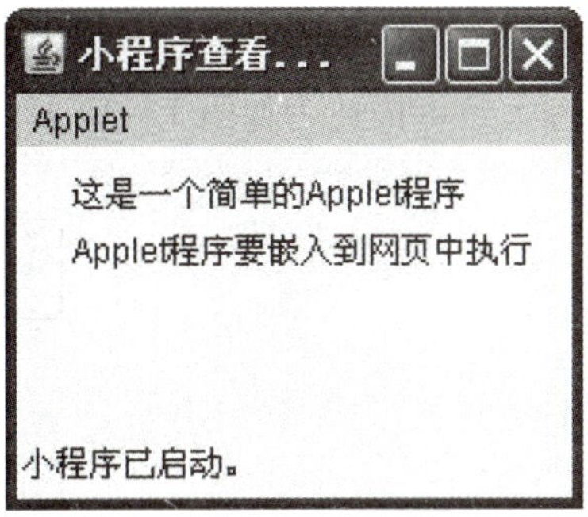

图 1－28　运行结果

代码实现：

Java 文件：

```
import java.awt.*;
import java.applet.*;
public class AppletDemo extends Applet {
    public void paint(Graphics g) {
        g.drawString("这是一个简单的 Applet 程序",20,20);
        g.drawString("Applet 程序要嵌入到网页中执行",20,40);
    }
}
```

HTML 文件：

```
<html>
    <applet code=AppletDemo.class height=100 width=200>
    </applet>
</html>
```

四、Java 程序运行原理

Java 程序执行过程分为两步，图 1－29 所示为流程示意图。

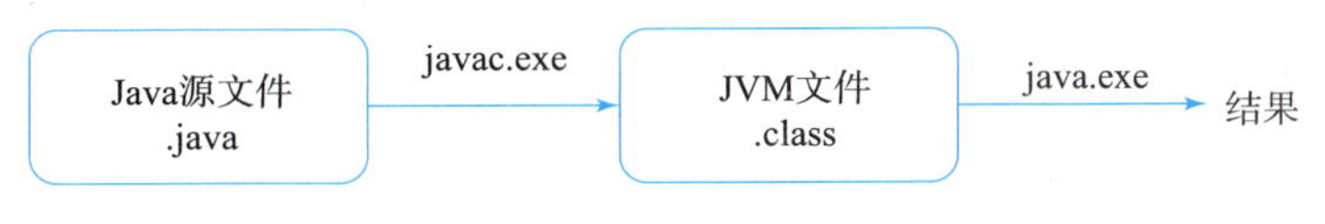

图 1－29　Java 程序执行步骤

第一步：将 Java 源码（. java 文件）通过编译器（javac. exe）编译成 JVM 文件（. class 文件）。

第二步：将 JVM 文件通过 java. exe 执行。

JVM 在 Java 程序执行时至关重要，其向上屏蔽了操作系统的差异，也正因为 JVM 的该作用，才使 java 这门编程语言能够实现跨平台。

其原理大致可描述为如图 1－30 所示。

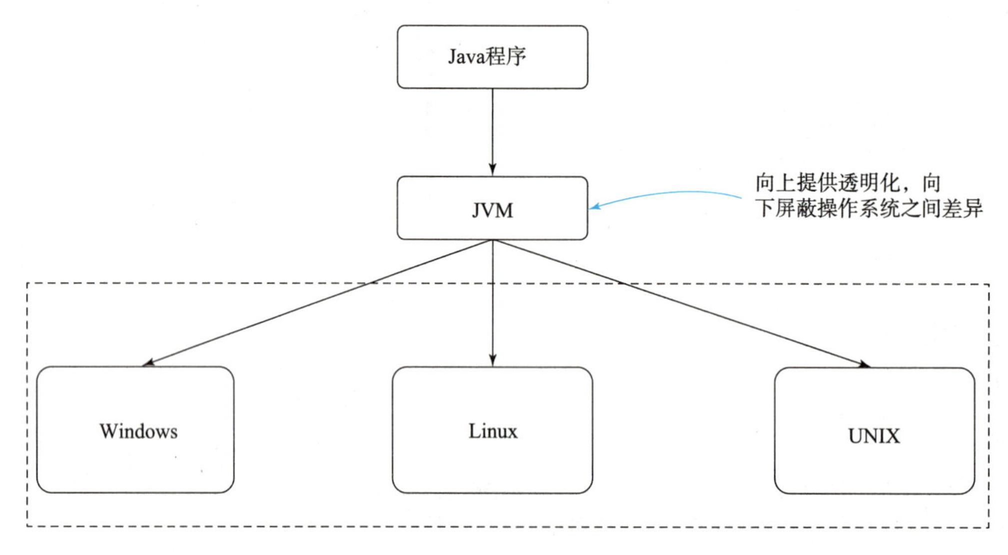

图 1－30　Java 程序运行原理

任务实施

①新建类，命名为 InputClass。

②在编辑区内输入以下代码，编译、运行，结果如图 1－18 所示。

代码如下：

```
import java.io.*;            //引入用于输入输出的 io 包
public class InputClass {
public static void main(String args[]) throws IOException{
    int x;
    System.out.println("请输入:");
    x=System.in.read();        //接受键盘输入的字符,将字符编码存到变量 x
    System.out.println("输入字符的编码是:"+x);       //输出字符的编码
    System.out.println("输入的字符是:"+(char)x);    //输出编码对应的字符
    }
}
```

习题

一、选择题

1. Java 应用程序和 Java Applet 有相似之处，因为它们都（　　）。
   A. 是用 javac 命令编译的　　B. 是用 java 命令执行的
   C. 是在 HTML 文档中执行的　　D. 拥有一个 main() 方法
2. 下列（　　）不能填入画线处。

```
Public class Interesting{__________
// do sth
}
```

   A. import java. awt.*;　　B. package mypackage;
   C. class OtherClass　　D. public class Myclass{…}
3. Java 采用的 16 位代码格式是（　　）。
   A. Unicode　　B. ASCII
   C. EBCDIC　　D. 十六进制
4. 当编写一个 Java Applet 时，以（　　）为扩展名将其保存。
   A. . app　　B. . html　　C. . java　　D. . class
5. 推出 Java 语言的公司是（　　）。
   A. IBM　　B. Apple　　C. Microsoft　　D. Sun

二、填空题

1. 每个 Java 应用程序都可以包括许多方法，但必须有且只有一个__________方法。
2. Java 程序中最多只有一个__________类，其他类的个数不限。

三、判断题

1. 在 Java 的源代码中，定义几个类，编译结果就生成几个以 . class 为后缀的字节码文件。（　　）
2. 每个 Java Applet 均派生自 Applet 类，并且包含 main() 方法。（　　）
3. Java 程序由类组成。（　　）
4. Java Application 与 Java Applet 没有区别。（　　）

四、简答题

1. 简述 Java 环境的建立方法。
2. Java 语言的特点是什么？
3. Java 源程序的命名规则是什么？
4. Java 语言对软件开发技术有什么影响？

五、编程题

请在屏幕上输出“社会主义核心价值观”的主要内容：富强、民主、文明、和谐，自由、平等、公正、法治，爱国、敬业、诚信、友善，分三行输出，如图1－31所示。

富强、民主、文明、和谐
自由、平等、公正、法治
爱国、敬业、诚信、友善

图1－31　运行结果

模块 2
Java 语言基础

【模块教学目标】

- 掌握 Java 中的基本数据类型、常量、变量和运算符
- 理解数据类型运算时的自动转换和强制转换
- 理解并掌握条件语句的应用
- 理解并掌握循环语句的应用

任务 1　求圆的面积和周长案例

导入任务

编写程序输出半径为 15 的圆的面积和周长。

知识准备

一、数据类型

数据类型是用来对数据进行分类的，是指程序中能够表示和处理哪些类型的数据。Java 的数据类型可以分为基本数据类型和引用数据类型。基本数据类型主要有整数类型、浮点类型、字符类型和布尔类型 4 种；引用数据类型有类、接口和数组 3 种。Java 中数据类型的分类如图 2－1 所示。

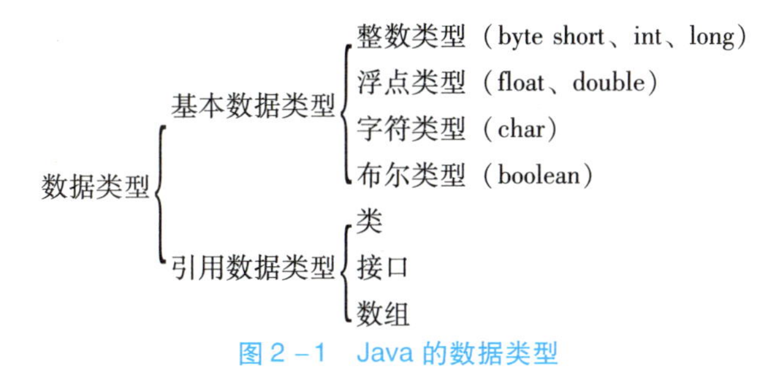

图 2－1　Java 的数据类型

不同类型的数据的取值和取值范围不同，在内存中所占的空间也不相同。表 2－1 对Java提供的基本数据类型和取值范围进行了总结。

表 2－1　Java 的基本数据类型

类型名称	类型描述	字宽	取值范围
byte	字节型	1	$-2^7 \sim 2^7-1$（$-128 \sim 127$）
short	短整型	2	$-2^{15} \sim 2^{15}-1$（$-32\ 768 \sim 32\ 767$）
int	整型	4	$-2^{31} \sim 2^{31}-1$
long	长整型	8	$-2^{63} \sim 2^{63}-1$
float	单精度浮点型	4	$-3.4 \times 10^{38} \sim 3.4 \times 10^{38}$（7 位有效位）
double	双精度浮点型	8	$-1.7 \times 10^{308} \sim 1.7 \times 10^{308}$（15 位有效位）
char	字符型	2	0 ~ 65 535（\u0000 ~ \uFFFF）
boolean	布尔型	1	false，true

例 2－1：验证当数据长度超过数据类型范围时，产生编译错误。

```
public class DataTypeDemo1 {
    public static void main(String[] args) {
        int num = 8888888888888888888;
    }
}
```

在上述代码中，int 变量初始值超过了 int 数据类型的范围，在编译程序时出现了错误，如图 2－2 所示。

```
3 public class DataTypeDemo1 {
4     public static void main(String[] args) {
5 The literal 8888888888888888888 of type int is out of range
6     }
7 }
```

图 2－2　错误提示

二、常量和变量

1. 常量

常量是指在程序运行过程中，其值不能被修改的量。Java 中常用的常量有整型常量、实型常量、字符常量、布尔常量、字符串常量和自定义常量。

（1）整型常量。

整型常量可以采用十进制整数、八进制整数和十六进制整数三种形式表示。十进制整数的第一位不能为 0，如 45、－45。八进制整数以数字 0 开头，如 012。十六进制整数以数字 0x 或 0X 开头，如 0x12。

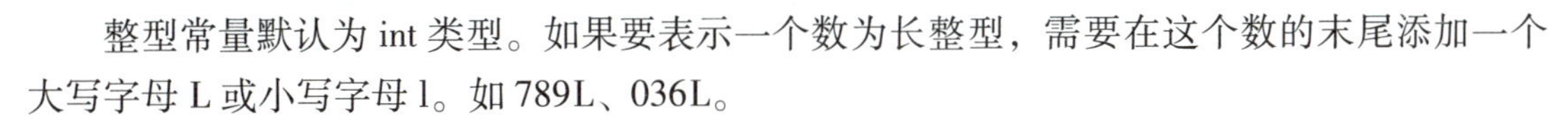

整型常量默认为 int 类型。如果要表示一个数为长整型，需要在这个数的末尾添加一个大写字母 L 或小写字母 l。如 789L、036L。

（2）实型常量。

实型常量用于表示带小数的数值常量，又称为浮点型常量或实数。实型常量分为单精度浮点常量（float）和双精度浮点常量（double）两种。

指定单精度浮点常量，需在常量后加上后缀 F 或 f。如 1.23F、0.56f 都是单精度浮点常量。

指定双精度浮点常量，需在常量后加上后缀 D 或 d。如 1.23D、0.56d 都是双精度浮点常量。

如果没有后缀，则默认为双精度浮点常量。如 1.23、0.56 都是双精度浮点常量。

实型常量也可以采用指数形式表示。如 1.23E8 表示 1.23×10^{8}，-6.7e-9 表示 -6.7×10^{-9}。

（3）字符常量。

字符常量用于表示单个字符，要求用单引号括起来。如‘a’‘+’‘2’。

还可以用转义字符表示一些特殊字符。表 2-2 列出了常用的转义字符。

表 2-2　常用的转义字符

转义字符	含　义
\n	换行，将光标移至下一行的起始处
\t	水平制表符（Tab），将光标移至下一个制表符位置
\b	退格，光标退一格
\r	回车，将光标移至当前行的开始
\\	反斜杠
\'	单引号
\"	双引号
\ddd	用 3 位八进制数表示的字符
\uxxxx	用 4 位十六进制数表示的字符

（4）布尔常量。

布尔常量包括两个值：true 和 false，分别代表布尔逻辑中的“真”和“假”。

（5）字符串常量。

字符串常量是用双引号括起来的字符序列，如“hello”“Thank you!\n”。可以使用连接符“+”将多个字符串连接起来，组成一个字符串，如“How”+“are”+“you!”。

（6）自定义常量。

在 Java 中，自定义常量通常用大写字母来表示，通过 final 关键字来声明。其声明语句的一般形式为：

```
final  数据类型名  常量名 = 表达式;
```

例如：

```
final int FATE=24;
final double PI=3.1415;
final boolean T=true;
```

其中，“常量名”是一种标识符，其命名必须遵循标识符的命名规则，所以有必要了解一下 Java 中标识符的命名规则：

- 标识符必须由字母、数字、下划线（_）和美元符号（$）组成，并且首字符不能是数字。标识符的长度不能超过 65 535 个字符。
- 区分大小写字母，也就是说，a 和 A 是不同的标识符。
- 标识符不能是 Java 的关键字。所谓关键字，是指由 Java 语言定义的、具有特殊含义的字符序列。Java 中常用的关键字见表 2－3。

表 2－3 Java 中的关键字

abstract	assert	boolean	break	byte	case	do
catch	char	class	const	continue	default	double
else	enum	extends	final	finally	float	for
goto	if	implements	import	instanceof	int	interface
long	native	new	package	private	protected	public
return	strictfp	short	static	super	switch	synchronized
this	throw	throws	transient	try	void	volatile

2. 变量

变量，顾名思义，就是指在程序运行过程中，其值可以被修改的量。

一般来说，人们习惯使用变量来存储程序中需要处理的数据。在使用变量之前，需要使用声明语句对变量进行声明。Java 中，变量声明语句的一般形式为：

```
数据类型名    变量名列表;
```

其中，数据类型名可以是前面介绍的基本数据类型；变量名列表可以是一个或多个变量名。变量名的命名和常量一样，也需要遵循标识符的命名规则。Java 允许将同类型的变量定义在一行语句中，用逗号隔开。例如：

```
int num1,num2,num3;
```

在 Java 中，还可以在声明变量的同时给变量赋初值。例如：

```
char c1='A';
boolean flag=false;
double a=1.23,b;
```

变量可以分为局部变量和成员变量。局部变量是在方法或语句块内部定义的变量，作用域是当前方法或当前语句块，需要在初始化时赋值。成员变量是在方法外部或类的内部定义的变量，作用域是整个类，有默认值。

在 Java 中，如果在声明成员变量时没有给变量赋初值，则会给该变量赋默认值。表 2-4 列出了各种基本数据类型的默认值。

表 2-4 成员变量的默认值

数据类型	默认值
byte	(byte) 0
short	(short) 0
int	0
long	0L
float	0.0f
double	0.0d
char	'\u0000'
boolean	false

例 2-2：变量的初始化和常量显示举例。

```
public class DataTypeDemo2{
    public static void main(String[] args) {
    int intVar=56;
    char charVar='a';
    boolean booVar=true;
    float flVar=3.55f;
    double doubVar=354.33;
    System.out.println("整型数据类型变量 intVar 的值为:"+intVar);
    System.out.println("字符型数据类型变量 charVar 的值为:"+charVar);
    System.out.println("布尔型数据类型变量 booVar 的值为:"+booVar);
    System.out.println("浮点型数据类型变量 flVar 的值为:"+flVar);
    System.out.println("双精度型数据类型变量 intVar 的值为:"+doubVar);
    System.out.println("--------常量的显示------------");
    System.out.println("八进制常量:"+045);
    System.out.println("十六进制长整型常量:"+0x3a3L);
    System.out.println("浮点型常量:"+3.4f);
    System.out.println("--------自定义常量的显示------------");
    final int FATE=24;
    System.out.println("自定义常量 FATE 的值为:"+ FATE);
    }
}
```

运行该程序，可在屏幕上看到如图 2－3 所示的运行结果。

```
整型数据类型变量intVar的值为:56
字符型数据类型变量charVar的值为:a
布尔型数据类型变量booVar的值为:true
浮点型数据类型变量flVar的值为:3.55
双精度型数据类型变量intVar的值为:354.33
---------常量的显示------------
八进制常量：37
十六进制长整型常量：931
浮点型常量：3.4
---------自定义常量的显示------------
自定义常量FATE的值为：24
```

图 2－3　例 2－2 运行结果

例 2－3：转移字符的应用。

```
public class DataTypeDemo3 {
    public static void main(String[] args) {
        // 定义两个转义字符
        char a = '\"';
        char b = '\\';
        // 输出转义字符
        System.out.println("a = " + a);
        System.out.println("b = " + b);
        System.out.println("\"Welcome to China! \"");
    }
}
```

在该程序中，将 a 赋值为 “\"”，将 b 赋值为 “\\”，运行结果如图 2－4 所示。

```
a="
b=\
"Welcome to China!"
```

图 2－4　例 2－3 运行结果

例 2－4：局部变量和成员变量的定义和初始化。

```
public class DataTypeDemo4 {
    static int classVar;// 成员变量,有默认初始值
    public static void main(String[] args) {
        int funVar = 1;// 局部变量
```

```
        System.out.println("classVar = " + classVar);
        System.out.println("funVar = " + funVar);
    }
}
```

程序的运行结果如图 2 - 5 所示。

```
classVar=0
funVar=1
```

图 2 - 5 例 2 - 4 运行结果

在该例中，classVar 是成员变量，有默认值 0；而 funVar 是局部变量，需要进行赋初值操作。如果对 funVar 不进行赋初值操作，则会提示 “The local variable funVar may not have been initialized”。

三、运算符

1. 运算符分类及使用

（1）算术运算符。

Java 语言中的算术运算符包括单目运算符和双目运算符。单目运算符有正号、负号、自增和自减运算符；双目运算符有加、减、乘、除和取模运算符。具体描述见表 2 - 5。

表 2 - 5 Java 中的算术运算符

运算符		名　称	功　能
单目运算符	+	正号	表示数字本身的值
	-	负号	表示一个数的相反数
	++	自增运算符	表示将变量的值加 1
	--	自减运算符	表示将变量的值减 1
双目运算符	+	加法运算符	表示两个数相加
	-	减法运算符	表示两个数相减
	*	乘法运算符	表示两个数相乘
	/	除法运算符	表示两个数相除
	%	取模运算符	得到两个数的余数

使用算术运算符要注意以下几点：

- 只有整型数据才能进行取模（%）运算。
- 两个整数做除法运算，结果仍为整数，小数部分被截掉。例如，5/2 的结果为 2。
- 同种类型的数据参与运算，运算结果仍为该数据类型。不同类型的数据参与运算时，首先要将数据转换成同一种类型，然后再进行运算。例如，对于 2 * 3.4，应先将整数 2 转换成实数 2.0 后再与 3.4 相乘。

• 自增和自减运算符的操作数只能是变量。运算符可以在变量前，也可以在变量后。运算符前置和后置的区别如下所述：

```
++a, --a;   //运算符前置,表示在使用 a 之前将 a 的值增 1 或减 1
a++,a--;    //运算符后置,表示在使用 a 之后将 a 的值增 1 或减 1
```

例 2-5：自增、自减运算符应用举例。

```
public class OperatorDemo1 {
    public static void main(String[] args) {
        int a=3,b=3;
        int x=6,y=6;
        System.out.println("a="+a);
        System.out.println("a++="+(a++)+",a="+a);
        System.out.println("b="+b);
        System.out.println("++b="+(++b)+",b="+b);
        System.out.println("x="+x);
        System.out.println("x--="+(x--)+",x="+x);
        System.out.println("y="+y);
        System.out.println("--y="+(--y)+",y="+y);
    }
}
```

运行该程序，结果如图 2-6 所示。

```
a=3
a++=3,a=4
b=3
++b=4,b=4
x=6
x--=6,x=5
y=6
--y=5,y=5
```

图 2-6　例 2-5 运行结果

（2）关系运算符。

关系运算符用来比较两个值的大小。关系运算符连接两个运算分量进行比较，若比较成立，返回值为 true，否则，为 false。

Java 中的关系运算符共有 6 种，见表 2-6。

表 2-6　Java 中的关系运算符

运算符	名称	功　能
>	大于	若 a>b，结果为 true，否则，为 false
<	小于	若 a<b，结果为 true，否则，为 false

续表

运算符	名称	功　能
>=	大于等于	若 a >= b，结果为 true，否则，为 false
<=	小于等于	若 a <= b，结果为 true，否则，为 false
==	等于	若 a == b，结果为 true，否则，为 false
!=	不等于	若 a != b，结果为 true，否则，为 false

例 2-6：关系运算符应用举例。

```
public class OperatorDemo2 {
    public static void main(String[] args) {
    int number1 = 9, number2 = 4;
        System.out.println(number1 + " > " + number2 + " is " + (number1 > number2));
        System.out.println(number1 + " < " + number2 + " is " + (number1 < number2));
        System.out.println(number1 + " >= " + number2 + " is " + (number1 >= number2));
        System.out.println(number1 + " <= " + number2 + " is " + (number1 <= number2));
        System.out.println(number1 + " == " + number2 + " is " + (number1 == number2));
        System.out.println(number1 + "!= " + number2 + " is " + (number1 != number2));
    }
}
```

运行该程序，结果如图 2-7 所示。

```
9>4 is true
9<4 is false
9>=4 is true
9<=4 is false
9==4 is false
9!=4 is true
```

图 2-7　例 2-6 运行结果

（3）逻辑运算符。

逻辑运算符实现逻辑运算，用于将多个关系表达式或逻辑值组成一个逻辑表达式。逻辑表达式运算结果为布尔类型值 true 或 false。

Java 中的逻辑运算符共有 3 种，见表 2-7。

表 2-7　Java 中的逻辑运算符

运算符	名　称	功　　能
!	逻辑非	对操作数的值取反
&&	逻辑与	当两个操作数都为 true 时，结果才为 true
||	逻辑或	当两个操作数有一个为 true 时，结果就为 true

例 2-7：逻辑运算符应用举例。

```
public class OperatorDemo3 {
    public static void main(String[] args) {
    boolean result1 = (9 >6) && (100 <130);
    boolean result2 = (9 >6) ||(100 <130);
    boolean result3 = ! (290 >100);
            System.out.println("result1 的结果为" +result1);
            System.out.println("result2 的结果为" +result2);
            System.out.println("result3 的结果为" +result3);
    }
}
```

运行该程序，结果如图 2-8 所示。

```
result1的结果为true
result2的结果为true
result3的结果为false
```

图 2-8　例 2-7 运行结果

例 2-8：逻辑运算符“短路”现象。

```
public class OperatorDemo4 {
    public static void main(String[] args) {
        System.out.println("----------&& 的短路测试----------");
        int a =3,b =2;
        boolean result1 = (a <b) && ( ++b = =a);
        System.out.println("result1 =" +result1 +",a =" +a +",b =" +b);
        System.out.println("----------||的短路测试----------");
        int x =3,y =2;
        boolean result2 = (x >y) ||( ++y = =x);
        System.out.println("result2 =" +result2 +",x =" +x +",y =" +y);
    }
}
```

运行该程序，结果如图 2－9 所示。

```
----------&&的短路测试----------
result1=false,a=3,b=2
----------||的短路测试----------
result2=true,x=3,y=2
```

图 2－9　例 2－8 运行结果

在例 2－8 的代码中，发现对于逻辑与和逻辑或，存在“短路”现象，具体表现为：

对于 a&&b 来说，如果表达式 a 为 false，那么整个表达式也肯定为 false，所以表达式 b 不会被运算。

对于 a || b 来说，如果表达式 a 为 true，那么整个表达式的值为 true，则没有必要再运算表达式 b。

（4）位运算符。

位运算符用于对二进制位进行操作。位运算的操作数和结果都是整数。

Java 中的位运算符共有 7 种，见表 2－8。

表 2－8　Java 中的位运算符

运算符	名　称	功　　能
~	按位取反	对二进制数按位取反
&	按位与	将两个二进制数对应位按位做与运算
|	按位或	将两个二进制数对应位按位做或运算
^	按位异或	将两个二进制数对应位按位做异或运算
>>	按位右移	将二进制数右移指定位数
<<	按位左移	将二进制数左移指定位数
>>>	不带符号的按位右移	将二进制数右移指定位数，左面的空位一律添 0

位运算符的几点说明：

- 按位与：两个操作数相应位都为 1，则该位结果为 1，否则为 0。
- 按位或：两个操作数相应位有一个为 1，则该位结果为 1。
- 按位异或：两个操作数相应位不相同时，则该位结果为 1；两个操作数相应位相同时，则该位结果为 0。
- 按位左移：将操作数的各个二进制位全部左移指定位，并在低位补 0。
- 按位右移：将操作数的各个二进制位全部右移指定位，移出右端的低位被舍弃，左边空出的位填写原数的符号位。
- 不带符号的按位右移：将操作数的各个二进制位全部右移指定位，移出右端的低位被舍弃，左边空出的位一律添 0。

例 2－9：位运算符应用举例。

```
public class OperatorDemo5 {
    public static void main(String[] args) {
        int x =5,y =12;
        System.out.println("按位与的结果为" + (5&12));
        System.out.println("按位或的结果为" + (5|12));
        System.out.println("按位异或的结果为" + (5^12));
    }
}
```

运行该程序，结果如图 2-10 所示。

```
按位与的结果为4
按位或的结果为13
按位异或的结果为9
```

图 2-10　例 2-9 运行结果

在 Java 中，整型数据类型的长度为 32 位，因此 5 对应的二进制数为 00000000 00000000 00000000 00000101，12 对应的二进制数为 00000000 00000000 00000000 00001100，根据按位与的运行规则，5&12 的结果为 00000000 00000000 00000000 00000100，即十进制 4。同理，可以计算出按位或的结果为十进制 13，按位异或的结果为十进制 9。

例 2-10：左移、右移应用举例。

```
public class OperatorDemo6 {
    public static void main(String[] args) {
        int a =12,b =-3;
        System.out.println(a+"左移两位以后的结果为:" +(a <<2));
        System.out.println(b+"右移两位以后的结果为:" +(b >>2));
        System.out.println(b+"无符号右移两位以后的结果为:" +(b >>>2));
    }
}
```

运行该程序，结果如图 2-11 所示。

```
12左移两位以后的结果为:48
-3右移两位以后的结果为:-1
-3无符号右移两位以后的结果为:1073741823
```

图 2-11　例 2-10 运行结果

在例 2-10 中，12 对应的二进制为 00000000 00000000 00000000 00001100，左移两位以后变为 00000000 00000000 00000000 00110000，即十进制数 48。图 2-12 显示了对 -3 进行右移、无符号右移的具体计算过程。由于 -3 为负数，在计算机中采用补码形式进行保存，所对应的补码为 11111111 11111111 11111111 11111101。

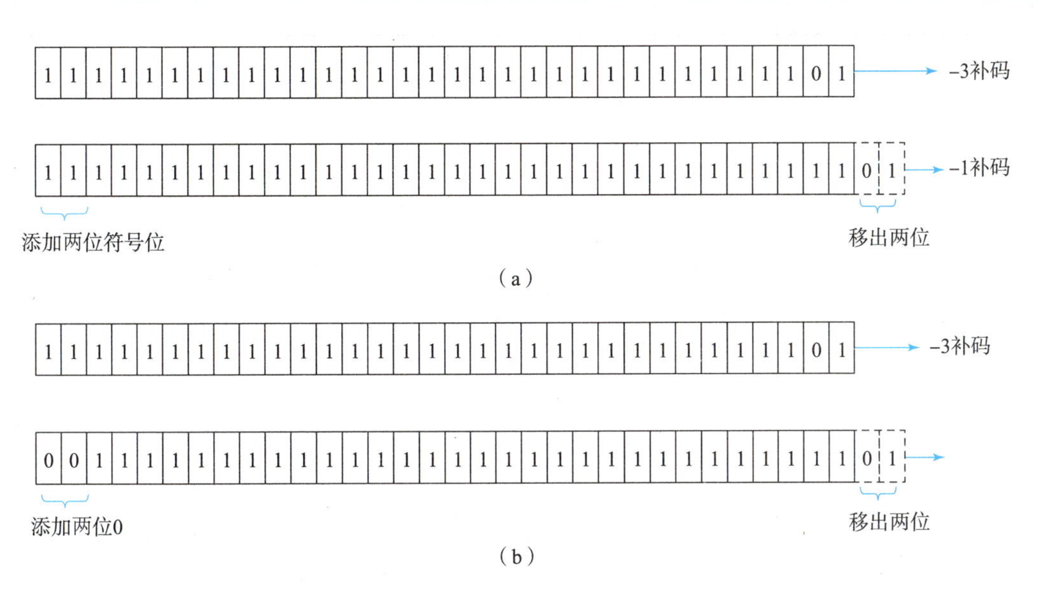

图2－12　右移、无符号右移操作

(a) 负数的右移操作；(b) 负数的无符号右移操作

(5) 赋值运算符。

赋值运算符主要用于给变量赋值。Java 中包含的赋值运算符见表 2－9。

表 2－9　Java 中的赋值运算符

运算符	名　称	功　　能
=	赋值	a = b 表示将 b 的值赋给 a
+=	加赋值	a += b 等价于 a = a + b
-=	减赋值	a -= b 等价于 a = a - b
*=	乘赋值	a *= b 等价于 a = a * b
/=	除赋值	a/= b 等价于 a = a/b
%=	取模赋值	a%= b 等价于 a = a% b
<<=	算术左移赋值	a <<= b 等价于 a = a << b
>>=	算术右移赋值	a >>= b 等价于 a = a >> b
>>>=	逻辑右移赋值	a >>>= b 等价于 a = a >>> b
& =	位与赋值	a& = b 等价于 a = a&b
| =	位或赋值	a | = b 等价于 a = a | b
^=	位异或赋值	a^= b 等价于 a = a^b

例 2－11：赋值运算符应用举例。

```
public class OperatorDemo7 {
    public static void main(String[] args) {
        int a = 10, b = 6;
        System.out.println("改变之前的数:a =:" + a + ",b = " +b);
        a + = b ++;
        System.out.println("第一次改变之后的数:a = " +a + ",b = " +b);
        a % = b;
        System.out.println("第二次改变之后的数:a = " +a + ",b = " +b);
        int x =5, y =2;
        x << =2;
        System.out.println("x 的值为:" +x);
    }
}
```

运行该程序，结果如图 2 - 13 所示。

```
改变之前的数:a=:10,b=6
第一次改变之后的数:a=16,b=7
第二次改变之后的数:a=2,b=7
x的值为:20
```

图 2 - 13　例 2 - 11 运行结果

在本例中，a += b ++ 等价于 a = a + (b ++)，++ 运算符后置，先进行加法操作，然后再进行自加操作。运算完成后，a 的值为 16，b 的值为 7。a% = b 等价于 a = a% b 进行取模操作。x <<= 2 等价于 x = x << 2 进行左移操作。

（6）表达式。

表达式是用运算符将操作数连接起来的符合语法规则的运算式，操作数可以是常量、变量和方法调用。表达式中允许出现圆括号，用于改变运算顺序。表达式表示一种求值规则，是程序设计中的一种基本成分，它描述了对哪些数据、以什么次序、进行什么样的操作。在表达式中，操作数的数据类型必须与运算符相匹配，变量必须具有值。

运算符的优先级决定了在表达式中各个运算符执行的先后顺序。同一优先级的运算次序由结合性决定。

Java 中运算符的优先级和结合性见表 2 - 10。

表 2 - 10　Java 运算符的优先级和结合性

优先级	运算符	名称	结合性
1	( )	圆括号	从左至右
	[ ]	数组下标运算符	
	.	成员选择运算符	
2	++、--	后置自增、自减运算符	

续表

优先级	运算符	名称	结合性
3	++ 、 --	前置自增、自减运算符	从右至左
4	!	逻辑非	
	~	按位求反	
	+ 、 -	正号、负号	
5	( )	强制类型转换	
	new	动态存储分配	
6	* 、/ 、%	乘法、除法、取模	从左至右
7	+ 、 -	加法、减法	
8	<< 、 >> 、 >>>	左移位、右移位、不带符号右移位	
9	> 、 < 、 >= 、 <=	大于、小于、大于等于、小于等于	
10	== 、!=	等于、不等于	
11	&	按位与	
12	^	按位异或	
13	|	按位或	
14	&&	逻辑与	
15	||	逻辑或	
16	?:	条件运算符	从右至左
17	= 、 += 、 -= 、 *= 、 /= 、%= 、 >>= 、 <<= 、 >>>= 、& = 、^= 、 |=	赋值运算符	

在表 2－10 中，第一列优先级表示各个运算符的优先级顺序，数字越小，表示优先级越高；最后一列结合性，表示运算符与操作数之间的关系及相对位置。当使用同一优先级的运算符时，结合性将决定谁会先被处理。

例如：

```
a =b +d/5* 4;
```

这个表达式中包含了不同优先级的运算符，其中“/”“*”的优先级高于“+”，而“+”又高于等号，但“/”“*”两者的优先级是相同的，究竟是 d 该先除以 5 再乘 4，还是 5 乘 4 后 d 再除以这个结果呢？结合性就解决了这个问题，算术运算符的结合性是由左至右，就是在相同优先级的运算符中，先由运算符左边的操作数开始处理，再处理右边的操作数。在例子中，由于“/”“*”的优先级相同，按照结合性规则，因此 d 会先除以 5 再乘 4。

对于初学者来说，运算符的优先级内容比较多，记住这么多内容是一件很费劲的事。对于以上运算符的优先级没有必要完全记下来，必要时可以通过括号来改变其优先性。

2. 实训

为了更好地理解运算符的优先级和结合性，进行下述表达式的求值运算。

```
public class DataTypeDemo5 {
    public static void main(String[] args) {
        int a = 4, b = 10, c = 3;
        int z = (a + b) / c + (b - a) % a;
        boolean m = b - a = = c && - - c > 1;
        System.out.println("z =" + z);
        System.out.println("m =" + m);
    }
}
```

程序的运行结果如图 2 – 14 所示。

```
z=6
m=false
```

图 2 – 14　运行结果

任务实施

本任务的具体实现步骤如下：

①编写程序源代码。

```
public class Circle {
    public static void main(String args[]) {
        final double PI = 3.14159;
        int r = 15;
        double perimeter, area;
        perimeter = 2 * PI * r;
        area = PI * r * r;
        System.out.println("半径为 15 的圆的周长是:" + perimeter);
        System.out.println("半径为 15 的圆的面积是:" + area);
    }
}
```

②编译并运行程序。

程序运行结果如图 2 – 15 所示。

```
半径为15的圆的周长是: 94.2477
半径为15的圆的面积是: 706.85775
```

图 2 – 15　运行结果

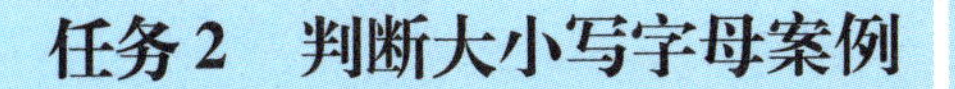

任务2 判断大小写字母案例

导入任务

从键盘输入一个字符，如果输入的是小写字母，则在屏幕上输出“该字符是小写字母”；如果输入的是大写字母，则在屏幕上输出“该字符是大写字母”；否则，在屏幕上输出“该字符不是字母”。

知识准备

一、数据类型转换

相同类型的数据可以直接进行运算。不同类型的数据进行运算时，首先要将数据类型转换成同一类型，然后再进行运算。数据类型转换有自动转换和强制转换两种。

1. 自动转换

数据类型自动转换的过程由 Java 编译系统自动进行，不需要程序特别说明。自动转换时所遵循的转换规则如下：

低 byte → short → char → int → long → float → double 高

箭头表示数据的转换方向，即箭头前面的类型可以自动转换成箭头后面的类型。

2. 强制转换

不能由自动转换完成的数据类型转换，可以通过强制转换将数据转换成指定的类型。

强制转换的格式如下：

```
(目标数据类型)表达式
```

例 2-12：数据类型转换应用举例。

```
public class TranDataType1 {
    public static void main(String[] args) {
        byte b = 3;
        short s = 5;
        char c ='c';
        int result1 = b + c + s;
        System.out.println("result1 =" + result1);
        float f = 3.14f;
        int result2 = (int) (f * f);
        System.out.println("result2 =" + result2);
    }
}
```

在本例中，变量 b、s、c 可以自动转换成 int 数据类型，float 类型的变量通过强制类型转换成整型，运行该程序，结果如图 2－16 所示。

```
result1=107
result2=9
```

图 2－16　例 2－12 运行结果

例 2－13：数据类型转换应用举例。

```
public class TranDataType2 {
    public static void main(String[] args) {
        int m = 10;
        float y = 9.12f;
        System.out.println("m/ y =" + (m/ y));
        System.out.println("10/ 3.5 =" + (10/ 3.5));
        System.out.println("10/ 3 =" + (10/ 3));
    }
}
```

在该例中，10/3.5 将自动转化成浮点类型，10/3 整数相除仍为整数，会造成精度的丢失。运行该程序，结果如图 2－17 所示。

```
m/y=1.0964912
10/3.5=2.857142857142857
10/3=3
```

图 2－17　例 2－13 运行结果

二、if 条件语句

1. if 语句的 3 种形式

if 条件语句有 3 种形式：if 语句、if…else…语句和多重 if…else…语句。下面将做逐一介绍。

（1）if 语句。

if 语句为单分支条件语句，其说明语句的一般形式为：

```
if(表达式)
    语句;
```

执行过程如下：首先计算表达式的值，若为 true（或非 0 值），执行语句；若为 false（或 0），就跳过 if 语句，执行后继的语句。

用流程图表示，如图 2－18 所示。

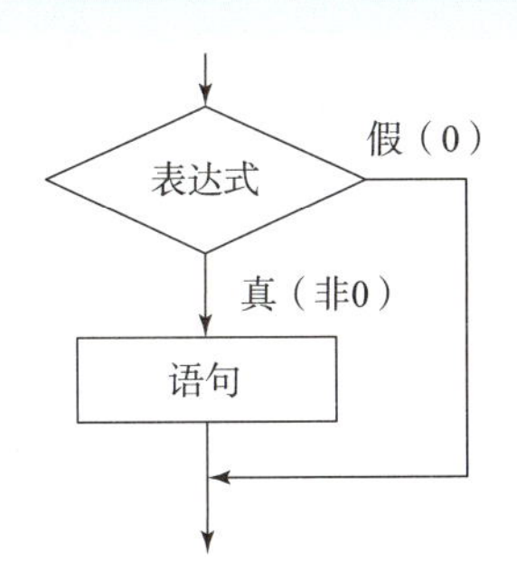

图 2－18　if 语句执行流程图

例 2－14：判断一个数是否为偶数。

```
public class SelectDemo1 {
    public static void main(String[] args) {
        int x = 100;
        if (x % 2 = = 0) {
            System.out.println("x 为偶数");
        }
    }
}
```

运行该程序，结果如图 2－19 所示。

x为偶数

图 2－19　例 2－14 运行结果

（2）if…else…语句。

if…else…语句为双分支条件语句，其说明语句的一般形式为：

```
if(表达式)
    语句 1;
else
    语句 2;
```

执行过程如下：首先计算表达式的值，若为 true（或非 0 值），则执行语句 1；若为 false（或 0），则执行语句 2。

上述执行过程用流程图表示，如图 2－20 所示。

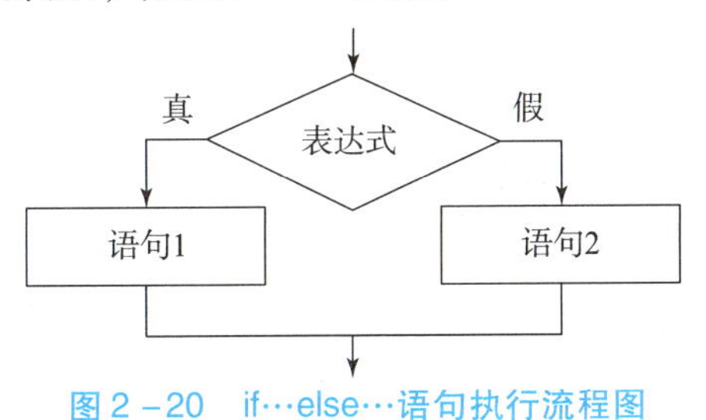

图 2－20　if…else…语句执行流程图

例 2－15：求 a、b 的最大值。

```
public class SelectDemo2 {
    public static void main(String args[]) {
        int a = 34, b = 75, max;
        if (a > b)
            max = a;
        else
            max = b;
        System.out.println("a,b 中较大数值为:" + max);
    }
}
```

运行该程序，结果如图 2－21 所示。

a,b中较大数值为：75

图 2－21　例 2－15 运行结果

有一种运算符可以等价于使用 if…else…进行变量赋值的语句，即三目运算符，见表 2－11。

表 2－11　三目运算符

运算符	功　能
？　：	根据条件的成立与否来决定结果为“：”前或者“：”后的表达式

使用三目运算符时，操作数有 3 个，其格式为：

```
    变量 = 条件判断 ? 表达式1 : 表达式2
```

将上面的格式以 if 语句解释，就是当条件成立时，执行表达式 1，否则，执行表达式 2。其等价的 if…else…语句为：

```
if (条件判断)
    变量 =表达式1;
else
    变量 =表达式2;
```

例 2－16：三目运算符的应用。

```
public class SelectDemo3 {
    public static void main(String[] args) {
        int x = 7, y = 10, max;
        max = x > y ? x : y;
        System.out.println("最大值为" + max);
```

```
    System.out.println("---与其等价的 if else 语句----");
        if (x > y)
            max = x;
        else
            max = y;
        System.out.println("最大值为" + max);
    }
}
```

运行该程序，结果如图 2－22 所示。

```
最大值为10
---与其等价的if else语句----
最大值为10
```

图 2－22　例 2－16 运行结果

（3）多重 if…else…语句。

多重 if…else…语句为多分支条件语句，其说明语句的一般形式为：

```
if(表达式1)
      语句1;
elseif(表达式2)
      语句2;
    …
elseif(表达式n)
      语句n;
else
语句n+1;
```

执行过程如下：首先计算表达式 1 的值，若为 true（或非 0 值），则执行语句 1；若为 false（或 0），就继续计算表达式 2 的值，依此类推，直到找到一个值为 true（或非 0 值）的表达式，就执行其后相应的语句。如果所有的表达式值都为 false（或 0），则执行最后一个 else 后的语句 n＋1。

上述执行过程用流程图表示，如图 2－23 所示。

例 2－17：判断一个学生的成绩。

```
public class SelectDemo4 {
    public static void main(String[] args) {
        int m = 89;
        if (m >= 90)
            System.out.println("该生成绩为" + m + ",评论为优");
```

```
        else if (m > = 80)
            System.out.println("该生成绩为" + m + ",评论为良");
        else if (m > = 60)
            System.out.println("该生成绩为" + m + ",评论为中");
        else
            System.out.println("该生分数为" + m + ",不及格");
    }
}
```

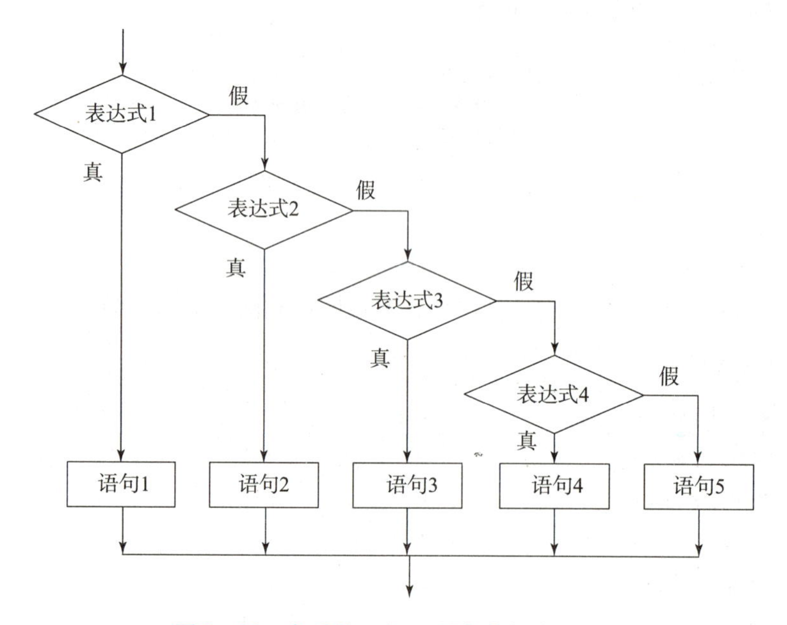

图 2 –23　多重 if…else…语句执行流程图

运行该程序，结果如图 2 –24 所示。

该生成绩为89，评论为良

图 2 –24　例 2 –17 运行结果

2. 实训

用户输入两个整数 x、y，如果 x、y 都是正数，则将 x 的值递增一个数，然后打印出 x + y；如果 x、y 都是负数，则将 x 的值递减 10，然后打印 x * y 的值；如果任意一个为 0，则提示数据错误。

```
import java.util.Scanner;
public class SelectExe {
    public static void main(String[] args) {
        Scanner s = new Scanner(System.in);
```

```
        System.out.println("请输入 x 的值:");
        int x = s.nextInt();
        System.out.println("请输入 y 的值:");
        int y = s.nextInt();
        if (x > 0 && y > 0) {
            x ++;
            System.out.println("x + y = " + (x + y));
        } else if (x < 0 && y < 0) {
            x = x -10;
            System.out.println("x* y = " + (x *  y));
        } else if (x = = 0 || y = = 0) {
            System.out.println("数据错误");
        }
    }
}
```

运行该程序，结果如图 2 -25 所示。

```
请输入x的值:
-10
请输入y的值:
-1
x*y=20
```

图 2 -25　运行结果

三、switch 分支语句

1. switch 语句的语法结构

switch 语句也是一种多分支条件语句，其说明语句的一种形式为:

```
switch (表达式)
{
    case 常量表达式 1:
        语句 1;
        break;
    case 常量表达式 2:
        语句 2;
        break;
        …
    case 常量表达式 n:
        语句 n;
```

```
        break;
        default:
            语句 n +1;
}
```

其执行过程是：首先计算 switch 后表达式的值，然后将该值与其后的常量表达式值逐个相比较，当表达式的值与某个常量表达式的值相等时，则执行该常量表达式后的语句，switch 语句结束；如果表达式的值与所有 case 后的常量表达式值均不相等，则执行 default 后的语句 n + 1。

上述执行过程用流程图表示，如图 2 – 26 所示。

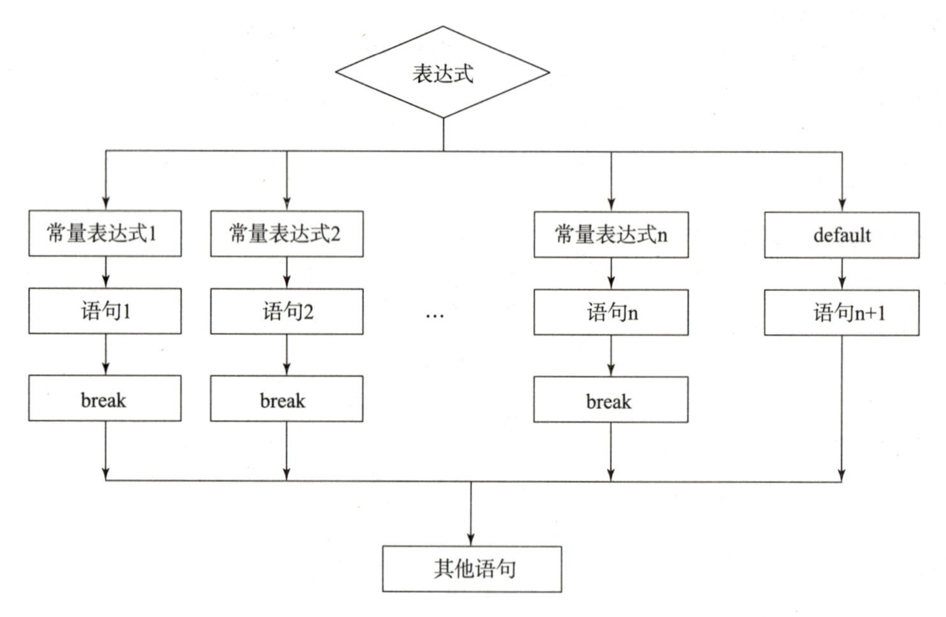

图 2 – 26　多重 if…else…语句执行流程图

使用 switch 语句要注意以下几点：

①switch 后的表达式只能是整型表达式或字符表达式。

②多个 case 可以公用一组执行语句，如：

```
case 常量表达式 1:
case 常量表达式 2:
语句 1;
break;
```

③若 case 后面的语句有两条或两条以上，这些语句可以不用花括号“{ }”括起来。

④default 语句可以省略。

例 2－18：判断春夏秋冬案例。

```
import java.util.Scanner;
public class SelectDemo5 {
    public static void main(String[] args) {
        Scanner sc = new Scanner(System.in);
        System.out.println("请输入月份:");
        int month = sc.nextInt();
        switch (month) {
        case 1:
        case 2:
        case 3:
            System.out.println(month + "月是春季");
            break;
        case 4:
        case 5:
        case 6:
            System.out.println(month + "月是夏季");
            break;
        case 7:
        case 8:
        case 9:
            System.out.println(month + "月是秋季");
            break;
        case 10:
        case 11:
        case 12:
            System.out.println(month + "月是冬季");
            break;
        default:
            System.out.println("你输入的月份有误");
        }
        System.out.println("判断结束");
    }
}
```

运行该程序，结果如图 2－27 所示。

```
请输入月份：
8
8月是秋季
判断结束
```

图 2－27　例 2－18 运行结果

在 switch 语句中，每一个 case 语句之后都加上了一个 break 语句，如果不加入此语句，则 switch 语句会从第一个满足条件的 case 开始依次执行操作。

例 2－19：未使用 break 语句跳出 case 语句案例。

```
public class SelectDemo6 {
    public static void main(String[] args) {
        int m = 2;
        switch (m) {
        case 1:
            System.out.println("今天星期一");
            break;
        case 2:
            System.out.println("今天星期二");
        case 3:
            System.out.println("今天星期三");
        case 4:
            System.out.println("今天星期四");
        case 5:
            System.out.println("今天星期五");
            break;
        case 6:
            System.out.println("今天星期六");
        case 7:
            System.out.println("今天星期日");
    default:
            System.out.println("你输入的格式有误!");
        }
    }
}
```

运行该程序，结果如图 2－28 所示。

今天星期二
今天星期三
今天星期四
今天星期五

图 2－28　例 2－19 运行结果

2. 实训

采用 switch 语句，判断一个月有多少天。

```
public class SwitchExe {
    public static void main(String[] args) {
        int month = 2;
        int year = 2020;
        int numDays = 0;
        switch (month) {
        case 1:
        case 3:
        case 5:
        case 7:
        case 8:
        case 10:
        case 12:
            numDays = 31;
            break;
        case 4:
        case 6:
        case 9:
        case 11:
            numDays = 30;
            break;
        case 2:
            if(((year % 4 ==0) &&! (year % 100 ==0)) ||(year % 400 ==0))
            numDays = 29;
        else
                numDays = 28;
            break;
        default:
```

```
                System.out.println("不合法的月份.");
                break;
            }
            System.out.println("该月有" + numDays + "天");
        }
    }
```

程序的运行结果如图 2-29 所示。

该月有 29天

图 2-29　运行结果

任务实施

本任务的具体实现步骤如下：

①编写程序源代码如下：

```
import java.io.IOException;
public class IsUpperOrLower {
    public static void main(String[] args) throws IOException {
        System.out.println("请输入一个字符:");
        int x = System.in.read();
        char c = (char) x;
        if (c >='a' && c <='z')
            System.out.println("该字符是小写字母。");
        else if (c >='A' && c <='Z')
            System.out.println("该字符是大写字母。");
        else
            System.out.println("该字符不是字母。");
    }
}
```

②编译并运行程序，结果如图 2-30 所示。

```
请输入一个字符:
A
该字符是大写字母。
```

图 2-30　运行结果

任务3 数字排序案例

导入任务

编写一个程序，将 10 个数字 34，92，84，55，27，96，57，12，88，71 按由小到大的顺序输出。

知识准备

一、for 语句

1. for 语句的语法形式

在程序中，当一条或一组语句需要重复执行多次时，不必将相同的语句写上多次，只需要使用循环结构即可。循环结构可以在很大程度上简化程序设计，特别在一条或一组语句重复执行的次数事先未知的情况下，顺序结构是无能为力的，只能采用循环结构。在 Java 程序中，循环的次数由循环控制表达式决定，当满足循环控制表达式的条件时，循环中的语句就一直执行，直到不满足循环控制表达式的条件时，循环结束。被重复执行的语句称为循环体。

Java 语言提供了 3 种循环结构语句：for 语句、while 语句、do…while 语句。这 3 种循环语句各有特色，在许多情况下又可以相互替换。首先介绍一下 for 语句。

for 语句是 Java 中最常见、功能最强的循环语句，它既可以用于循环次数确定，也可以用于循环次数不确定而只给出循环结束条件的情况。其说明语句的一般形式为：

```
for(表达式1;表达式2;表达式3)
    语句;
```

上述格式可以理解为：

```
for(循环变量初始化;循环条件;循环变量增值)
    循环体;
```

for 语句的执行过程如下：

①计算表达式 1 的值。

②计算表达式 2 的值，并进行判断。如果表达式 2 的值为真（或非 0 值），则执行循环体中的语句，然后转入第③步；如果表达式 2 的值为假（或 0），则转入第④步。

③计算表达式 3 的值，然后回到第②步。

④循环结束，执行 for 语句之后的下一条语句。

上述执行过程用流程图表示，如图 2－31 所示。

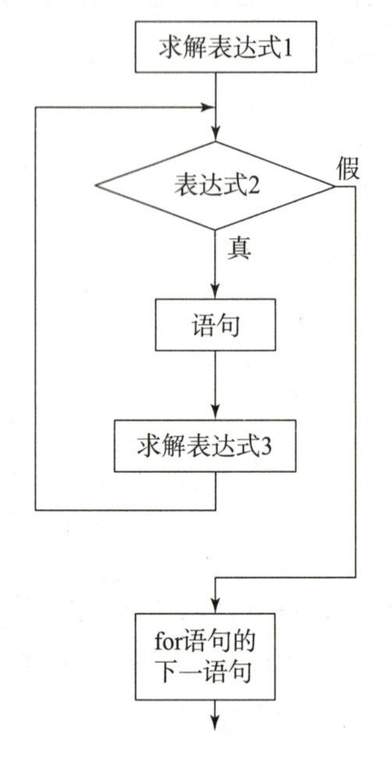

图 2－31　for 语句执行流程图

例 2－20：计算 1～100 之间所有偶数的和。

```
public class ForDemo1 {
    public static void main(String[] args) {
        int i, sum = 0;
        for (i = 2; i <= 100; i = i + 2)
            sum = sum + i;
        System.out.println("1 到 100 之间所有偶数的和为:" + sum);
    }
}
```

程序运行结果如图 2－32 所示。

1到100之间所有偶数的和为：2550

图 2－32　例 2－20 运行结果

需要注意的是，在 for 循环语句中，表达式 1、表达式 2 和表达式 3 都可以被分别或同时省略，但其中的分号（;）不能省略。通过下面几个例子来体会一下其中的奥妙。

①省略表达式 1。若省略表达式 1，不影响循环体的正常执行，但循环体中所需要的一些变量及相关值要在 for 语句前定义。

例 2－21：例 2－20 省略表达式 1 的写法。

```
public class ForDemo2 {
```

```
    public static void main(String[] args) {
        int i = 2, sum = 0; // 在 for 语句前给 i 赋初值
        for (; i <= 100; i = i + 2) // 省略了表达式1
            sum = sum + i;
        System.out.println("1 到 100 之间所有偶数的和为:" + sum);
    }
}
```

②省略表达式2。若省略表达式2，则表达式2的值被认为是“真”，循环会无终止地进行下去，可在循环体中使用break语句跳出循环。

例2－22：例2－20省略表达式2的写法。

```
public class ForDemo3 {
    public static void main(String[] args) {
        int i, sum = 0;
        for (i = 2;; i = i + 2) {// 省略了表达式2
            sum = sum + i;
            if (i == 100)
                break; // 如果 i 的值增加到 100,就跳出循环
        }
        System.out.println("1 到 100 之间所有偶数的和为:" + sum);
    }
}
```

③省略表达式3。若省略表达式3，可在循环体最后书写与表达式3等价的语句。

例2－23：例2－20省略表达式3的写法。

```
public class ForDemo4 {
    public static void main(String[] args) {
        int i, sum = 0;
        for (i = 2; i <= 100;) { // 省略了表达式3
            sum = sum + i;
            i = i + 2; // 将表达式3 放在循环语句最后执行
        }
        System.out.println("1 到 100 之间所有偶数的和为:" + sum);
    }
}
```

for循环语句是可以嵌套的，例如要打印一个九九乘法表，则需要使用两层for循环语句来完成。

例2－24：循环语句的嵌套。

```
public class ForDemo5 {
    public static void main(String[] args) {
        for (int i = 1; i <= 9; i++) { // i 控制输出的值,即行数
            for (int j = 1; j <= i; j++) { // j 控制输出的次数,即列数
                // "\t"代表制表符,注意这里是双引号,不是单引号
                // print 不换行,println 换行 ;
                System.out.print(j + "*" + i + "=" + (i * j) + "\t");
            }
            System.out.println();
        }
    }
}
```

程序运行结果如图 2－33 所示。

```
1*1=1
1*2=2	2*2=4
1*3=3	2*3=6	3*3=9
1*4=4	2*4=8	3*4=12	4*4=16
1*5=5	2*5=10	3*5=15	4*5=20	5*5=25
1*6=6	2*6=12	3*6=18	4*6=24	5*6=30	6*6=36
1*7=7	2*7=14	3*7=21	4*7=28	5*7=35	6*7=42	7*7=49
1*8=8	2*8=16	3*8=24	4*8=32	5*8=40	6*8=48	7*8=56	8*8=64
1*9=9	2*9=18	3*9=27	4*9=36	5*9=45	6*9=54	7*9=63	8*9=72	9*9=81
```

图 2－33　例 2－24 的运行结果

2. 实训

求 100～999 之间所有水仙花数。所谓水仙花数，是指一个三位数，其各位数字的三次方之和等于该数本身，例如：$153 = 1^3 + 3^3 + 5^3$，故 153 是水仙花数。

```
public class ForDemo6 {
    public static void main(String[] args) {
        int a, b, c;
        for (int i = 100; i <= 999; i++) {
            // 分别获取个位数、十位数、百位数
            a = i % 10;
            b = i % 100 / 10;
            c = i / 100;
            if (a * a * a + b * b * b + c * c * c == i) {
                System.out.print(i + "\t");
            }
        }
    }
}
```

程序的运行结果如图 2－34 所示。

图 2－34 水仙花实训运行结果

二、while 语句

while 语句是三种循环语句中最简单的一种。其说明语句的一般形式为：

```
while(表达式)
    语句;
```

执行过程如下：首先计算表达式的值，当值为真（或非 0）时，则执行循环体语句；否则，退出循环，并执行循环后面的语句。当执行过一次循环体语句后，再次计算条件中给出的表达式的值，若值仍为真（或非 0），则再次执行循环体语句。如此重复下去，直到表达式值为假（或 0），退出循环。所以，while 语句要求在循环体内包含能够改变表达式值的语句，以使循环在某一时刻能够结束，而不是一个死循环。while 语句执行流程如图 2－35 所示。

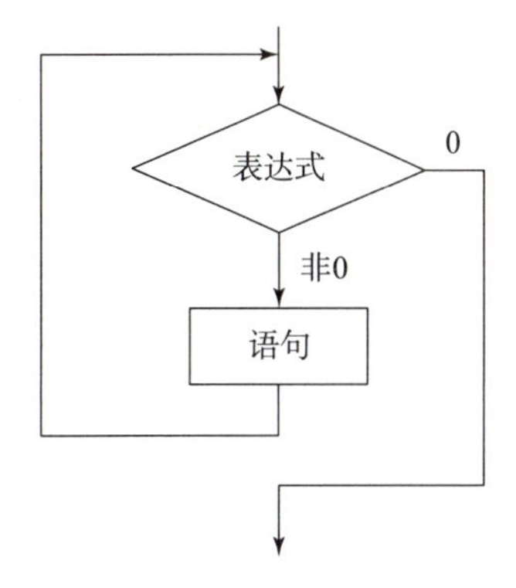

图 2－35 while 语句执行流程图

例 2－25：计算 1～100 之间所有偶数的和。

```
public class WhileDemo1 {
    public static void main(String[] args) {
        int i =2, sum = 0;
        while (i < = 100) {
            sum = sum + i;
            i = i + 2;
        }
        System.out.println("1 到 100 之间所有偶数的和为:" + sum);
    }
}
```

运行结果如图 2－32 所示。

三、do…while 语句

do…while 语句是指直到某个条件不成立时才终止循环的执行。其说明语句的一般形式为：

```
do
    语句;
while(表达式);
```

执行过程如下：先执行一次语句（即循环体），然后计算表达式的值，如果其值为真（或非0），再次执行循环体，如此重复下去，直到某时刻表达式的值为假（或0），则退出循环，执行 while 后边的语句。do…while 语句执行流程如图 2-36 所示。

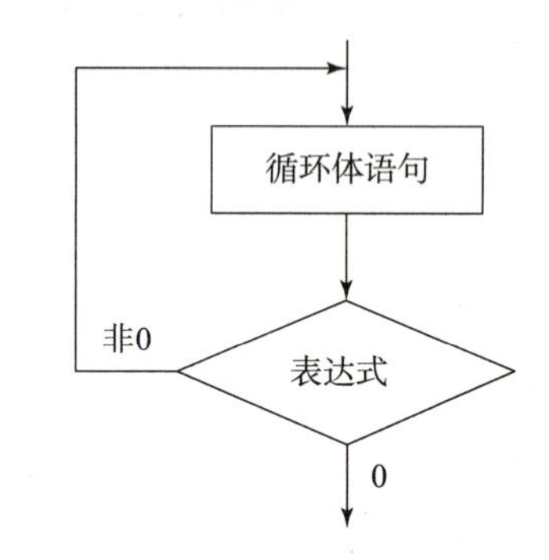

图 2-36　do…while 语句执行流程图

do…while 语句与 while 语句的区别在于：do…while 语句先执行循环体语句，再判断表达式的值；而 while 语句先判断表达式的值，再执行循环体语句。所以，如果表达式的值一开始就为假（或0），do…while 语句中的循环体也会被执行一次，而 while 语句中的循环体则一次也不会被执行。

例 2-26：计算 1~100 之间所有偶数的和。

```
public class DoWhileDemo1 {
    public static void main(String[] args) {
        int i = 2, sum = 0;
        do {
            sum += i;
            i = i + 2;
        } while (i <= 100);
        System.out.println("1 到 100 之间所有偶数的和为:" + sum);
    }
}
```

运行结果如图 2-32 所示。

有必要对前面介绍的这三种循环语句做简单的比较：

①三种循环都可以用来处理同一问题，一般可以互相代替。

②while 和 for 循环是先判断后执行，而 do…while 是先执行后判断，其循环体语句至少可以执行一次。

③用 while 和 do…whlie 循环时，循环变量初始化工作应在之前完成，而 for 语句一般在表达式 1 中做循环变量初始化工作。

④while 和 do…whlie 语句，一般要在循环体中包含能使循环趋于结束的语句；而 for 语句一般在表达式 3 中完成这部分工作。

四、break 和 continue 语句

Java 中还有两条与循环语句密切相关的语句，即 break 和 continue 语句。如果在循环语句执行过程中想要跳出循环或提前结束本次循环，就需要使用它们。

1. break 语句

break 语句的语法格式为：

```
break;
```

前面在讲 switch 语句时，曾经使用过 break 语句，用它来跳出 switch 语句。这是 break 语句的作用之一。它还有一个常用功能，就是放在循环语句中，用来提前结束循环。break 语句可以强迫程序中断循环，当程序执行到 break 语句时，即会离开循环，继续执行循环外的下一条语句，如果 break 语句出现在嵌套循环体中的内存循环中，则 break 语句只会跳出当前层的循环。

通过下面的例子来看一下 break 语句的妙用。

例 2 - 27：输出 n!<=80000 时的最大 n 值。

```
public class BreakDemo {
    public static void main(String[] args) {
        int n, factorial = 1;
        for (n = 1; n < 20; n ++) {
            factorial = factorial * n;
            if (factorial > 80000)
                break; // 如果阶乘大于 80000,则执行 break,立刻结束循环
        }
        System.out.print("n! 小于 80000 的最大 n 值为:" + (n -1));
    }
}
```

运行该程序，运行结果如图 2 - 37 所示。

n!小于80000的最大n值为：8

图 2 - 37　例 2 - 27 运行结果

2. continue 语句

continue 语句的语法格式为：

```
continue;
```

continue 语句的作用是提前结束本轮循环体的执行，即跳过循环体中下面尚未执行的语句，接着进行下一次是否执行循环的判定。

通过下面的例子来看一下 continue 语句的使用。

例 2 - 28：输出 1 ~ 100 之间能被 7 整除的数。

```
public class ContinueDemo {
    public static void main(String[] args) {
        for (int i = 1; i < 100; i ++) {
            if (i % 7 ! = 0)
                continue; // 如果 i 不能被 7 整除,执行 continue 提前结束本轮循环
```

```
            System.out.print(i + "  "); // 如果 i 能被 7 整除,输出 i 的值
        }
    }
}
```

运行该程序，运行结果如图 2-38 所示。

```
7  14  21  28  35  42  49  56  63  70  77  84  91  98
```

图 2-38　例 2-28 运行结果

五、数组

在程序中经常要处理成批的数据，比如一个老师可能需要在程序中保存班级中所有学生本门功课的考试成绩、一个销售人员可能要存储一年 12 个月中每个月的销售额等。这类数据有一个共同的特点：它们是若干个同类型的数据元素，并且各个元素之间存在某种逻辑上的关系。如果用单个变量表示这些数据元素，一方面要使用很多变量，另一方面无法体现数据元素之间的关系。Java 为保存这种数据类型提供了数组这一数据结构。

数组是一组在内存中连续存放的、具有同一类型的变量所组成的集合体。其中的每个变量称为数组的元素。数组可以是一维的，也可以是多维的。

1. 一维数组

Java 中一维数组的定义有以下两种形式：

```
数据类型   数组名[ ];
数据类型[ ]  数组名;
```

其中，各部分的含义如下：

• 数据类型：数据类型表示数组的类型，即数组中各元素的数据类型，可以是基本数据类型或引用类型。

• 数组名：数组名是一个标识符，其命名要符合标识符的命名规则。

• [ ] 是数组的标志。定义数组只是为数组命名和指定数据类型，并不为数组分配内存空间，因此 [ ] 中不必写数组元素的个数。这一点与其他语言不同。

例如：

```
int a[ ];
char[ ] b;
```

定义了数组后，数组并没有得到内存空间，这样的数组还不能使用。数组只有经过初始化得到内存空间后才能使用。

数组的初始化分为静态初始化和动态初始化两种。

(1) 静态初始化是指在定义数组的同时，在 {} 中给出数组元素的初值。格式如下：

```
数据类型  数组名[ ] = {第 0 个元素值,第 1 个元素值,…};
```

或者

```
数据类型[ ]  数组名 ={第 0 个元素值, 第 1 个元素值,… };
```

例如：

```
int a[ ]={1, 2, 3, 4};
```

或者

```
int[ ] a = { 1, 2,3,4 };
```

（2）动态初始化是指通过 new 运算符为数组分配内存空间。格式如下：

```
数据类型  数组名[ ]= new  数据类型[数组元素个数];
```

如果数组之前已经定义了，则格式如下：

```
数组名  = new  数据类型[数组元素个数];
```

例如：

```
int a[]=new int[4];
```

或者

```
int a[];
a=new int[4];
```

若要访问数组中的元素，可以利用下标来完成。Java 中数组的下标编号从 0 开始，以数组 score[10] 为例，score[0] 代表第一个元素，score[1] 代码第二个元素，依此类推，score[9] 代表第 10 个元素。图 2－39 中显示了数组中元素的表示方法及排列方式。

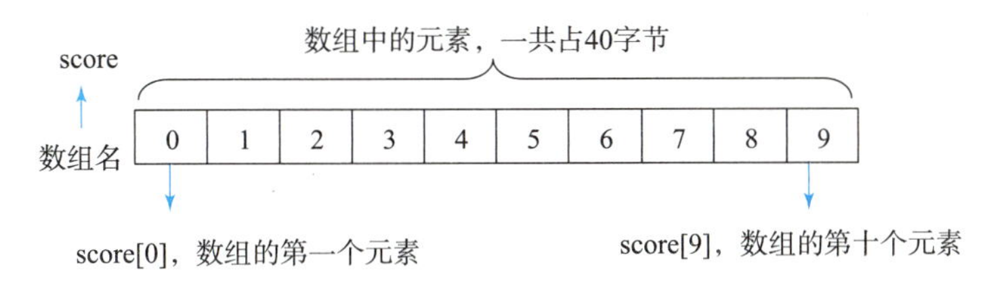

图 2－39　数组中的元素

例 2－29：数组的初始化和下标的使用。

```
public class ArrayDemo1 {
    public static void main(String[] args) {
        int[] a = { 1, 2, 3, 4 };
        System.out.println("a[0]=" + a[0]);
        System.out.println("a[1]=" + a[1]);
        System.out.println("a[2]=" + a[2]);
        System.out.println("a[3]=" + a[3]);
```

```
    }
}
```

运行该程序，结果如图 2 - 40 所示。

```
a[0]=1
a[1]=2
a[2]=3
a[3]=4
```

图 2 - 40　例 2 - 29 运行结果

数组的长度是指数组元素的个数。对于静态初始化的数组，初始值的个数就是数组的长度；对于动态初始化的数组，new 后方括号中的数字即为数组的长度。

例如：

```
int[ ]  results1 = {11,12,13,14,15};
int[ ]  results2 = new int[5];
```

数组 results1 为静态初始化，有五个初始值，故长度为 5。数组 results2 为动态初始化，根据 new 后方括号的值来确定数组的长度，因此长度也是 5。

另外，数组的长度可以通过"数组名 . length"来获得。

例如：results1. length，可以获得 results1 的长度 5。

例 2 - 30：求数组长度。

```
public class ArrayDemo2 {
    public static void main(String[ ] args) {
        int a[ ] = { 1, 2, 3, 4 };
        int[ ] b = new int[8];
        System.out.println("数组 a 的长度为:" + a.length);
        System.out.println("数组 b 的长度为:" + b.length);
    }
}
```

运行该程序，结果如图 2 - 41 所示。

```
数组a的长度为:4
数组b的长度为:8
```

图 2 - 41　例 2 - 30 运行结果

数组下标最大值为数组长度减 1，一旦下标超过最大值，将会产生数组越界异常（ArrayIndexOutOfBoundsException）。

例 2 - 31：数组的下标越界异常。

```
public class ArrayDemo3 {
```

```
    public static void main(String[] args) {
        int a[] = {1, 2, 3, 4 };
        System.out.println(a[4]);
    }
}
```

运行该程序，可以在屏幕上看到异常信息，如图2－42所示。

```
Exception in thread "main" java.lang.ArrayIndexOutOfBoundsException: 4
	at ch02.ArrayDemo3.main(ArrayDemo3.java:6)
```

图2－42　数组下标越界异常

对于一维数组，可以采用循环语句进行操作。

例2－32：数组元素的赋值与输出。

```
public class ArrayDemo4 {
    public static void main(String[] args) {
        int array[] = new int[5];
        for (int i = 0; i < array.length; i ++)
            array[i] = i*2 + 2;
        for (int i = 0; i < array.length; i ++)
            System.out.print(array[i] + "\t");
    }
}
```

运行该程序，结果如图2－43所示。

```
2	4	6	8	10
```

图2－43　例2－32的运行结果

建议使用length属性使数组的下标在0～length－1之间变化，这样既能避免产生下标越界的运行错误，又能使程序不受数组长度变化的影响，从而使程序更加稳定和易于维护。

2. 数组的引用

数组是一种引用数据类型，和基本数据类型变量相比，相同点在于都需要声明，都可以赋值；不同点在于存储单元的分配方式不同，两个变量之间的赋值方式也不同。

基本数据类型的变量获得存储单元的方式是静态的，当声明了变量的数据类型之后，程序开始运行时，系统就为变量分配了存储空间。所以，声明变量后，就可以对变量赋值。两个变量之间的赋值，传递的是值本身。

例如：

```
int i =12 , j ;
j = i ;
j ++;
```

声明了两个整型变量i、j后，i、j就获得了存储单元，可以为它们赋值。两个变量之间赋值j=i意味着j得到的是变量i的值，之后改变j的值对i的值没有影响，具体过程如图2-44所示。

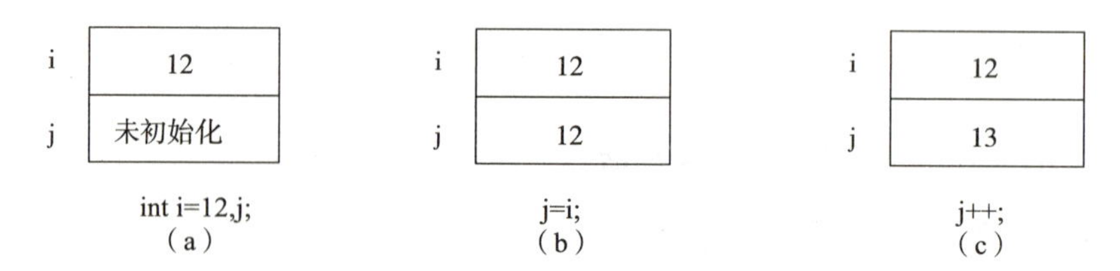

图2-44 变量赋值时传递值

(a) 变量声明；(b)，(c) 变量赋值

数组变量保存的是数组的引用，即数组占用的存储空间的地址，这是引用数据类型变量的特点。当声明了一个数组元素a而未申请空间时，数组变量a是未初始化的，没有地址值。只有为a申请了存储空间，才能以下标表示数组元素。两个数组变量之间赋值是引用赋值，传递的是地址等特性，没有申请新的存储空间。

例如：

```
int a[];
a=new int[5];
int b[ ];
b=a;
b[0]=10;
```

数组b获得数组a已有存储空间的地址，此处两个数组变量共同拥有同一个数组空间，通过数组b对数组元素操作的结果同时也会改变a的元素值，具体过程如图2-45所示。

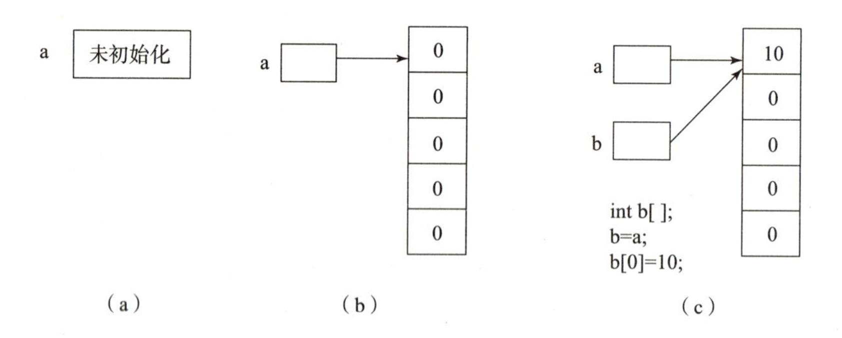

图2-45 数组变量的引用传递

(a) int a[ ]；(b) a=new int[5]；(c) 数组变量赋值，传递引用

例2-33：数组的引用传递。

```
public class ArrayDemo5 {
    public static void main(String[] args) {
```

```
        int a[] = { 21, 22, 23, 24, 25 };
        int b[];
        b = a;
        b[0] = 12;
        b[3] = 14;
        for (int i = 0; i < a.length; i ++)
            System.out.print(a[i] + "\t");
    }
}
```

运行该程序，结果如图2-46所示。

```
12    22    23    14    25
```

图2-46 例2-33运行结果

3. 多维数组

多维数组是在一维数组声明方式的基础上增加下标的维数，即增加［ ］的个数。多维数组的声明形式如下所示：

```
数据类型  数组名[ ][ ]… [ ];
```

有几个“［ ］”，就叫作几维数组。

下面重点介绍一下应用最广泛的二维数组。

如果说把一维数组当成几何图形中的线性图形，那么二位数组就相当于一个表格。

二维数组定义格式如下：

```
数据类型  数组名[ ][ ];
```

或者

```
数据类型[ ][ ]  数组名;
```

二维数组的初始化也分为静态初始化和动态初始化两种。

(1) 静态初始化在定义数组的同时，在{}中给出数组元素的初值。格式如下：

```
数据类型  数组名[ ][ ]={{第0行元素的值},{第1行元素的值}, … };
```

例如：

```
int  b[ ][ ]={{1,2,3},{4,5,6}};
```

该语句定义了一个具有两行三列6个元素的数组b。

(2) 动态初始化通过new运算符为数组分配内存空间。格式如下：

```
数据类型  数组名[ ][ ]= new  数据类型[行数][列数];
```

或者

```
数据类型[ ][ ] 数组名 = new 数据类型[行数][列数];
```

例如：

```
int b[ ][ ] = new int[2][3];
```

如果二维数组之前已经定义了，则格式如下：

```
数组名 = new 数据类型[行数][列数];
```

在动态初始化时，可以各行单独进行，允许各行元素不同。

例如：

```
int c[][]=new int[3][];  // c为3行二维数组
c[0]=new int[1];         // c[0]具有1个元素
c[1]=new int[3];         // c[1]具有3个元素
c[2]=new int[5];         // c[2]具有5个元素
```

该语句段定义了一个3行的二维数组c，第一行中有1个元素，第二行中有3个元素，第三行中有5个元素。

对二维数组初始化之后，就可以访问数组中的各个元素了。二维数组元素的引用格式如下：

```
数组名[行下标][列下标]
```

和一维数组类似，二维数组的行下标和列下标也是从0开始的。

例2-34：二维数组的初始化和引用。

```
public class ArrayDemo6 {
    public static void main(String[] args) {
        int a[][] = {{1, 4, 5}, {2, 3}, {5, 6}};
        System.out.println("a[1][1]=" + a[1][1]);
        System.out.println("a[2][0]=" + a[2][0]);
    }
}
```

运行该程序，结果如图2-47所示。

```
a[1][1]=3
a[2][0]=5
```

图2-47 例2-34运行结果

二维数组的length属性只返回第一维的长度，即行的长度；由于每一行仍然是一个一维数组，可以通过如下方式获取每一行的列数：

```
数组[行下标].length
```

例2-35：二维数组的长度。

```
public class ArrayDemo7 {
    public static void main(String[] args) {
        int[][] array = {{1,34,21},{12,32},{32,12}};
        System.out.println("array 行数为:" +array.length);
        System.out.println("第一行的列数为:" +array[0].length);
        System.out.println("第二行的列数为:" +array[1].length);
        System.out.println("第三行的列数为:" +array[2].length);
    }
}
```

运行该程序，结果如图 2 –48 所示。

```
array行数为: 3
第一行的列数为: 3
第二行的列数为: 2
第三行的列数为: 2
```

图 2 –48　例 2 –35 运行结果

对于二维数组的操作可以采用嵌套的 for 循环语句来完成，外层 for 循环用来控制行下标，内存 for 循环控制列下标。

例 2 –36：二维数组的初始化及赋值。

```
public class ArrayDemo8 {
    public static void main(String[] args) {
        int[][] array = new int[3][4];
        for(int i =0;i <array.length;i ++)
            for(int j =0;j <array[0].length;j ++)
                array[i][j] =i* j;//对数组元素进行赋值
        for(int i =0;i <array.length;i ++) {
            for(int j =0;j <array[0].length;j ++)
                System.out.print(array[i][j] +"\t");//输出数组元素
            System.out.println();
        }
    }
}
```

运行该程序，结果如图 2 –49 所示。

```
0	0	0	0
0	1	2	3
0	2	4	6
```

图 2 –49　例 2 –36 运行结果

任务实施

本任务的具体实现步骤如下：

①编写程序源代码：

```
public class SortArray {
    public static void main(String[] args) {
        int arr[] = { 34, 92, 84, 55, 27, 96, 57, 12, 88, 71 };
        int temp;
        for (int i = 0; i < arr.length -1; i ++) {
            for (int j = 0; j < arr.length -1 -i; j ++) {
                if (arr[j] > arr[j + 1]) {
                    temp = arr[j];
                    arr[j] = arr[j + 1];
                    arr[j + 1] = temp;
                }
            }
        }
        for (int i = 0; i < arr.length; i ++)
            System.out.print(arr[i] + "  ");
    }
}
```

②编译并运行程序，结果如图 2 - 50 所示。

```
这十个数从小到大输出如下：
12  27  34  55  57  71  84  88  92  96
```

图 2 - 50　任务运行结果

习题

一、填空题

1. 整数类型包括________、________、________、________。
2. 布尔型数据类型的关键字是________，占用字节数是________，有________和________两种取值。
3. 八进制数以________开头，十六进制数以________开头。
4. 256L 表示________常量。
5. 逻辑表达式 true || false&&false 的结果是________。

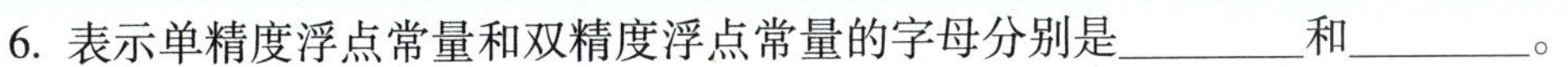

6. 表示单精度浮点常量和双精度浮点常量的字母分别是________和________。
7. Java 中的循环语句包括________、________、________。
8. 字符串“C:\\Java\\a. java”中包含________个字符。

二、选择题

1. 下面表达式的值的数据类型为（　　）。

```
(short)8/ 9.2 * 5
```

A. short　　B. int　　C. double　　D. float

2. 在 Java 语言中，只有整型数据才能进行的运算是（　　）。

A. *　　B. /　　C. %　　D. +

3. 下面语句执行后，a、b 和 c 的值分别是（　　）。

```
int a=2;
int b=(a++)* 3;
int c=(++a)* 3;
```

A. 2　6　6　　B. 4　9　9　　C. 4　6　12　　D. 3　9　9

4. 下面语句执行后，x 的值是（　　）。

```
int x=10;
x += x -= x-x;
```

A. 10　　B. 20
C. 30　　D. 40

5. 下面语句执行后，k 的值是（　　）。

```
int j=8,k=15;
for(int i=2;i! =j;i+=6)
k++;
```

A. 15　　B. 16
C. 17　　D. 18

6. 下面语句执行后，x 的值是（　　）。

```
int a=3, b=4, x=5;
if(++a==b)
x=x * x;
```

A. 5　　B. 16
C. 25　　D. 36

7. 设有定义语句：int a[]={1,2,3};，则关于该语句的叙述，错误的是（　　）。

A. 定义了一个名为 a 的一维数组
B. 数组 a 中有 3 个元素

C. 数组 a 中各元素的下标为 1 ~ 3。

D. 数组中每个元素的数据类型是 int 类型

三、简答题

1. 简述 Java 中标识符的命名规则。
2. 简述常量和变量的区别。
3. 简述字符常量和字符串常量的区别。
4. 简述 break 语句和 continue 语句的区别。

四、程序设计题

1. 编写程序，输出以下图案：

```
        *
    *   *   *
*   *   *   *   *
    *   *   *
        *
```

2. 将下列字符存放到数组中，并以倒序输出。字符如下：

   a d e f h m x k y p

3. 编写程序，输出 1 000 ~ 2 000 范围内的所有闰年。
4. 编写程序，求 1! + 2! + … + 10! 的值。
5. 编写程序，分别利用 while 循环、do…while 循环和 for 循环求出 100 ~ 200 的累加和。
6. 判断一个数能不能被 3、5、7 同时整除。
7. 编写一个程序，求出三个数中的最大值。

模块3 面向对象编程基础

【模块教学目标】

- 掌握面向对象的三大特性
- 掌握类的基本概念，以及类的声明和实体
- 掌握对象的创建与使用
- 掌握属性的声明和使用
- 掌握方法的声明和使用
- 掌握方法重载及构造方法的使用

任务1　定义名为Student的学生类

导入任务

定义一个名为Student的学生类，包含的属性有“姓名”“年龄”“学号”，设计学生学习、吃饭、睡觉的方法。

①根据任务要求编写学生类并包含上述属性和方法。

②编写测试类测试学生类的使用。

知识准备

前面学习了Java的基本程序设计知识，属于结构化的程序开发，但是使用结构化程序设计方法开发不适用于规模较大、比较复杂的系统开发，因为其本质是将功能分解，围绕实现处理功能的过程来构造系统。而在软件开发中，用户的需求是随时变化的，为了更好地解决软件技术的多变性，适应用户的需求，产生了面向对象编程技术。

一、面向对象特性

面向对象是基于面向过程的思想演化而来的，不过面向对象提供了一种更符合人类思考

习惯的思想，可以把复杂的事情简单化，让工程师从执行者变成了指挥者。传统的面向过程的编程语言，如C语言、Pascal语言，由于其设计方式与客观世界之间存在差距，工程师在编写程序时需要提前定义好各项功能，并且明确需要采取的步骤，采用自顶向下、逐步求精的设计方法。在实际开发中，使用面向过程的编程语言开发规模较大、比较复杂的程序时，就会使开发周期变得十分漫长，并且难以适应需求的变化，程序开发完成后，维护起来也很困难。

面向对象遵循“一切都是对象”的设计思想，认为客观世界是由各种对象组成的，任何事物都是对象（Object），比如学生、教师、教室、凳子、大街上跑的汽车等。每一个对象都有自己的运动规律和内部状态，都属于某个对象类，是该对象的一个元素。复杂的对象可以由相对简单的各种对象以某种方式构成，不同对象的组合及相互作用就构成了一个完整的系统。面向对象程序设计方法就是把现实世界中对象的状态和操作抽象为程序设计语言中的对象，达到程序和现实世界的统一。

面向对象编程（OOP）有三大特性，分别是封装、继承和多态。下面对这三大特性进行简要的介绍。

1. 封装

封装用于隐藏实现细节，提供公共的访问方式。具体指的是将对象的状态信息隐藏在对象内部，不允许外部程序直接访问对象的内部信息，而是通过该类所提供的方法来实现对内部信息的操作和访问。封装在编程中的实际含义就是该隐藏的隐藏，该暴露的暴露。

封装可以实现以下目的：

①隐藏类的实现细节。

②使用者只能通过提供的方法来访问数据，从而可以在方法中加入控制逻辑，限制对变量的不合理的访问。

③可以进行数据检查，从而有利于保证对象信息的完整性。

④便于修改，提高代码的可维护性。

2. 继承

Java通过子类实现继承。继承指的是某个对象所属的类在层次结构中占一定的位置，具有上一层次对象的某些属性。当多个类中存在相同属性和行为时，将这些内容抽取到单独一个类中，则多个类无须再定义这些属性和行为，只要继承那个类即可。在Java中，所有的类都是通过直接或间接地继承java. lang. Object类得到的，如图3－1所示。

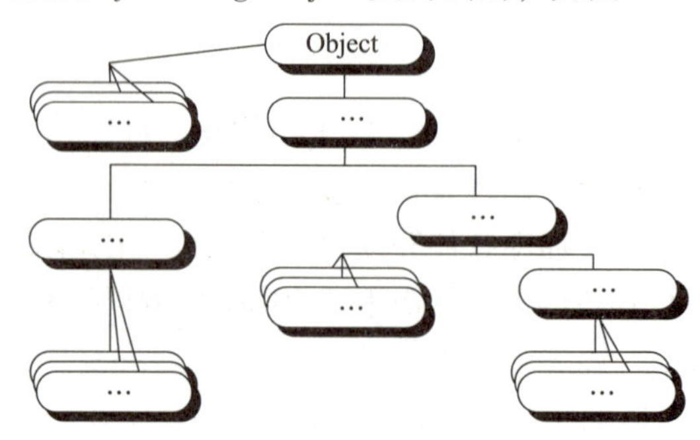

图3－1　类的继承关系

在类的继承过程中，被继承的类为父类、基类或者超类，继承得到的类为子类或者派生类。父类包括所有直接或间接被继承的类。子类继承父类的状态和行为，也可以修改父类的状态或重写父类的行为（方法），同时也可以再添加新的状态和行为（方法）。需要注意的是，Java 与 C++ 不同，不支持多重继承。同时，为了使继承更为灵活和完善，Java 支持最终类和抽象类的概念。

3. 多态

多态即同一个对象在不同时刻体现出来的不同状态。“多态”在生活中有实际的应用，比如水在不同温度下会呈现三种不同的物体形态，即固态、液态或者气态；而在编程上，指同一消息可以根据发送对象的不同而采取多种不同的行为方式（发送消息就是函数调用）。多态在 Java 中通常表现为两种形式：一是方法重载，二是继承。

多态更多的是从程序整体设计的高度上体现的一种技术，简单地说，就是“会使程序设计和运行时更灵活”。对象封装了多个方法，这些方法调用形式类似，但功能不同，对使用者来说，不必去关心这些方法功能设计上的区别，对象会自动按需选择执行，这不仅减少了程序中所需的标识符的个数，对于软件工程整体的简化设计也有重大意义。多态性使程序的抽象程度和简洁程度提高，有助于程序设计人员对程序的分组协同开发。

二、类和对象

对象是对现实世界中事物的描述，是该类事物的具体存在，是一个具体的实例。而类是一组相关属性和行为的集合，是一个抽象的概念。面向对象程序设计中的对象是由描述状态的变量及对这些变量进行维护和操作的一系列方法组成的事务处理单位，而类相当于创建对象实例的模板，通过对其实例化得到同一类的不同实例。

“实例化”是将类的属性设定为确定值的过程，是从“一般”到“具体”的过程；“抽象”是从特定的实例中抽取共同的性质，以形成一般化概念的过程，是从“具体”到“一般”的过程。

假如一个学生是一个类，那么班级里的同学都是该类的对象，例如班长、团支书、学习委员等个体都是学生这个类的对象，他们都具有学生这个类的基本特征，比如都具有学号、姓名、年龄等特征，同时也拥有学习、吃饭、睡觉等行为。但是各个对象之间的某些具体特性可能是不一样的，比如身高、性别、成绩等。当这些特征属性被确定下来时，一个对象就被完全确定，这就是类的实例化过程。

如果把学生的特征进行总结，形成学生特有的属性特征和行为特征，比如学生同时具有学号、姓名、性别、年龄等属性特征，同时具有学习、吃饭、睡觉等行为特征。把这些属性特征和行为特征集成到类这个模板中，这就是抽象形成类的过程。

三、类的定义

类是对一个或几个相似对象的描述，它把不同对象具有的共性抽象出来，定义某类对象共有的变量和方法，从而使程序员实现代码的复用，所以说，类是同一类对象的原型。创建一个类，相当于构造一个新的数据类型，而实例化一个类就得到一个对象。Java 提供了大量的类库，如果从已知类库入手来构造自己的程序，不仅能有效地简化程序设计，而且能很好地学习面向对象程序设计方法。

一个类的实现包含两部分内容：声明和实体。类的各部分组成如图 3－2 所示。

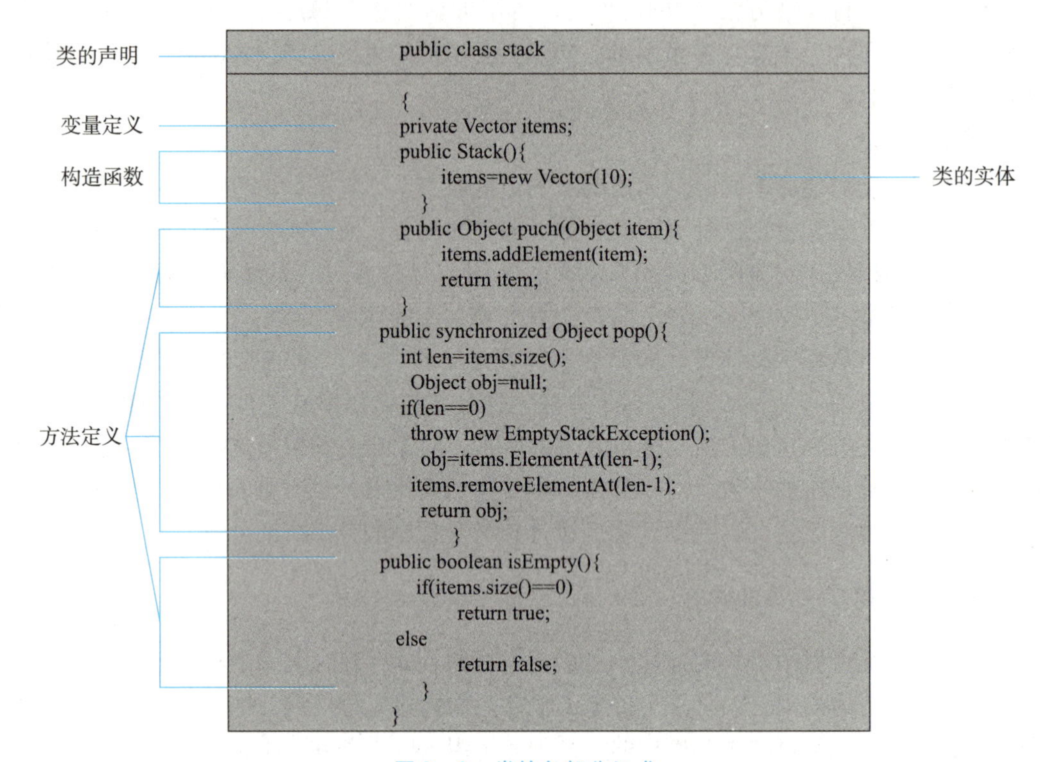

图 3－2　类的各部分组成

类声明包括关键字 class、类名及类的属性。类名必须是合法的标识符，类的属性为一些可选的关键字。其声明格式如下：

```
[public|private|friendly|protected] [abstract][final] class class-
Name    [extends superclassName][implements interfaceNameList]
{...}
```

其中，第一项属于访问控制符，它不是只针对类，类的变量、方法的访问也有该项的限制。其他的修饰符说明如下：

- abstract：声明该类不能被实例化。
- final：声明该类不能被继承，即没有子类。
- class class Name：关键字 class 告诉编译器这是类的声明，class Name 表示类名。
- extends superclassName：extends 语句扩展 superclassName 为该类的父类。
- implements interfaceNameList：声明类可实现一个或多个接口，可以使用关键字 implements，并且在其后面给出由类实现的多个接口名字列表，各接口之间以逗号分隔。

类体是类的主要部分，包括变量的说明及该类所支持的方法，习惯称之为成员变量和成员方法。需要注意的是，除了类体中定义的变量与方法外，该类还继承了其父类的变量与方法。当然，对父类变量和方法的访问要受到访问控制条件的限制。类体说明的格式为：

```
class class Name{
    variable Declaration
    method Declaration
}
```

任务实施

1. Student 类中的属性（表 3－1）

表 3－1　Student 类中的属性

序号	属性	类型	名称
1	姓名	string	name
2	年龄	int	age
3	学号	int	无

2. Student 类中的方法（表 3－2）

表 3－2　Student 类中的方法

序号	方法	返回值类型	作用
1	public void study( )	void	描述学生学习
2	public void eat( )	void	描述学生吃饭
3	public void sleep( )	void	描述学生睡觉

3. 程序代码实现

```
class Student {
    //姓名
    String name; //null
    //年龄
    int age; //0
    //学号
    int id; //0

    //学习
    public void study() {
        System.out.println("学生爱学习");
    }

    //吃饭
```

```
    public void eat() {
        System.out.println("学习饿了,要吃饭");
    }

    //睡觉
    public void sleep() {
        System.out.println("学习累了,要睡觉");
    }
}

//这是学生测试类
class StudentDemo {
    public static void main(String[] args) {
        //类名 对象名 = new 类名();
        Student s = new Student();

        //给成员变量赋值
        s.name = "孙倩倩";
        s.age = 21;
        s.id = 2019120666;
        //赋值后的输出
        System.out.println(s.name + "---" + s.age + "---" + s.id);

        //调用方法
        s.study();
        s.eat();
        s.sleep();
    }
}
```

运行结果如图 3-3 所示。

```
<terminated> StudentDemo [Java Application] C:\Program Files\Java\jre1.8.0_231\bin\javaw.exe (2020年5月1日 下午3:14:27)
孙倩倩---21---2019120666
学生爱学习
学习饿了，要吃饭
学习累了，要睡觉
```

图 3-3 运行结果

任务2 计算长方形的面积

导入任务

定义一个长方形类，包含的属性有长方形的长和宽，设计求面积的方法，可以根据输入的长方形的长和宽求出面积。

①根据任务要求编写长方形类并包含上述属性和方法。

②编写测试类测试长方形类及其方法的使用。

③编写无参数的构造函数。

④使用 set 和 get 方法封装长方形类。

⑤重载求长方形面积的方法，接收长和宽两个参数并计算出面积。

知识准备

一、属性的声明

Java 中变量的说明可以分为两种：类成员变量的说明和方法变量的说明。其变量声明格式为：

```
[public|protected|private][static][final][transient][volatile]
type variable Name
```

上述声明格式中，第一项指的是访问控制格式（后面会有介绍），另外的几项说明如下：

- static：成员控制修饰符，说明该类型的变量为静态变量，或者称之为类变量。说明静态变量类型后，则该类的所有实例对象都可以对其共享，并且访问静态变量无须事先初始化它所在的类。

- final：常量声明修饰符，与 C/C++ 类似，用该符号声明后，在程序的运行过程中不能再改变它的值。实际使用中，final 往往与 static 结合在一起使用。比如：

```
final int INDEX = 1000;
static final int LOOP =10;
```

- volatile：异步控制修饰符，表示多个并发线程共享的变量，这使得各线程对该变量的访问保持一致。

- transient：存储控制临时变量修饰符，在缺省的情况下，类中所有变量都是对象永久状态的一部分，将对象存档时，必须同时保存这些变量。用该限定词修饰的变量指示 Java 虚拟机，该变量并不属于对象的永久状态。在不需要序列化的变量前添加关键字 transient，序列化对象的时候，这个变量就不会被序列化。

总之，从变量定义的不同位置及所使用的限定词不同来看，变量可以分为三类：实例变量、局部变量和静态变量。

如果在类的方法代码段之外声明，并且没有限定词 static，则为实例变量。从它的定义可以看出，实例变量与类紧密相关，如果一个类有多个实例对象，那么每个实例对象都有自己的实例变量拷贝，之间并不影响。

如果在类的方法本体之中声明，则为局部变量，这有点与 C 语言函数中定义的局部变量相似。由于局部变量是在方法体内定义的，因而只能在本方法中使用，无所谓访问控制，也不能用 static 修饰符加以说明。另外，需要注意的是，局部变量使用前必须初始化，这也是它与实例变量及后面要介绍的静态变量之间的不同之处。局部变量可以与实例变量同名而相互不影响。

如果将一个实例变量声明为 static，则为静态变量，或称之为类变量。静态变量在类声明后就可以直接引用，但实例变量则不能，必须在实例化对象后才可以使用。

下面对实例变量与类变量进行详细说明，以加深读者的理解。比如可以用如下方法来声明一个成员变量：

```
class MyClass {
    public float variable1;
    public static int variable2
}
```

该例中声明了一个实例变量 variable1 和一个类变量 variable2。今后当创建类的实例时，系统就会为该实例创建一个类实例的副本，但系统为每个类分配类变量仅仅只有一次，而不管类创建的实例有多少。当第一次调用类时，系统为类变量分配内存。所有的实例共享了类的类变量的相同副本。在程序中可以通过一个实例或者类本身来访问类变量。例如：

```
    …
MyClass A =new MyClass();
MyClass B =new MyClass();
A.variable1 =100;
A.variable2 =200;
B.variable1 =300;
B.variable2 =400;
System.out.println("A.variable1 = " +A.variable1);
System.out.println("A.variable2 = " +A.variable2);
System.out.println("A.variable1 = " +A.variable1);
System.out.println("A.variable1 = " +A.variable1);
...
```

当从类实例化新对象时，就得到了类实例变量的一个新副本。这些副本与新对象是联系在一起的。因此，每当实例化一个新 MyClass 对象时，就得到了一个和 MyClass 对象有联系的 variable1 的新副本。当一个成员变量被关键字 static 指定为类变量后，其第一次调用时，系统就会为它创建一个副本，之后，类的所有实例均共享了该类变量的相同副本。所以上述程序段的输出结果为：

```
A.variable1 = 100
```

A. variable2 = 400

B. variable1 = 300

B. variable2 = 400

二、方法的声明

Java 程序通过方法完成对类和对象属性的操作。方法定义了在类成员变量上的一系列操作，它只能在类的内部声明并加以实现，其他的对象通过调用对象的方法得到该对象的服务。方法的定义包含两部分内容：方法声明和方法体。

1. 方法声明

方法声明的一般格式如下：

```
[public/protected/private][static][final][abstract][native][syn-
chronized]
return Type method Name ([param List]) [throws exceptionList]
{...}
```

在方法声明中应包括方法名、方法的返回值类型、方法的修饰词、参数的数目和类型及方法可能产生的例外。从其声明格式中可以发现，不一定要全部显示并指明所有的信息，方法最基本的声明格式为：

```
return Type method Name ()
{...}
```

一般声明格式中的第一项是访问控制属性，后面会介绍。其他几个修饰词说明如下：

- static：说明该方法为静态方法。与变量的定义类似，静态方法也称作类方法，与之对应，其他的方法就为实例方法。静态方法属于类，所以，只要对类做了声明，就可以调用该类的类方法，即使用时无须对类进行初始化。当然，实例方法只能在类的实例或子类的实例中调用。类方法只能操作类变量而不能访问定义在类中的实例变量，这是实际使用过程中经常出错的地方。例如：

```
class A {
    int x;
    static public int x()
    {
        return x;
}
    static public void setX(int newX)
    {
        x = newX;
    }
}
```

```
...
A myX = new A ();
A anotherX = new A ();
myX.setX(1);
anotherX.x = 2;
System.out.println("myX.x = " + myX.x());
System.out.println("anotherX.x = " + anotherX.x());
...
```

当编译的时候，编译器会给出以下的错误信息：

```
A.java:4: Can't make a static reference to
nonstatic variable x in class A.
return x;
```

出现这个错误的原因是类方法不能访问实例变量，如果把类的定义改为：

```
class AnIntegerNamedX {
   static int x;
   static public int x() {
      return x;
}
   static public void setX(int newX) {
      x = newX;
   }
}
```

则类就可以成功编译了：

```
myX.x = 2
anotherX.x = 2
```

实例成员和类成员之间的另一个不同点是类成员可以在类本身中访问，而不必实例化一个类来访问类成员。

再对上面的代码进行修改：

```
...
A.setX(1);
System.out.println("A.x = " + A.x());
...
```

这里不用实例化类对象 myX 和 anotherX 就可以直接从类 A 中设置 x 并输出 x，这样同样可以得到类变量 x 的值。

- abstract：说明一个方法是抽象方法，即该方法只有方法说明而没有方法体。抽象方

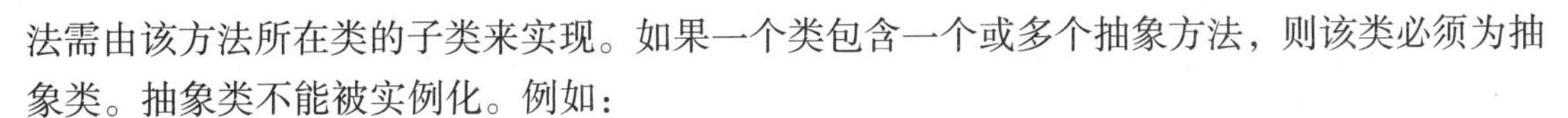

法需由该方法所在类的子类来实现。如果一个类包含一个或多个抽象方法，则该类必须为抽象类。抽象类不能被实例化。例如：

```
class Shape{
    abstract void draw();
}
```

该例中的说明方法 draw( ) 为抽象方法。

● final：final 方法类似于常量的定义，它说明一个方法为终极方法，即它不能被子类重载。说明为 final 的方法往往与关键字 private 一起使用，避免出错。例如：

```
...
private final meth_final()
{...}
```

● native、synchronized：程序中，native 指明本方法是用与平台有关的开发语言编写的，也就是说，用来把 Java 代码和其他语言的代码集成在一起。synchronized 主要用于多线程程序设计，说明某一方法是同步方法，用来控制多个并发线程对共享数据的访问。

2. 方法中参数的使用

在方法的声明格式中，需要指明返回值的类型。当一个方法不需要返回值时，其类型说明为 void；否则，方法体中必须包含 return 语句。返回值既可以是基本数据类型，也可以是复杂数据类型。

在 C 语言、Pascal 语言中，函数、过程的参数都存在值传递/参数传递的问题。比如，C 语言中如果参数是指针或数组名，则为参数传递。Java 中由于取消了指针，不可能像 C 一样直接操作内存，但是由于对象的动态联编性，复杂数据类型作参数相当于指针的使用，即参数传递，而基本数据类型作参数传递则相当于值传递。比如例 3 -1。

例 3 -1：基本数据类型作参数传递。

```
class swapByValue {
      int x,y;
    public swapByValue (int x, int y){
      this.x=x;
      this.y=y;
}
    public void swap(int x,int y){
      int z;
      z=x; x=y; y=z;
}
    public static void main(String args[]) {
      swapByValue s = new swapByValue (3,4);
```

```
        System.out.println("Before swap: x= "+s.x+" y= "+s.y);
        s.swap(s.x,s.y);
        System.out.println("After swap: x= "+s.x+" y= "+s.y);
    }
}
```

运行结果如图 3－4 所示。

```
<terminated> swapByValue [Java Application] C:\Program Files\Java\jre1.8.0_231\bin\javaw.exe (2020年5月1日 下午12:52:44)
Before swap: x= 3 y= 4
After swap: x= 3 y= 4
```

图 3－4　运行结果

前面多次提到过对类、变量及方法的访问控制属性，例如 private、friendly、protected 及 public。Java 中访问控制范围是类的级别时，访问控制符修饰的类也分为四种：同一个类、同一个包、不同包的子类及不同包的非子类。表 3－3 给出了每一种访问指示的访问等级。

表 3－3　访问控制权限表

访问指示	类	子类	包	所有
private	√			
protected	√	√	√	
public	√	√	√	√
friendly	√		√	

表 3－3 中，第二列给出了类本身是否可以访问它的成员（从表 3－3 可以知道，类总是可以访问它自己的成员）；第三列给出了类的子类是否可以访问它的成员；第四列给出了相同包中的类是否可以访问该类成员；第五列给出了所有的类是否可以访问该类成员。

类的访问控制权限只能为 public 和 friendly，变量和方法的访问控制可以是上面四种的任何一种。

- private

private 成员只能被它所定义的类或类的不同对象所访问。外部访问这个变量就会出错，因为如果 private 的方法被外部类调用，就会使得程序或对象处于不安全状态。private 成员就像不能告诉任何人的秘密，所以，任何不需要他人直接访问的成员都应该定义为 private 类型。

下面的类 A 包含了一个 private 成员变量和一个 private 方法：

```
class A {
    private int private Variable;
    private void private Method() {
        System.out.println("Test for private definition!");
    }
}
```

在做了以上的定义之后，A 类型的对象可以调用或者修改 private Variable 变量及调用 private Method 方法，但是其他类型的对象却不行。比如，以下的类 B 就不能访问 private Variable 变量或者调用 private Method 方法，因为类 B 不是 A 类型的。

```
class B {
    void access Method() {
        A a = new A ();
        a.private Variable = 10;     // 非法
        a.private Method();     // 非法
    }
}
```

这时，编译器就会给出以下错误信息并拒绝继续编译程序：

```
B.java:9: Variable private Variable in class A not accessible from class B.
// 在类 A 中的 private Variable 变量不能从类 B 中进行访问
a.private Variable = 10;   // 非法
1 error    // 程序中有一个错误
```

与此类似，如果程序试图访问方法 private Method( )，将导致如下的编译错误：

```
B.java:12: No method matching private Method()
found in class A. // 在类 A 中没有匹配的方法 private Method()
a.private Method();// 非法
1 error// 一个错误
```

下面再给出一个例子来解释同类对象调用 private 的方法。假如 A 类包含了一个实例方法，它用于比较当前的 A 对象（this）与另外一个对象的 private Variable 变量是否相等：

```
class A {
    private int privateVariable;
    boolean is Equal To(A anotherA) {
        if (this.PrivateVariable = =anotherA.privateVariable)
            return true;
        else
            return false;
    }
}
```

结果是运行正常。可见，相同类型的对象可以访问其他对象的 private 成员。这是因为访问限制只是在类别层次（类的所有实例），而不是在对象层次（类的特定实例）上。

实际应用过程中，如果不想让别的类生成自己定义的类的实例，可以将其构造方法声明为 private 类型。比如，java.lang.System，它的构造方法为 private，所以不能被实例化，但由于其所有方法和变量均定义为static类型，因此可以直接调用其方法和变量。

- protected

定义为protected的类成员允许类本身、子类及在相同包中的类访问它。一般来说，需要子类访问的成员，可以使用protected进行限制。protected成员就像家庭秘密，家里人知道无所谓，但是却不让外人知道。现在看看protected是怎样限制使用在相同包内的类的。假如上面的那个类A现在被定义在一个包Protect1内，它有一个protected成员变量和一个protected方法，具体如下：

```
package Protect1;
public class A  {
  protected int protectVariable;
  protected void protectMethod() {
      System.out.println("Test for protected definition!");
}
}
```

现在，假设类C也声明为Protect1包的一个成员（不是A的子类），则类C可以合法地访问A对象的protect Variable成员变量并且可以合法调用它的protect Method，如下：

```
package Protect1;
class C {
  voidaccessMethod() {
          a = new A();
          a.protectVariable = 10;     // 合法
          a.protectMethod();     //合法
    }
}
```

下面探讨protected如何限制类A子类的访问。首先定义类D，它由类A继承而来，但处在不同的包中，设为Protect2。则类D可以访问其本身类实例成员protect Variable和protect Method，但不能访问类A对象中的protect Variable或者protect Method。

在下面代码中，access Method试图访问在A类型对象中的protect Variable成员变量，这是不合法的，而访问D类型对象则是合法的。与此相同，access Method试图调用A对象的protect Method方法也是非法的。见下例：

```
package Protect2;
import Protect1.* ;
class D extends A {
    void accessMethod(A a, D d) {
        a.protectVariable = 10;     // 非法
        d.protectVariable = 10;     // 合法
```

```
        a.protectMethod();    //非法
        d.protectMethod();    //合法
    }
}
```

● public

public 是 Java 中最简单的访问控制符。修饰为 public 的成员在任何类中、任何包中都可以访问，它相当于没有任何秘密，从其使用角度来看，相当于 C 语言中的外部变量。例如：

```
package Public1;
public class A {
    public int publicVariable;
    public void publicMethod() {
        System.out.println("Test for public definition!");
    }
}
```

接下来，重新编写类 B，将它放置到不同的包中，并且让它跟类 A 毫无关系：

```
package Public2;
import Public1.*;
class B {
    void accessMethod() {
        A a = new A();
        a.publicVariable = 10;    //合法
        a.publicMethod();    //合法
    }
}
```

从上面的代码段可以看出，这时类 B 可以合法地使用和修改类 A 中的 public Variable 变量及 public Method 方法。

● friendly

friendly 关键字并不陌生，在 C++ 中，其表示友元类，Java 中如果不显式设置成员访问控制（即缺省的访问控制），则隐含使用 friendly 访问控制。该访问控制允许在相同包中的类成员之间相互访问。就像在相同包中的类是互相信任的朋友。下例中，类 A 声明了一个单一包访问的成员变量和方法。它处在 Friend 包中：

```
package Friend;
class A {
  int friendVariable;//缺省为 friendly
  void friendMethod(){//缺省为 friendly
```

```
System.out.println("Test for friendly definition!");
}
}
```

这样，所有定义在和类 A 相同的包中的类也可以访问 friend Variable 和 friend Method。假如 A 和 B 都被定义为 Friend 包的一部分，则如下的代码是合法的：

```
package Greek;
  class B{
    void accessMethod() {
      A a = new A ();
      a.friendVariable = 10;// 合法
      a.friendMethod();// 合法
    }
  }
```

三、构造方法

构造方法用来初始化新创建的对象。类可以包含一个或者多个构造方法，不同的构造方法根据参数的不同来决定要初始化的新对象的状态。所有的 Java 类都有构造方法，它用来对新的对象进行初始化。构造方法与类的名字是相同的。比如，Stack 类的构造方法的名字为 Stack，Rectangle 类的构造方法的名字为 Rectangle，Thread 类的构造方法的名字为 Thread。下面给出 Stack 类的构造方法：

```
public Stack() {
  items = new Vector(10);
}
```

Java 支持对构造方法的重载，这样一个类就可以有多个构造方法，所有的构造方法的名字都是相同的，只是所带参数的个数和类型不同而已。下面是类 Stack 的另一个构造方法，这个构造方法是根据它的参数来初始化堆栈的大小的。

```
public Stack(int initial Size) {
items = new Vector(initial Size); }
```

从上面可以看出，两个构造方法都有相同的名字，但是它们有不同的参数列表。编译器会根据参数列表的数目及类型来区分这些构造方法。所以，当创建对象时，要根据它的参数是否与初始化的新对象相匹配来选择构造方法。根据传递给构造方法参数的数目和类型，编译器可以决定使用哪个构造方法。如对于下面的代码，编译器就可以知道应该是使用单一的整型参数来初始化对象：

```
new Stack(10);
```

与此相同，当给出下面代码的时候，编译器选择没有参数的构造方法或者缺省的构造方法进行初始化：

```
new Stack();
```

另外，如果生成的类不为它提供构造方法，系统会自动提供缺省的构造方法。这个缺省的构造方法不会完成任何事情。下例给出类 AnimationThread 的构造方法，在其初始化过程中设置了一些缺省的数值，比如帧速度、图片的数目等。

```
class AnimationThread extends Thread {
    int framesPerSecond;
    int numImages;
    Image[] images;
    Animation Thread(int fps, int num) {
        super("Animation Thread");
        this.framesPerSecond = fps;
        this.numImages = num;
        this.images = new Image[num Images];
        for (int i = 0; i < = num Images; i ++){
          ...
        }
    }
    ...
}
```

从该例来看，构造方法的实体跟一般方法的实体是相似的，均包含局部变量声明、循环及其他的语句。该例的构造方法中出现了以下一条语句：

```
super("Animation Thread");
```

与关键字 this 相似（this 表示当前对象），关键字 super 表示当前对象的父对象，所以使用 super 可以引用父类被隐藏的变量和方法。本例中调用了父类 Thread 的构造方法。使用中须注意的是，父类的构造方法必须是子类构造方法的第一条语句，因为对象必须首先执行高层次的初始化。构造方法说明中只能带访问控制修饰符，即只能使用 public、protected 及 private 中的任一个。

四、方法重载

Java 中方法的重载指的是多个方法共用一个名字（这样可以实现对象的多态），同时，不同的方法要么是参数个数各不相同，要么是参数类型不同。Java 提供的标准类中包含了许多构造函数，并且每个构造函数允许调用者为新对象的不同实例变量提供不同的初始数值。比如，java.awt.Rectangle 就有三个构造函数：

```
Rectangle(){};
Rectangle(int width, int height){};
```

```
Rectangle(int x, int y, int width, int height){};
```

当传递不同的参数时，构造出来的对象的实例具有不同的属性。

任务实施

1. 长方形类中的属性（表3-4）

表3-4 长方形类中的属性

序号	属性	类型	名称
1	长	int	length
2	宽	int	width

2. 长方形类中的方法（表3-5）

表3-5 Student类中的方法

序号	方法	返回值类型	作用
1	public ChangFangXing( )	无	无参构造方法
2	public void setLength(int length)	void	设置长方形的长
3	public void setWidth(int width)	void	设置长方形的宽
4	public int getArea( )	int	获取长方形的面积

3. 程序代码实现

```
/*
定义一个长方形类,定义求面积的方法,
然后定义一个测试类Test2,进行测试。

长方形的类:
成员变量:
长,宽
成员方法:
求面积:长* 宽

注意:
import 必须出现在所有的 class 前面。
* /

import java.util.Scanner;
class ChangFangXing {// 长方形的长
  private int length;
```

```
//长方形的宽
private int width;

public ChangFangXing(){}

//仅仅提供 setXxx()即可
public void setLength(int length) {
this.length = length;
}

  public void setWidth(int width) {
  this.width = width;
}

  //求面积
  public int getArea() {
  return length * width;
}
}

  class Test2 {
  public static void main(String[] args) {
  //创建键盘录入对象
  Scanner sc = new Scanner(System.in);

  System.out.println("请输入长方形的长:");
  int length = sc.nextInt();
  System.out.println("请输入长方形的宽:");
  int width = sc.nextInt();

  //创建对象
  ChangFangXing cfx = new ChangFangXing();
  //先给成员变量赋值
  cfx.setLength(length);
  cfx.setWidth(width);

  System.out.println("面积是:"+cfx.getArea());
}
  }
```

运行结果如图 3-5 所示。

```
<terminated> Test2 [Java Application] C:\Program Files\Java\jre1.8.0_231\bin\javaw.exe (2020年5月1日 下午3:16:20)
请输入长方形的长：
1
请输入长方形的宽：
2
面积是：2
```

图 3-5 运行结果

任务 3 Teacher 教师类

导入任务

定义一个名为 Teacher 的教师类，包含的属性有“姓名”“年龄”，设计显示教师信息的方法。

①根据任务要求编写教师类并包含上述属性和方法。

②编写测试类测试教师类的使用。

③编写带参数的构造函数，设置教师的属性。

④使用 set、get 方法封装教师类。

知识准备

一、对象的创建与使用

1. 对象的创建

Java 中创建新的对象必须使用 new 语句，其一般格式为：

```
class Name object Name = new class Name ( parameter List);
```

此表达式隐含了三个部分，即对象说明、实例化和初始化。

- 对象说明：上面的声明格式中，class Name object Name 是对象的说明；class Name 是某个类名，用来说明对象所属的类；object Name 为对象名。例如：

```
Integer IVariable;
```

该语句说明 I Variable 为 Integer 类型。

- 实例化：new 是 Java 实例化对象的运算符。使用命令 new 可以创建新的对象并且为对象分配内存空间。一旦初始化，所有的实例变量也将被初始化，即算术类型初始化为 0，布尔逻辑型初始化为 false，复合类型初始化为 null。例如：

```
Integer IVariable = new Integer (100);
```

此句实现将 Integer 类型的对象 IVariable 初始值设为 100 的功能。

• 初始化：new 运算符后紧跟着一个构造方法的调用。前面介绍过，Java 中构造方法可以重构，因而通过给出不同的参数类型或个数就可以进行不同初始化工作。如例 3－2，类 Rectangle 定义了一个矩形类，它有多个不同的构造方法，可以通过调用不同的构造方法来进行初始化。

例 3－2：对象的创建。

```
public class Rectangle {
    public int width =0;
    public int height =0;
    public Point origin;
    public static void main(String args[]){
        Point p =new Point(20,20);
        Rectangle r1 =new Rectangle();
        Rectangle r2 =new Rectangle(p,80,40);
        System.out.println("The area of Rectangle1 is: " +r1.area());
        System.out.println("The area of Rectangle1 is: " +r2.area());
    }
    public Rectangle() {
        origin = new Point(0, 0);
    }
    public Rectangle(Point p) {
        origin = p;
    }
    public Rectangle(int w, int h) {
        this(new Point(0, 0), w, h);
    }
    public Rectangle(Point p, int w, int h) {
        origin = p;
        width = w;
        height = h;
    }
    public void move(int x, int y) {
        origin.x = x;
        origin.y = y;
    }
    public int area() {
        return width * height;
    }
```

```
    }
    Public class Point{
        public int x = 0;
        public int y = 0;

    public Point(int x, int y) {
        this.x = x;
        this.y = y;
    }
        }
```

该例定义了两个类 Rectangle、Point，并调用了类 Rectangle 中的 area( )方法来求矩形的面积。方法 Rectangle( ) 不带参数，因而只是初始化原点坐标为（0，0），矩形的长、宽各为0；方法 Rectangle(p,80,40) 不仅原点由类型 Point 指定，同时还限定矩形的长、宽各为80、40。此程序的运行结果如图 3 –6 所示。

```
<terminated> Rectangle [Java Application] C:\Program Files\Java\jre1.8.0_231\bin\javaw.exe (2020年5月1日 下午1:17:19)
The area of Rectangle1 is: 0
The area of Rectangle1 is: 3200
```

图 3 –6　运行结果

2. 对象的使用

前面花了很大的篇幅介绍类，其目的就是掌握如何使用它。类是通过实例化为对象来使用的，而对象的使用是通过引用对象变量或调用对象的方法来实现的。与 C++ 相类似，对象变量和方法均是通过运算符“.”来实现的。

（1）变量的引用。

对象变量引用的一般格式：

```
object  Name.variable Name
```

例如：

```
class example {
    int x;
}
example a = new example();
a.x =100;
```

变量的引用在 Java 中还有一种很特殊的情况，即可以使用表达式指定变量所在的对象，例如：

```
int z = new example().x;
```

这个语句创建了一个新的 example 对象，并且得到了它的成员变量 x。需要注意的是，在这条语句被执行后，程序不再保留对象 example 的引用。这样，对象 example 就被取消引用，因而通过上述语句并不能达到初始化对象的作用。

（2）对象方法的引用。

与对象变量的引用一样，对象方法的引用的一般格式为：

```
objectName.methodName([argumentList]);
```

例如，在例 3－2 中调用对象 Rectangle 中的 area( )方法计算矩形的面积：

```
Transcript.println("The area of Rectangle1 is: " +r1.area());
Transcript.println("The area of Rectangle1 is: " +r2.area());
```

虽然通过直接引用对象变量可以改变对象的属性，但是它没有任何意义（比如，在例 3－2 中，使用 Rectangle 类的构造方法可以创建不同的矩形，如果设置其高 height、宽 width 是负的，程序并不认为其非法）。所以，较好的做法是：不直接对变量进行操作，而由类提供一些方法，对变量的引用可以通过这些方法来进行，以确保给定变量的数值是有意义的。这样，Rectangle 类将提供 setWidth、setHeight、getWidth 及 getHeight 方法来设置或者获得宽度和高度。设置变量的方法将在调用者试图将 width 和 height 设置为负数的时候给出一个错误，这样能够更好地体现数据的封装和隐蔽。例如，加上上述的几个方法后，例 3－2 变为：

```
public class Rectangle {
...
public void setWidth(int width) {
       if (width < 0)
          System.out.println("Illegal number! ");
       else
          this.width =width;
}
public void setHeight(int height)
{...}
public int getWidth() {
       return width;
}
public int getHeight(){
       return height;
}
public void move(int x, int y) {
  origin.x = x;
  origin.y = y;
```

```
}
public int area() {
  return width *  height;
}
}
```

二、this 关键字的使用

Java 中关键字 this 表示当前对象。因为实际程序编写过程中，可能会出现局部变量名和成员变量名同名的现象，如例题中有：

```
class swapByAddress {
   int x,y;
public  swapByAddress (int x, int y){
   this.x=x;
   this.y=y;
}
   }
```

其中，对象 swapByAddress 中定义了两个成员变量 x、y，同时方法 swapByAddress 中也出现了以 x、y 命名的局部变量，为了避免由此可能造成的二义性，程序中用 this 关键字作前缀修饰词来指明是当前对象的实例变量。与此类似，用 this 关键字同样可以调用当前对象的某个方法。

三、static 关键字的使用

在程序中使用 static 声明的属性为全局属性，使用 static 声明的方法为类方法，实例如例 3 -3 和例 3 -4 所示。

例 3 -3：static 声明全局属性。

```
class Person{                                     //定义 Person 类
   String name ;                                  //定义 name 属性,暂时不封装
   int age ;                                      //定义 age 属性,暂时不封装
   static String country = "A 城" ;               //定义城市属性,有默认值,static
类型
   public Person(String name,int age){
      this.name = name ;
      this.age = age;
   }
   public void info(){                            //得到信息
```

```
    System.out.println("姓名:" + this.name + ",年龄:" + this.age + ",
城市:" + country);
    }
}
class StaticDemo01{
    public static void main(String args[]){
        Person p1 = new Person("张三",30);        //实例化对象
        Person p2 = new Person("李四",31);        //实例化对象
        Person p3 = new Person("王五",32);        //实例化对象
        p1.info();
        p2.info();
        p3.info();
        System.out.println("______________");
        p1.country = "B城";                       //由对象修改static属性
        p1.info();
        p2.info();
        p3.info();
        System.out.println("______________");
        Person.country = "C城";                   //由类修改static属性
        p1.info();
        p2.info();
        p3.info();
    }
}
```

运行结果如图3-7所示。

```
<terminated> StaticDemo01 [Java Application] C:\Program Files\Java\jre1.8.0_231\bin\javaw.exe (2020年5月1日 下午1:34:05)
姓名：张三，年龄：30，城市：A城
姓名：李四，年龄：31，城市：A城
姓名：王五，年龄：32，城市：A城
______________
姓名：张三，年龄：30，城市：B城
姓名：李四，年龄：31，城市：B城
姓名：王五，年龄：32，城市：B城
______________
姓名：张三，年龄：30，城市：C城
姓名：李四，年龄：31，城市：C城
姓名：王五，年龄：32，城市：C城
```

图3-7　运行结果

例3-4：static声明类方法。

```
public class Person1 {                              // 定义 Person 类
    private String name ;                           // 定义 name 属性
    private int age ;                               // 定义 age 属性
    private static String country = "A 城" ;
  // 定义 static 的 country 属性
    public static void setCountry(String c){
  // 定义 static 方法,设置属性值
        country = c ;// 修改 static 属性值
    }
    public static String getCountry(){              // 获取属性值
        return country ;
    }
    public Person1(String name,int age){            // 构造方法
        this.name = name ;
        this.age = age;
    }
    public void info(){                             // 获取信息
    System.out.println("姓名:" + this.name + ",年龄:" + this.age + ",
城市:" + country) ;
    }
  }
public class StaticDemo02{
  public static void main(String args[]){
    Person1 p1 = new Person1("张三",30) ;   // 实例化对象
    Person1 p2 = new Person1("李四",31) ;   // 实例化对象
    Person1 p3 = new Person1("王五",32) ;   // 实例化对象
    p1.info() ;
    p2.info() ;
    p3.info() ;
    Person1.setCountry("B 城") ;// 调用静态方法修改 static 属性的内容
    System.out.println("____________________") ;
    p1.info() ;
    p2.info() ;
    p3.info() ;
  }
    }
```

运行结果如图 3 – 8 所示。

```
<terminated> StaticDemo02 [Java Application] C:\Program Files\Java\jre1.8.0_231\bin\javaw.exe (2020年5月1日 下午1:41:32)
姓名：李四，年龄：31，城市：A城
姓名：王五，年龄：32，城市：A城
------------------------------
姓名：张三，年龄：30，城市：B城
姓名：李四，年龄：31，城市：B城
姓名：王五，年龄：32，城市：B城
```

图3-8　运行结果

最后要注意，非static声明的方法可以调用static声明的属性和方法，但是static声明的方法中不能调用非static类型声明的属性或者方法。

任务实施

1. Teacher类中的属性（表3-6）

成员变量：name，age

表3-6　Teacher类中的属性

序号	属性	类型	名称
1	姓名	String	name
2	年龄	int	age

2. Teacher类中的方法（表3-7）

表3-7　Teacher类中的方法

序号	方法	返回值类型	作用
1	public Teacher()	无	无参数的构造方法
2	public Teacher(String name,int age)	无	有参数的构造方法
3	public String getName()	String	获取教师姓名
4	public void setName(String name)	void	设置教师姓名
5	public int getAge()	int	获取教师年龄
6	public void setAge(int age)	void	设置教师年龄
7	public void show()	void	输出所有的成员变量值

3. Teacher类的代码实现

```
class Teacher {
    // 姓名
    private String name;
    // 年龄
    private int age;
```

```
    //构造方法
    public Teacher () {
    }

    public Teacher (String name,int age) {
        this.name = name;
        this.age = age;
    }

    public String getName () {
        return name;
    }

    public void setName (String name) {
        this.name = name;
    }

    public int getAge () {
        return age;
    }

    public void setAge (int age) {
        this.age = age;
    }

    //输出所有的成员变量值
    public void show () {
        System.out.println (name + " - - - " + age);
    }
}

//测试类
class TeacherTest {
    public static void main (String[] args) {
        //方式1:给成员变量赋值
        //无参构造 + setXxx ()
        Teacher t1 = new Teacher ();
```

```
        t1.setName("令狐冲");
        t1.setAge(27);
        //输出值
        System.out.println(t1.getName() +"---"+t1.getAge());
        t1.show();
        System.out.println("-----------------------------");

        //方式2:给成员变量赋值
        Teacher t2 = new Teacher("风清扬",30);
        System.out.println(t2.getName() +"---"+t2.getAge());
        t2.show();
    }
}
```

运行结果如图 3-9 所示。

```
<terminated> TeacherTest [Java Application] C:\Program Files\Java\jre1.8.0_231\bin\javaw.exe (2020年5月1日 下午3:18:30)
令狐冲---27
令狐冲---27
-----------------------------
风清扬---30
风清扬---30
```

图 3-9　运行结果

习题

一、选择题

1. 下述函数不属于面向对象函数的是（　　）。

   A. 对象、信息　　B. 继承、多态

   C. 类、封装　　D. 过程调用

2. 类与对象的关系是（　　）。

   A. 类是对象的抽象　　B. 类是对象的具体实例

   C. 对象是类的抽象　　D. 对象是类的子类

3. 下列类的定义中，错误的是（　　）。

   A. classx{…}

   B. public x extends y{…}

   C. public class x extends y{…}

   D. class x extends y implements y1{…}

4. 在创建对象时，必须（　　）。
   A. 先声明对象，然后才能使用对象
   B. 先声明对象，为对象分配内存空间，然后才能使用对象
   C. 先声明对象，为对象分配内存空间，对对象初始化，然后才能使用对象
   D. 上述说法都对

二、填空题

1. 面向对象的三大特征为________、________、________。
2. Java 逻辑常量有两个：________和________。
3. 比较两个数相等的运算符是________。
4. Java 中的 8 种基本数据类型分别是________、________、________、________、________、________、________、________。

三、简答题

1. 定义一个 Father 和 Child 类，并进行测试。
   要求如下：
   ①Father 类为外部类，类中定义一个私有的 String 类型的属性 name，name 的值为“zhangjun”。
   ②Child 类为 Father 类的内部类，其中定义一个 introFather( )方法，方法中调用 Father 类的 name 属性。
   ③定义一个测试类 Test，在 Test 类的 main( )方法中，创建 Child 对象，并调用 introFather( )方法。
2. 简述下列程序运行结果。

```
class A{ int y=6; class Inner{ static int y=3;
  void show(){
  System.out.println(y);
  }
  }
}
class Demo{
  public static void main(String[] args){
  A.Inner inner=new A().new Inner();
  inner.show();
  }
}
```

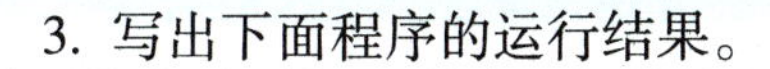

3. 写出下面程序的运行结果。

```
class A{ public A(){ System.out.println("A");
  }
  }

class B extends A{ public B(){ System.out.println("B");
  }

public static void main(String[] args){
  B b=new B();
  }
  }
```

模块 4
面向对象编程进阶

【模块教学目标】

- 掌握类的继承和子类的创建
- 掌握属性的隐藏和变量的覆盖
- 掌握抽象类和抽象方法的声明
- 理解接口的概念，掌握接口的声明与实现
- 掌握包的定义与引入

任务 1　动物类的继承

导入任务

定义一个动物类 Animal 为父类，定义 Dog 和 Cat 继承 Animal。

要求：

Animal 类有私有成员：姓名 name，年龄 age。

构造方法：无参和有参。

成员方法：setXxx()/getXxx()，bite()方法显示“叫声”。

Dog 类继承 Animal，给出无参和有参构造方法，并给出成员方法 lookDoor()，显示“狗看门”。

Cat 类继承 Animal，添加成员变量 color，给出对应的 setXxx()/getXxx()方法。

知识准备

一、继承的概念

1. 继承概述

继承是面向对象的三大特征之一，也是实现软件复用的重要手段。继承是类和类之间的关系，是一个很简单、很直观的概念，与现实生活中的继承（例如儿子继承了父亲财产）类似。继承可以理解为一个类从另一个类中获取方法和属性的过程。如果类 B 继承于类 A，

那么类B就拥有类A的属性和方法。比如水果类和苹果类，苹果类继承水果类，那么用Java语法如何来展现这种继承关系呢?

定义继承关系的语法结构为:

```
[修饰符] class 子类名 extends 父类名
{类体}
```

如:

```
class Apple extends Fruit
  {...}
```

Java的继承通过extends关键字实现，实现继承的类被称为子类，如Apple类，被继承的类称为父类，如Fruit类。

父类和子类的关系是一种一般和特殊的关系。

例如学校成员和学生的关系，学生继承了学校成员，学生是学校成员的子类，学校成员是学生的父类。

2. 继承实例

例4-1：类的继承——苹果类。

```
class Fruit
{
    public double weight;
    public void info()
    {
        System.out.println("我是一个水果! 重:" + weight + "g!");
    }
    }
public class Apple extends Fruit {
public static void main(String[] args)
    {
        //创建Apple对象
        Apple a =new Apple();
        //Apple对象本身没有weight成员变量
        /* 因为Apple父类有weight成员变量,所以也可以访问Apple对象的
weight成员变量.* /
        a.weight =56;
        //调用Apple对象的info()方法
        a.info();
        }
}
```

运行结果如图 4－1 所示。

```
<terminated> Apple [Java Application] C:\Program Files\Java\jre1.8.0_181\bin\javaw.exe
我是一个水果! 重:56.0g!
```

图 4－1　例 4－1 运行结果

上面的例子中，父类定义了共有性的属性和方法，子类完全继承了父类的属性和方法。除此之外，子类还可以根据自己的具体特点定义自己特有的属性或方法。

例 4－2：对例 3－5 进行改造，给苹果类加一个自己的属性和方法（在一个工程中，为了避免类名重复，将父类名和子类名在原来的基础上加了 1）。

```
class Fruit1
{
    public double weight;
    public void info()
    {
        System.out.println("我是一个水果! 重:" + weight + "g!");
    }
}
public class Apple1 extends Fruit1 {
public String  color;
public void printcolor(){
    System.out.println("我的颜色是:"+color);
}
public static void main(String[] args)
    {
        //创建 Apple1 对象
        Apple1 a=new Apple1();
        //Apple1 对象本身没有 weight 成员变量
        /* 因为 Apple1 父类有 weight 成员变量,所以也可以访问 Apple1 对象的
weight 成员变量.*/
        a.weight=56;
        //调用 Apple1 对象的 info()方法
        a.info();
        a.color="red";// 给 Apple1 自己的属性 color 赋值
        a.printcolor();// 调用 Apple1 自己的方法 printcolor()
    }
}
```

运行结果如图 4 - 2 所示。

```
<terminated> Apple1 [Java Application] C:\Program Files\Java\jre1.8.0_181\bin\javaw.exe
我是一个水果! 重:56.0g!
我的颜色是: red
```

图 4 - 2 例 4 - 2 运行结果

注意:

①如果定义一个 Java 类时，并未显式指定这个类的直接父类，则这个类默认继承 java. lang. Object 类。java. lang. Object 类是所有类的父类。要么是直接父类，要么是其间接父类。

②Java 类只支持单重继承，即只有一个父类。

③子类可以继承的成员变量与成员变量的访问控制类型有关，成员变量的访问控制类型包括 public、protected、缺省的和 private。子类继承父类之后，可以继承父类的 public 和 protected 类型的成员变量。子类不能直接访问父类中的私有成员，但子类可以调用 setter( ) 或 getter( ) 方法访问私有成员。

3. 实训

定义一个雇员类 Employee，有三个私有属性: name、salary、birthday; 再定义子类 Manager，有一个私有属性 bonus。

代码实现:

```
import java.util.Date;
class Employee                  // 父类
{    // 三个私有属性
    private String name;
    private double salary;
    private Date birthday;

    public Employee()    // 无参构造方法
    {


    }

    public Employee(String name,double salary,Date birthday)
    // 有参构造方法
    {
        this.name = name;
        this.salary = salary;
        this.birthday = birthday;
    }
    // 属性的访问器方法
```

```
public String getName()
    {
        return name;
    }

    public void setName(String name)
    {
        this.name=name;
    }

    public double getSalary()
    {
        return salary;
    }

    public void setSalary(double salary)
    {
        this.salary=salary;
    }

    public Date getBirthday()
    {
        return birthday;
    }

    public void setBirthday(Date birthday)
    {
        this.birthday=birthday;
    }
}
class Manager extends Employee   //子类
{
    private double bonus;  //子类自己的属性

    public Manager()  //子类的无参构造方法
    {
```

```
    }
    public Manager(String name,double salary,Date birthday,double bo-
nus) //有参构造方法
    {
        super(name,salary,birthday);
        this.bonus =bonus;
    }
    //属性的访问器方法
    public double getBonus()
    {
        return bonus;
    }

    public void setBonus(double bonus)
    {
        this.bonus =bonus;
    }
}
public class SX1 {
public static void main(String args[]) {
    Employee employee =new Employee("雇员",100,new Date());
    //创建父类对象

        Manager manager =new Manager("经理",3000,new Date(),2000);
    //创建子类对象

        System.out.println(employee.getName());
        System.out.println(employee.getSalary());
        System.out.println(employee.getBirthday());
        System.out.println(manager.getName());
        System.out.println(manager.getSalary());
        System.out.println(manager.getBirthday());
        System.out.println(manager.getBonus());
 }
 }
```

运行结果如图 4－3 所示。

```
雇员
100.0
Mon Mar 23 11:05:43 CST 2020
经理
3000.0
Mon Mar 23 11:05:43 CST 2020
2000.0
```

图 4－3　运行结果

二、子类对象实例化

子类对象在实例化时，会默认先调用父类中的无参构造函数，然后再调用子类的构造方法。类的初始化顺序如图 4－4 所示。

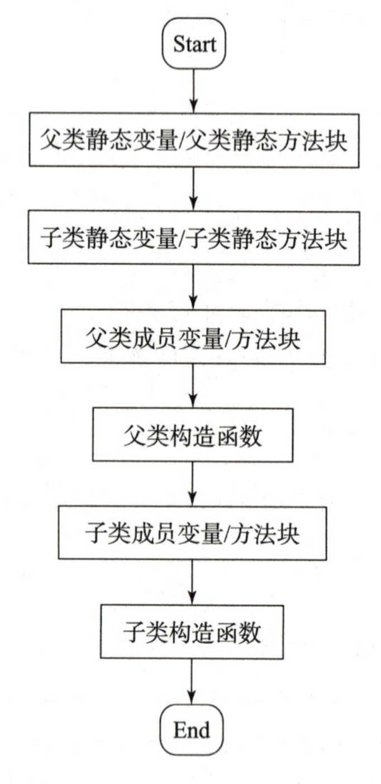

图 4－4　类的初始化顺序

1. 实例

例 4－3：子类对象实例化。

```
class Person{
    String name ;
    Person(){}// 此处默认构造方法为必需
    public Person(String pName) // 父类的构造方法
```

```
    {
        name = pName;
    }
    void showInfo() {              //显示信息
    System.out.println("姓名:" + name);
    }
}
public class Student extends Person {
    String school;
    Student(String cName,String cSchool) //子类的构造方法
    {
        //super() ;   //实际上程序在这里隐含了这样一条语句
        name = cName;
        school = cSchool;
    }

    public static void main(String[] args)
    {
        Student s = new Student("李明","山东大学") ;
        System.out.println("子类信息:");
        s.showInfo();
    }
}
```

运行结果如图4－5所示。

```
子类信息:
姓名:李明
```

图4－5　例4－3运行结果

如果把默认的无参构造方法 Person(){} 这一句去掉，会出现什么结果呢？如图4－6所示。

由上面的结果可以看出，去掉默认的构造方法后程序出错，子类的构造方法会默认调用父类的默认构造方法。super()方法代表子类的超类的构造方法，这里相当于 Person()，而构造方法是不参与继承的，所以 Person(){}一行的代码是必需的。

下面将例4－3改造一下，再次观察子类对象实例化的过程。

例4－4：改造例4－3。

```
1  package ch4;
2  class Person{
3      String name ;
4      //Person(){}                    //此处默认构造方法为必须
5      public Person(String pName) // 父类的构造方法
6      {
7          name=pName;
8      }
9      void showInfo() {              //显示信息
10         System.out.println("姓名: "+name);
11     }
12 }
13 public class Student extends Person {
14          String school;
15         Student(String cName,String cSchool) // 子类的构造方法
16         {
17             //super() ;    //实际上程序在这里隐含了这样一条语句
18            name=cName;
19            school=cSchool;
20         }
21
22         public static void main(String[] args)
23         {
24            Student s = new Student("李明","山东大学") ;
25            System.out.println("子类信息: ");
26            s.showInfo();
27         }
28 }
29
30
```

```
Problems  @ Javadoc  Declaration  Console
<terminated> Student [Java Application] C:\Program Files\Java\jre1.8.0_181\bin\javaw.exe (2020年3月16日 下午3:21:20)
Exception in thread "main" java.lang.Error: Unresolved compilation problem:
	Implicit super constructor Person() is undefined. Must explicitly invoke another constructor

	at ch4.Student.<init>(Student.java:15)
	at ch4.Student.main(Student.java:24)
```

图4-6　将例4-3中的默认构造方法去掉之后的结果

```
class Person1{
    String name ;
    Person1()// 父类无参数的构造方法
    {
    System.out.println("父类默认构造方法");
    }
    public Person1(String pName) // 父类有参数的构造方法
    {
        name =pName;
    }
```

```
    void showInfo() {               //显示信息
        System.out.println("姓名:"+name);
    }
}

public class Student1 extends Person1 {
    String school;
    Student1(String cName,String cSchool) //子类的构造方法
    {
        System.out.println("子类构造方法");
        name=cName;
        school=cSchool;
    }

    public static void main(String[] args)
    {
        Student1 s = new Student1("李明","山东大学");
        System.out.println("子类信息:");
        s.showInfo();
    }
}
```

运行结果如图4-7所示。

```
父类默认构造方法
子类构造方法
子类信息:
姓名:李明
```

图4-7 例4-4运行结果

例4-4在例4-3的基础上，将父类无参数的构造方法加了一个输出语句，子类的构造方法也加了一个输出语句，从结果很明显地看出来，子类对象在实例化之前先调用了父类无参数的构造方法，再调用自己的构造方法。

2. 实训

为了更好地理解前面类的初始化顺序图，看下面的例子。

代码实现:

```
class Fatherclass{
    public static String father_staticField="父---静态变量"; //静态变量
    public String father_Field="父类---普通变量"; //普通成员变量
```

```
    //静态初始化块
    static {
        System.out.println(father_staticField);
        System.out.println("父类---静态初始化块");
    }
    //初始化块
    {
        System.out.println(father_Field);
        System.out.println("父类---初始化块");
    }
    public Fatherclass() {//父类构造方法
        System.out.println("父类---构造方法");
    }
    }
class Sonclass extends Fatherclass{  //子类
    public static String son_staticField="子类---静态变量";//子类静态
    变量
    public String son_Field="子类---变量"; //子类普通成员变量
    //静态初始化块
    static {
        System.out.println(son_staticField);
        System.out.println("子类---静态初始化块");
    }
    //初始化块
    {
        System.out.println(son_Field);
        System.out.println("子类---初始化块");
    }
    public Sonclass() { //子类构造方法
        System.out.println("子类---构造方法");
    }
    }
public class SX2 {
     public static void main(String args[]) {
     System.out.println("main 方法");
     new Sonclass();
     }
    }
```

运行结果如图 4－8 所示。

```
main方法
父---静态变量
父类---静态初始化块
子类---静态变量
子类---静态初始化块
父类---普通变量
父类---初始化块
父类---构造方法
子类---变量
子类---初始化块
子类---构造方法
```

图 4－8　运行结果

三、成员变量的隐藏和方法重写

1. 变量的隐藏和方法重写的概念

通过继承，子类可以使用父类的属性和方法。但是当子类重新定义了和父类同名的方法时，子类方法的功能会覆盖父类同名方法的功能，这叫作方法重写。

同样，当子类的成员变量与父类的成员变量同名时，在子类中会隐藏父类同名变量的值，这叫作变量的隐藏。

方法重写和变量隐藏发生在有父子类继承关系中，父子类的两个同名方法的参数列表和返回值完全相同的情况下。

2. 实例

例 4－5：成员变量的隐藏。

```
class Parent{

    int a=10;

}
public class Child extends Parent{

    int a=20;
    public static void main(String args[]){

        Childchild = new Child();

        System.out.println(child.a);
    }
}
```

运行结果：20

从结果可以看出，子类中的成员变量 a 隐藏了父类中的成员变量 a。

例 4－6：方法的覆盖和变量的隐藏。

```
class Person2{
String name ;
    Person2()// 父类无参数的构造方法,必须有
    {
    // System.out.println("父类默认构造方法");
    }
    public Person2(String pName) // 父类有参数的构造方法
    {
        name =pName;
    }
    void showInfo() {               // 显示信息
    System.out.println("姓名:" +name);
    }
}
public class Student2 extends Person2 {
  String name;    // 子类隐藏了父类的成员变量 name
  String school;
    Student2(String cName,String cSchool) // 子类的构造方法
    {
        // System.out.println("子类构造方法");
        name =cName;
        school =cSchool;
    }
    void showInfo() {         // 显示子类信息,重写了父类的 showInfo()方法
    System.out.println("姓名:" +name);
    System.out.println("学校:" +school);

    }
    public static void main(String[] args)
    {
      Student2 s = new Student2("李明","山东大学") ;
      System.out.println("子类信息:");
      s.showInfo();
    }
}
```

运行结果如图 4－9 所示。

```
子类信息：
姓名：李明
学校：山东大学
```

图 4－9 例 4－6 运行结果

注意：

方法重写的语法规则如下：

①方法签名必须相同（参数类型、个数、顺序）。

②对返回类型有要求，分为两种情况：

a. 被重写方法的返回类型是基本类型：重写方法的返回类型必须相同。基本类型包括 byte、short、int、long、float、double、char、boolean，其实还包括一个 void 类型，但要注意的是，返回类型是封装类时，属于情况 b。

b. 被重写方法的返回类型是引用类型：重写方法的返回类型应“相同”或是其“子类型”。引用类型包括数组、string 等一切非基本类型的类型（即类类型）。

③重写方法的访问权限不能小于被重写方法的访问权限，可以更广泛。

④重写方法抛出的异常范围不能大于被重写方法抛出的异常的范围（也可以不抛出异常）。

⑤不能重写 final 方法（final 修饰符存在的意义就是防止任何子类重写该方法）。

⑥不能重写 static 静态方法。

⑦如果一个方法不能被继承，则不能重写它。或者说，只有当方法可以被访问时，才可以被重写。典型的就是超类的 private 方法。

变量的隐藏规则：

①隐藏成员变量时，只要同名即可，可以更改变量类型（无论是基本类型还是隐藏类型）。

②不能隐藏超类中的 private 成员变量，换句话说，只能隐藏可以访问的成员变量。

③隐藏超类成员变量 A 时，可以降低或提高子类成员变量 B 的访问权限，只要 A 不是 private。

④隐藏成员变量与是否静态无关。静态变量可以隐藏实例变量，实例变量也可以隐藏静态变量。

⑤可以隐藏超类中的 final 成员变量。

3. 实训

变量的隐藏和方法的覆盖。

代码实现：

```
class SuperClass {   // 父类
     private int number;// 私有属性

    public SuperClass() {// 无参构造方法
        this.number = 0;
    }
```

```
    public SuperClass(int number) {// 有参构造方法
        this.number = number;
    }

    public int getNumber() {// 属性的访问器方法
        number++;
        return number;
    }
}

class SubClass1 extends SuperClass {// 子类1
    public SubClass1(int number) {// 子类的构造方法
        super(number);// 调用父类的有参构造方法
    }

}

class SubClass2 extends SuperClass {// 子类2
    private int number; // 子类隐藏了父类的属性

    public SubClass2(int number) { // 子类的构造方法
    super(number);// 调用父类的构造方法
    }

}

class SubClass3 extends SuperClass {// 子类3

    private int number; // 子类隐藏了父类的属性

    public SubClass3(int number) {// 子类的构造方法
        super(number);// 调用父类的构造方法
    }

    public int getNumber() {// 覆盖了父类的同名方法
        number++;
        return number;
```

```
    }
}
public class SX3 {   //测试类
  public static void main(String[] args) {
        SubClass3a3 = new SubClass3(20);
                SuperClasss   = a3;
        SubClass1a1 = new SubClass1(20);
                SuperClasss1  = a1;
        SubClass2a2 = new SubClass2(20);
                SuperClasss2  = a2;
        System.out.println(s.getNumber());
                System.out.println(a3.getNumber());
        System.out.println(s1.getNumber());
                System.out.println(a1.getNumber());
        System.out.println(s2.getNumber());
                System.out.println(a2.getNumber());

    }
}
```

运行结果如图4－10所示。

```
1
2
21
22
21
22
```

图4－10　运行结果

四、super关键字

1. super关键字的用法

super有三种用法：

①访问父类方法中被覆盖的方法。

②访问父类中的隐藏成员变量。

③调用父类构造方法。

在例4－3中，提到了super关键字，它是指向父类的引用，如果子类构造方法没有显式地调用父类的构造方法，那么编译器会自动为它加上一个默认的super()方法调用。如果父类没有默认的无参构造方法，编译器就会报错，super()语句必须是构造方法的第一个子句。

当子类定义了一个与父类同名的变量时，就会将父类的变量隐藏，那么如何才能使用父类的同名变量呢？

2. 实例

例4-7：super访问父类的变量。

```
public class Superdemo1 {
  public static void main(String[] args)
    {
       Carsmall = new Car();
       small.display();
    }
}
class Vehicle
{
    int maxSpeed = 120;
}

class Car extends Vehicle
{
    int maxSpeed = 180;//成员变量的隐藏

    void display()
    {
       System.out.println("最大速度 " + super.maxSpeed);
    //用super引用父类的变量
    }
}
```

运行结果：最大速度120

例4-8：super访问父类的方法。

```
public class Superdemo2 {
  public static void main(String args[])
    {
       Sons = new Son();
       s.display();
    }
}
class Father
{
    void message()
```

```
    {
        System.out.println("This is Father class");
    }
}

class Son extends Father
{
    void message()// 子类覆盖了父类的同名方法
    {
        System.out.println("This is son class");
    }

    void display()
    {
        message();// 子类自己的方法
        super.message();// super 调用父类的方法
    }
}
```

运行结果如图4－11所示。

```
This is son class
This is Father class
```

图4－11　例4－8运行结果

例4－9：super()调用父类的构造方法。

```
class Shape{
  public Shape(String name){
    System.out.println("我是一个" +name);
}
}
// 定义 Triangle 类继承 Shape 类
class Triangle extends Shape{

  public Triangle() {
    super("三角形");// 调用父类的构造方法
}
}
```

```
public class Superdemo3 {
  public static void main(String[] args) {

    Triangle t =new Triangle();
}
}
```

运行结果：我是一个三角形

3. 实训

属性的隐藏和方法的覆盖。

代码实现：

```
class base    // 父类
{
    int a = 100;   // 父类的属性
    void show()  // 父类的方法
    {
        System.out.println(a);
    }
    }

class sup extends base   // 子类
{
    int a = 200;  // 子类隐藏父类的属性
    void show()  // 子类覆盖了父类的方法
    {
    super.show();// super 调用父类的方法
        System.out.println(a);// 输出子类自己的属性
    }
}
public class SX4 {
  public static void main(String[] args)
    {
        new sup().show();// 调用子类的方法
    }
}
```

运行结果如图 4－12 所示。

注意：

①通过 super 调用父类构造方法的代码必须位于子类构造方法的第一行，并且只能出现一次。

```
100
200
```

图 4－12　运行结果

②父类只有带参构造器（没有无参构造器），子类必须有相同参数的构造方法，并且还需要调用 SUPER（参数）。

任务实施

1. 类的关系图示（图 4－13）

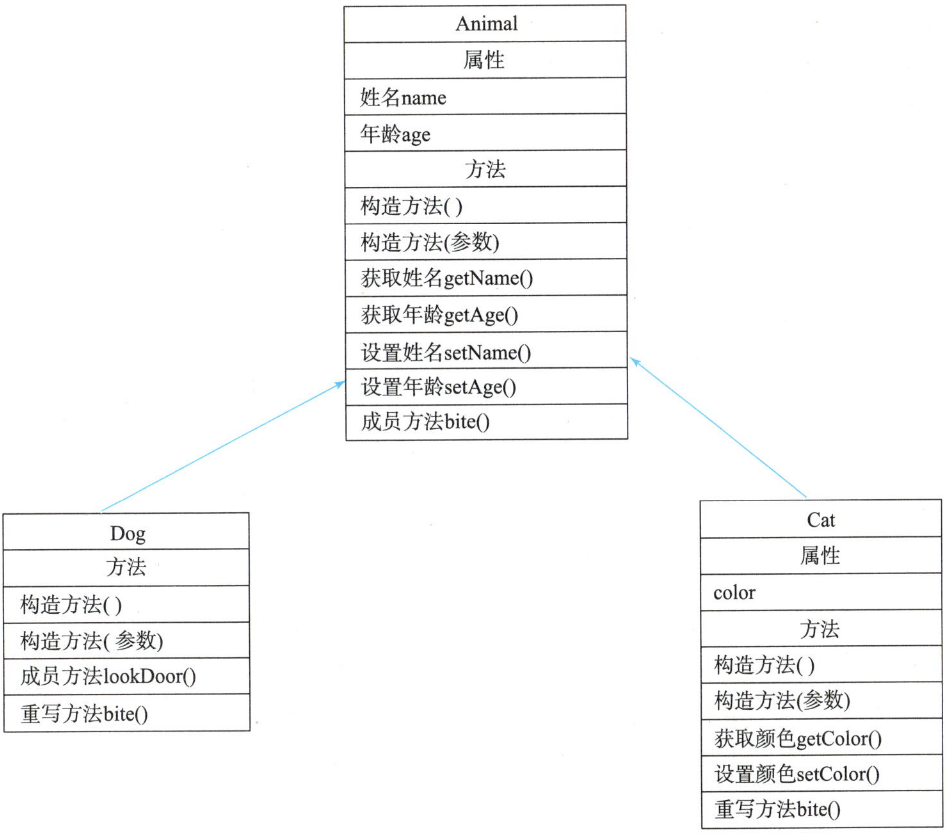

Animal
属性
姓名name
年龄age
方法
构造方法( )
构造方法(参数)
获取姓名getName()
获取年龄getAge()
设置姓名setName()
设置年龄setAge()
成员方法bite()

Dog
方法
构造方法( )
构造方法(参数)
成员方法lookDoor()
重写方法bite()

Cat
属性
color
方法
构造方法( )
构造方法(参数)
获取颜色getColor()
设置颜色setColor()
重写方法bite()

图 4－13　类的关系图

2. 代码实现

```
class Animal {
// 属性
    private String name;
    private int age;
    public Animal () {// 无参构造方法
```

```
    }
  public Animal(String name, int age) { //有参构造方法
    this.name = name;
    this.age = age;
    }
  //属性访问器方法
  public String getName() {
    return name;
    }
  public void setName(String name) {
    this.name = name;
    }
  public int getAge() {
    return age;
    }
  public void setAge(int age) {
    this.age = age;
    }
  //成员方法
  public void bite() {
  System.out.println("叫声");
  }
}
  //狗类
class Dog extends Animal {//继承Animal
  public Dog() {
    super();   //调用父类无参的构造方法
    }
  public Dog(String name, int age) {
    super(name, age);  //调用父类有参的构造方法
    }
  public void bite() {  //重写父类的方法
    System.out.println("汪汪汪");
    }
  public void lookDoor() { //子类的成员方法
    System.out.println("狗看门");
    }
```

```
}
//猫类
class Cat extends Animal {//继承 Animal
  private String color; //子类的属性
  //属性的访问器方法
  public String getColor() {
    return color;
    }
   public void setColor(String color) {
  this.color = color;
  }
  public void bite() { //重写父类的方法
    System.out.println("喵喵喵");
    }
}
//测试类
public class AnimalTest{
  public static void main(String[] args) {
        Dog d = new Dog("旺财", 3);
        System.out.println("姓名:" +d.getName() +"   年龄:" +d.getAge());
        d.bite();
        d.lookDoor();
        Cat c =new Cat();
        c.setName("Tom");
        c.setAge(2);
        c.setColor("白色");
        System.out.println("姓名:" +c.getName() +",年龄:" +c.getAge() +",颜
色:" +c.getColor());
        c.bite();
        }
}
```

运行结果如图4-14所示。

```
姓名：旺财   年龄：3
汪汪汪
狗看门
姓名：Tom，年龄：2，颜色:白色
喵喵喵
```

图4-14　运行结果

任务2　形状类和矩形类

导入任务

定义一个接口 Shape，定义求面积和求周长的方法。定义子类矩形类 Rectangle，重写求面积和求周长的方法。

知识准备

一、抽象类和抽象方法

1. 概念

在面向对象的概念中，所有的对象都是通过类来描绘的，但是反过来，并不是所有的类都是用来描绘对象的，如果一个类中没有包含足够的信息来描绘一个具体的对象，这样的类就是抽象类。

抽象类的表示：用 abstract 修饰。

例如：abstract class shape{}

抽象方法：没有方法体的方法，并且使用 abstract 关键字修饰。

例如：abstract double area();

2. 抽象类和抽象方法需注意的问题

①抽象类中可以包含普通的方法，也可以没有抽象方法。抽象方法只需要声明，不需要实现；抽象类除了不能实例化对象之外，类的其他功能依然存在，成员变量、成员方法和构造方法的访问方式和普通类的一样。

②由于抽象类不能实例化对象，所以抽象类必须被继承，才能被使用。也是由于这个原因，通常在设计阶段决定要不要设计抽象类。

③父类包含了类集合的常见的方法，但是由于父类本身是抽象的，所以不能使用这些方法。子类必须重写抽象类中全部的抽象方法，如果子类没有重写全部方法，子类也应该是抽象类。

④在 Java 中，抽象类表示的是一种继承关系，一个类只能继承一个抽象类，而一个类却可以实现多个接口。

⑤抽象类不能使用 final 关键字声明，因为使用 final 声明的类不能被继承。抽象方法不能用 final、private 关键字声明，因为使用 final、private 关键字声明的方法不能被子类重写。

3. 抽象类和抽象方法的实例

例 4-10：抽象类和抽象方法的使用。

```
abstract class Telphone {     //抽象类
    public abstract void call();    //抽象方法
    public abstract void message(); //抽象方法
}
class CellPhone extends Telphone { //子类
    public void call() {    //子类实现抽象方法
        System.out.println("通过键盘打电话");
    }
    public void message() { //子类实现抽象方法
        System.out.println("通过键盘发短信");
    }
}
class SmartPhone extends Telphone { //子类
    public void call() {    //子类实现抽象方法
        System.out.println("通过语音打电话");
    }
    public void message() {    //子类实现抽象方法
        System.out.println("通过语音发短信");
    }
}
public class AbstractDemo {
    public static void main(String[] args) {
            Telphone tel1 = new CellPhone();
            tel1.call();
            tel1.message();
            Telphone tel2 = new SmartPhone();
            tel2.call();
            tel2.message();
      }
}
```

运行结果如图4-15所示。

```
通过键盘打电话
通过键盘发短信
通过语音打电话
通过语音发短信
```

图4-15　例4-10运行结果

4. 实训

程序代码：

```
abstract class Developer{// 抽象类的定义
    public abstract void work(); // 抽象方法
}
class JavaEE extends Developer{ // 子类 1
    public void work() {// 子类重写父类的抽象方法
        System.out.println("JavaEE 工程师写 JavaEE 代码");
    }
}
class Android extends Developer{// 子类 2
    public void work() {// 子类重写父类的抽象方法
        System.out.println("Android 工程师写 Android 代码");
    }
}
public class SX5 {
    public static void main(String args[]) {
      JavaEE j =new JavaEE();
       j.work();
      Android a =new Android();
      a.work();
    }
}
```

运行结果如图 4-16 所示。

```
JavaEE工程师写JavaEE代码
Android工程师写Android代码
```

图 4-16 运行结果

二、接口

1. 接口的概念

Java 接口是一系列方法的声明，是一些方法特征的集合，一个接口只有方法的特征而没有方法的实现，因此这些方法可以在不同的地方被不同的类实现，而这些实现可以具有不同的行为（功能）。接口里面全部是由全局常量和公共的抽象方法组成的。接口是解决 Java 无法使用多继承的一种手段，可以直接把接口理解为 100% 的抽象类，即接口中的方法必须全部是抽象方法。

2. 接口的特点

就像一个类一样，一个接口也能够拥有方法和属性，但是在接口中声明的方法默认是抽象的（即只有方法标识符，而没有方法体）。

①接口指明了一个类必须要做什么和不能做什么，相当于类的蓝图。

②一个接口就是描述一种能力，如 Java 库中的 Comparator 接口，这个接口代表了“能够进行比较”这种能力，任何类只要实现了这个 Comparator 接口，这个类也具备了“比较”这种能力，那么就可以进行排序操作了。所以接口的作用就是告诉类：要实现这种接口代表的功能，就必须实现某些方法。

③如果一个类实现了一个接口中要求的所有的方法，然而没有提供方法体而只有方法标识，那么这个类一定是一个抽象类（必须记住：抽象方法只能存在于抽象类或者接口中，但抽象类中却能存在非抽象方法，即有方法体的方法。接口是 100% 的抽象类）。

3. 接口的语法格式

```
[修饰符] interface 接口名 [extends 父接口名列表]
{ [public] [static] [final] 常量;
[public] [abstract] 方法;
}
```

修饰符：可选参数 public，如果省略，则为默认的访问权限。

接口名：指定接口的名称，默认情况下，接口名必须是合法的 Java 标识符，一般情况下，要求首字符大写。

extends 父接口名列表：可选参数，指定定义的接口继承于哪个父接口。当使用 extends 关键字时，父接口名为必选参数。

方法：接口中的方法只有定义而不能有实现。

如：

```
interface A{
    public static final int a =4;
    public abstact void display();
            }
```

注意：接口中成员属性默认是 public static final 修饰，成员方法是 public abstact 修饰，所以上述定义可以简写为：

```
interface A{
      int a =4;
     void display();
            }
```

Java 用 implements 实现接口：

```
[修饰符] class <类名> [extends 父类名] [implements 接口列表]{
}
```

修饰符：可选参数，用于指定类的访问权限，可选值为 public、abstract 和 final。

类名：必选参数，用于指定类的名称，类名必须是合法的 Java 标识符。一般情况下，要求首字母大写。

extends 父类名：可选参数，用于指定要定义的类继承于哪个父类。当使用 extends 关键字时，父类名为必选参数。

implements 接口列表：可选参数，用于指定该类实现的是哪些接口。当使用 implements 关键字时，接口列表为必选参数。当接口列表中存在多个接口名时，各个接口名之间使用逗号分隔。

如：

```
class B implements A{
    public void display(){
        System.out.println("hello world!");
                }
            }
```

上面 B 类实现了 A 接口，就必须实现接口中的抽象方法 display( )。

注意：实现接口中的抽象方法时，关键字 public 不能省略。

4. 接口与抽象类的区别（表 4－1）

表 4－1　接口与抽象类的区别

区别	抽象类	接口
定义	包含一个抽象方法的类	抽象方法和全局常量的集合
组成	构造方法、抽象方法、普通方法、常量、变量	常量、抽象方法
使用	子类继承抽象类（extends）	子类实现接口（implements）
关系	抽象类可以实现多个接口	接口不能继承抽象类，但允许继承多个接口
常见设计模式	模板设计	工厂设计、代理设计
对象	都通过对象的多态性产生实例化对象	
局限	抽象类有单继承的局限	接口没有此局限
实际	作为一个模板	作为一个标准或表示一种能力
选择	如果抽象类和接口都可以使用，则优先使用接口，避免单继承的局限	
特殊性	一个抽象类中可以包含多个接口，一个接口中可以包含多个抽象类	

5. 接口实例

例 4－11：打印机具有 USB 接口，定义一个接口，描述 USB，让打印机类继承接口。

```
interface USB
```

```
{
    public void work() ;      //拿到USB设备就表示要进行工作
}

class Print implements USB        //实现接口
{                                //打印机实现了USB接口标准(对接口的方法实现)
    public void work()
    {
        System.out.println("打印机用USB接口,连接,开始工作。") ;
    }
}
public class InterfaceDemo1 {
    public static void main(String args[]) {
      Print p=new Print();
      p.work();
}
}
```

运行结果如图4-17所示。

```
Problems @ Javadoc Declaration Console
<terminated> InterfaceDemo1 [Java Application] C:\Program
打印机用USB接口，连接,开始工作。
```

图4-17　例4-11运行结果

例4-12：鸟类和昆虫类都具有飞行的功能，定义一个接口，专门描述飞行。

```
interface  Flyanimal{  //定义接口"飞行动物"
     void fly();  //抽象方法
   }
class  Insect{   //昆虫类
       int  legnum=6;
   }
class  Bird{    //鸟类
     int  legnum=2;
     void egg(){};
   }
class Ant extends Insect implements  Flyanimal{//继承昆虫类和接口
     public void fly(){           //实现抽象方法
```

```
            System.out.println("Ant can  fly");
        }
    }
class Pigeon  extends Bird implements  Flyanimal {// 继承鸟类和接口
        public void fly(){  // 实现抽象方法
            System.out.println("pigeon  can fly");
        }
        public void egg(){   // 重写父类方法
            System.out.println("pigeon  can lay  eggs ");
        }
    }
public class InterfaceDemo2{
        public static void main(String args[]){
          Ant a =new Ant();
          a.fly();
          System.out.println("Ant's legs are " + a.legnum);
          Pigeon p = new Pigeon();
          p.fly();
          p.egg();
        }
    }
```

运行结果如图 4 - 18 所示。

```
Ant can  fly
Ant's legs are 6
pigeon  can fly
pigeon  can lay  eggs
```

图 4 - 18　例 4 - 12 运行结果

6. 实训

一个类只能继承一个直接父类，但可以继承多个接口。

程序代码：

```
abstract class CollegeMember{
    // 父类属性私有化
    private String name;
    private int age;
    // 父类的构造方法
    public CollegeMember(String name,int age){
```

```
        this.name = name;
        this.age = age;
    }
    //属性的getter()/setter()方法
    public String getName() {
        return name;
    }

    public int getAge() {
        return age;
    }

    public void setName(String name) {
        this.name = name;
    }

    public void setAge(int age) {
        this.age = age;
    }

    //提供一个抽象方法
    public abstract void talk();
}

//定义一个接口
interface Study{
    //设置课程数量为3
    int COURSENUM = 3;
    //构建一个默认方法
    default void stu(){
        System.out.println("大学生需要学习" + COURSENUM + "门课程");
    }
}

//再定义一个接口
interface Write{
    //定义一个抽象方法
```

```
    void print();
}

//子类继承CollegeMember,实现接口Study,Write
class CollegeStudent extends CollegeMember implements Study,Write{
    //通过super关键字调用父类的构造方法
    public CollegeStudent(String name, int age) {
        super(name, age);
    }
    //实现父类的抽象方法
    public void talk() {
        System.out.println("我的名字叫" + this.getName() + ",今年" + 
this.getAge() + "岁");
    }
    //实现Write接口的抽象方法
    public void print() {
        System.out.println("大学生要写作业");
    }
}

public class SX6{
    public static void main(String[] args) {
        //构建student对象
        CollegeStudent student = new CollegeStudent("李明", 22);
        //调用父类的抽象方法
        student.talk();
        //调用接口Write中的抽象方法
        student.print();
        //调用接口Study中的默认方法
        student.stu();
    }
}
```

运行结果如图4-19所示。

```
我的名字叫李明,今年22岁
大学生要写作业
大学生需要学习3门课程
```

图4-19 运行结果

三、对象的多态性

Java 中的多态性表现为：

①方法的重载和重写。

②对象的多态性，即可以用父类的引用指向子类的具体实现，并且可以随时更换为其他子类的具体实现。

方法的重载与重写在前面的章节中已介绍了，下面看一下对象的多态性。

1. 对象的多态性

对象的多态性是指在有继承关系的情况下，父类的对象可以指向子类的对象，并且父类对象在调用相同的方法时，具有多种不同的形式或状态。

如：

```
Animal a;  //定义 Animal 对象
a =new Dog();//该对象指向子类 Dog 的对象
```

这说明父类对象可以存储子类对象。如果执行 a. bite( )语句，该语句调用的是子类 Dog 的方法。但这种调用是有前提的：父类定义了 bite( )方法或者子类重写了父类的 bite( )方法，否则会出现编译错误。

2. 对象多态性实例

例 4 –13：

```
abstract class People{  //定义抽象类 People
    abstract void showInfo(); //定义抽象方法
}
class Teacher extends People{  //继承抽象类
    void showInfo() {  //重写父类的抽象方法
        System.out.println("我是一名老师");
    }
}
class Doctor extends People{ //继承抽象类
    void showInfo()   //重写父类的抽象方法
    {
        System.out.println("我是一名医生");
    }
}
public class PeopleDemo {
  public static void main(String args[]) {
      People p;   //定义父类的引用
      p =new Teacher();  //父类的引用指向子类的实例
      p.showInfo();
```

```
        p = new Doctor();// 父类的引用指向子类的实例
        p.showInfo();
    }
}
```

运行结果如图 4 - 20 所示。

```
我是一名老师
我是一名医生
```

图 4 - 20　例 4 - 13 运行结果

3. 实训

上面用的继承方式演示了多态，其实在实际开发中，更多的是用接口。

例 4 - 14：将例 4 - 13 改成接口。

```
interface People1{  // 定义接口 People1
    void showInfo(); // 定义抽象方法
}
class Teacher1 implements People1{  // 继承接口
    public void showInfo() {  // 实现接口的抽象方法
        System.out.println("我是一名老师");
    }
}
class Doctor1 implements People1{ // 继承接口
    public void showInfo()   // 实现接口的抽象方法
    {
        System.out.println("我是一名医生");
    }
}
public class Test {
  public static void main(String args[]) {
      People1 p;   // 定义接口的引用
      p = new Teacher1();  // 接口的引用指向子类的实例
      p.showInfo();
      p = new Doctor1();// 接口的引用指向子类的实例
      p.showInfo();
  }
}
```

运行结果同例 4 - 13。

任务实施

程序代码：

```
import java.util.Scanner;
interface ShapeInter
{
  //抽象方法
  public double area();  //面积
  public double grith();  //周长
}
class Rect implements ShapeInter ,Cloneable    //继承两个接口
{
  public int length;
  public int width;

  public void setdata(int length,int width)
  {
    this.length = length;
    this.width = width;
  }
  public int getlength()
  {
  return length;
  }
  public int getwidth()
  {
  return width;
  }
  public double area()
  {
  return this.length* this.width;
  }
  public double grith()
  {
  return this.length* 2 +this.width* 2;
  }
  public Object clone() throws CloneNotSupportedException
```

```
  {    return super.clone();// 调用父类的 clone()方法
  }
}
public class Renwu2 {
  public static void main(String[] args) {
    Rect rect1 = new Rect();
    Scanner in = new Scanner(System.in);
    int length1 = in.nextInt();
    int width1 = in.nextInt();
    rect1.setdata(length1, width1);
    System.out.println("面积:" + rect1.area() + " " + "周长:" + rect1.grith());
    try {
      Rectrect2 = (Rect)rect1.clone();
      int length2 = in.nextInt();
      int width2 = in.nextInt();
      rect2.setdata(length2, width2);
      System.out.println("面积:" + rect2.area() + " " + "周长:" + rect2.grith());
    }catch (CloneNotSupportedException e) {
      e.printStackTrace();
    }
  }
}
```

运行结果如图 4-21 所示。

```
3 4
面积：12.0 周长：14.0
5 6
面积：30.0 周长：22.0
```

图 4-21　运行结果

任务3　计算器

导入任务

在一个包中新建类 Calculate，包含加减乘除四个方法，在另一个包中导入类 Calculate，进行加减乘除运算。

知识准备

一、包的概念和声明

1. 包的概念

Java 项目可以管理几十个甚至更多的类文件，不同功能的类文件被组织到不同的包中，包类似于文件系统中的文件夹，它允许类组成较小的类文件夹，这样易于找到和使用相应的文件。

如同文件夹一样，包也采用了树形目录的存储方式。同一个包中类名字是不同的，不同包中类的名字可以相同，当同时调用两个不同包中相同类名的类时，应该加上包名加以区别。因此，包可以避免名字冲突。如图 4－22 所示，在 package1 包中有类 A，在 package2 中也有类 A。

比如在 Eclipse 中，新建工程 ch4 后，再新建类，就会发现 PackageExplorer 窗口的结构如图 4－23 所示。

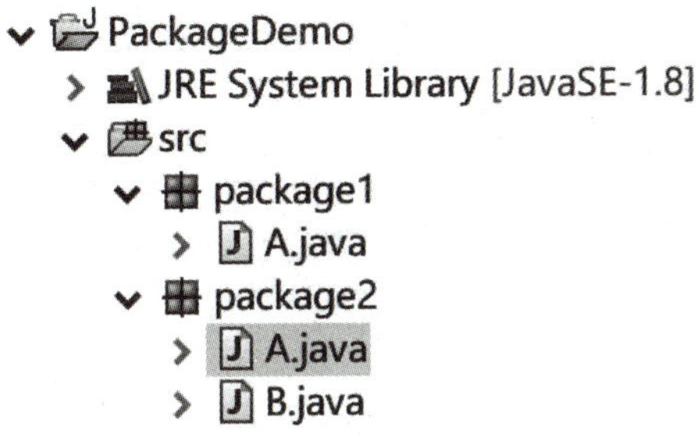

PackageDemo
JRE System Library [JavaSE-1.8]
src
package1
A.java
package2
A.java
B.java

图 4－22　包的树形结构

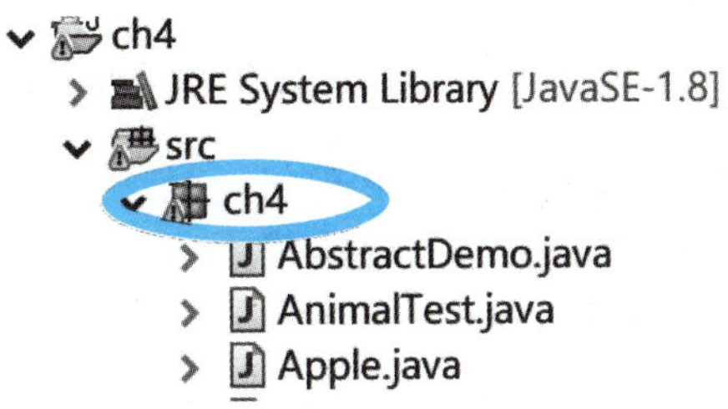

ch4
JRE System Library [JavaSE-1.8]
src
ch4
AbstractDemo.java
AnimalTest.java
Apple.java

图 4－23　默认包结构

这是默认建的包，和工程名同名。

JDK 中定义的类就采用了“包”机制进行层次式管理。例如，图 4－24 所示显示了其组织结构的一部分。

Java包
lang包
io包
System类
String类
Object类

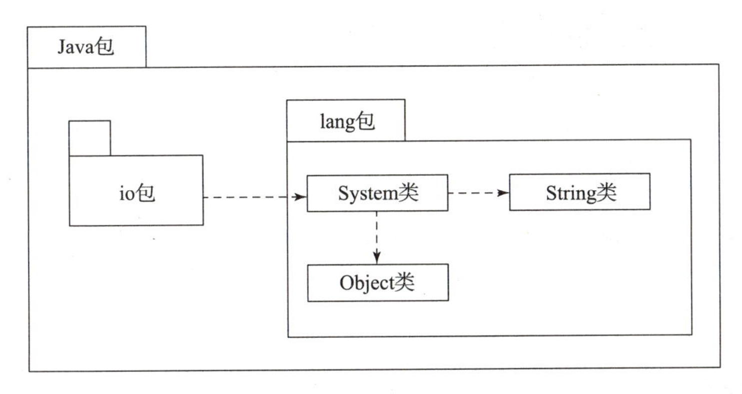

图 4－24　Java 包逻辑结构

2. 包的声明

包的声明用 package 关键字，package 语句的一般形式为：

```
package packageName;
```

例如：

```
package mypackage1;
public class A{
    ...}
```

类的修饰符 public 指明该类可以被包外的类访问，如果不加 public，类只能被同一包中的类访问。

3. 包的导入和访问包成员

导入包成员使用 import 关键字，语法有以下 3 种：

```
import 包名.*;  (使用*,导入包中的通用类和接口,无子包)
import 包名.类名;(导入包中指定的类)
import 父包名.子包名.*;(导入父包内子包中的通用类和接口)
```

而 import 语句的位置在 package 语句之后，类定义之前，例如：

```
package mypackage2;
import mypackage1.A;
class B{ … }
```

对于使用频率不高的类，也可以不用 import 导入而直接给出包封装的全名，例如：

```
mypackage1.A a=new mypackage1.A();
int i=java.lang.Math.random();
```

访问包成员的格式为：

```
 包名.类名
```

程序源代码调用包成员格式：包名.类名.类成员。

如上例：

```
Java.lang.Math.random();
```

4. 包的创建和使用实例

例 4-15：（1）创建包 package1，新建类 A。

```
package package1;

public class A {
    public String talk()         //类中的方法
```

```
    {
        return "A —— > > talk()" ;// 返回一串字符串
    }
}
```

（2）创建包 package2，新建类 B，导入 package1 中的类 A。

```
package package2;
import package1.A;
public class B {
    public static void main(String[] args)
      { A a = new A();
        // 调用 package1.A 中的方法并输出
        System.out.println(a.talk());
      }
}
```

运行结果如下：

A —— > > talk( )

5. 实训

例 4 – 16：（1）创建包 vehicle，新建类 Bus。

```
package vehicle;
public class Bus {
    public String name;
    public int Num;
    public void getoff(){
            if (Num > 0){
                System.out.println("有人下车!");
                Num -= 1;
                System.out.println(name + "还有" + Num + "人");
            }
            else{
                System.out.println("没人下车 !");
            }
        }
}
```

（2）创建包 run，新建类 Runbus，导入包 package vehicle 中的类 Run。

```
package run;
```

```
import vehicle.Bus;
public class Runbus {
    public static void main(String args[]){
            Bus b = new Bus();
            b.name = "1 路车";
            b.Num = 6;
            b.getoff();
    }
}
```

运行结果如图 4－25 所示。

有人下车!
1路车还有5人

图 4－25　运行结果

二、系统常见包

1. 系统常见包

Java SE 提供了一些系统包，其中包含了 Java 开发中常用的基础类。在 Java 语言中，开发人员可以自定义包，也可以使用系统包，常用的系统包见表 4－2。

表 4－2　系统常见包

包名称	用途说明与常用类举例
java. lang 包	是包含了 Java 语言的基本核心类的包
	数据类型包装类：Double、Float、Byte、Short、Integer、Long、Boolean 等；基本数学函数 Math 类；字符串处理的 String 类和 StringBuffer 类；异常类 Runtime；线程 Thread 类、ThreadGroup 类、Runnable 类；System、Object、Number、Cloneable、Class、ClassLoader、Package 类等
java. awt 包	存放 AWT（抽象窗口工具包）组件类的包，用于构建和管理应用程序的图像用户界面 GUI
	组件 Button、TextField 类等，以及绘图类 Grahpics、字体类 Font、事件子包 event 包
java. awt. event 包	是 awt 包的一个子包，存放用于事件处理的相关类和监听接口
	ActionEvent 类、MouseEvent 类、KeyListener 接口等
java. net 包	提供了与网络操作功能相关的类和接口的包
	套接字 Socket 类、服务器端套接字 ServerSocket、统一定位地址 URL 类、数据报 DatagramPacket 类等
java. io 包	提供了处理输入、输出类和接口的包
	文件类 File，输入流类 InputStream、Reader 类及其子类、输出流类 OutputStream、Writer 类及其子类

续表

包名称	用途说明与常用类举例
java. util 包	提供了一些常用程序类和集合框架类
	列表 List、数组 Arrays、向量 Vector、堆栈 Stack、日期类 Date 和日历类 Calendar、随机数类 Random 等
javax. swing 包	是 Java 扩展包，用于存放 swing 组件以构建图形用户界面
	JButton、JTable、控制界面风格显示 UIManager 类和 LookAndFeel 类等

2. 系统包实例

例 4 – 17：定义长度是 10 的整型数组，元素值为随机整数，排好序后输出。

```
import java.util.Random;
import java.util.Arrays;
public class Sortrandom {
  public static void main(String args[]) {
    int[] a =new int[10];     //创建有 10 个元素的整型数组
    for(int i =0;i <10;i ++)
    {
        Random r =new Random();  //创建 Random 类的对象
         int x =r.nextInt();   //取得随机整数
         a[i] =x;
    }
    Arrays.sort(a);       //调用排序方法,默认从小到大排序
    for(int j =0;j <10;j ++)
        System.out.println(a[j]);
}
    }
```

3. 实训

例 4 – 18：在键盘上输入个人信息并显示出来。

代码实现：

```
package ch4;
import java.util.Scanner;
public class ScannerinDemo {
    public static void main(String[] args) {

            /* *
             * 写一个输出个人信息的小例子
             * * /
```

```
        Scanner sc = new Scanner(System.in);// 利用 Scanner 获取键盘输入
        sc.useDelimiter("/n");// 分隔符为回车
        System.out.println("欢迎来到山东劳动职业技术学院");
        System.out.println("请问你叫什么名字呢?");
        String name = sc.nextLine();
        System.out.println("请问你来自哪里呢?");
        String area = sc.nextLine();
        System.out.println("你报的什么专业?");
        String major = sc.nextLine();
        System.out.println("好的,那么我来复述一下你的信息:");
        System.out.println("你叫" + name + ",来自:" + area);
        System.out.println("你报的专业是:" + major);
        System.out.println("对吧 ~ ~");
    }
}
```

运行结果如图 4－26 所示。

```
欢迎来到山东劳动职业技术学院
请问你叫什么名字呢?
李明
请问你来自哪里呢?
青岛
你报的什么专业?
计算机
好的，那么我来复述一下你的信息:
你叫李明,来自：青岛
你报的专业是：计算机
对吧~~
```

图 4－26　运行结果

注意：

由于 Scanner 对象将首先跳过输入流开头的所有空白分隔符，然后对输入流中的信息进行检查，直到遇到空白分隔符为止。例 4－18 改变了默认的分割符，用回车符表示。

三、访问控制权限

在 Java 中，提供了四种访问权限控制：默认访问权限（包访问权限）、public、private 及 protected。

注意，上述四种访问权限中，只有默认访问权限和 public 能够用来修饰类。修饰类的变量和方法时，四种权限都可以（本处所说的类针对的是外部类，不包括内部类）。

1. 同一包中的内部访问

例 4－19：在包 package1 中新建类 Father，定义四个不同修饰符修饰的属性。

代码实现：

```
package package1;

public class Father {
    private String p1 ="这是私有的";
    protected String p2 ="这是受保护的";
    public String p3 = "这是公共的";
    String p4 ="这是默认的";

    public static void main(String[] args) {
        Father father = new Father();
        System.out.println("father 实例访问:" + father.p1);
        System.out.println("father 实例访问:" + father.p2);
        System.out.println("father 实例访问:" + father.p3);
        System.out.println("father 实例访问:" + father.p4);
    }
}
```

运行结果如图 4－27 所示。

```
father 实例访问：这是私有的
father 实例访问：这是受保护的
father 实例访问：这是公共的
father 实例访问：这是默认的
```

图 4－27　运行结果

从运行结果可见，四种类型都支持类内部访问。

2. 同一包中的继承关系

例 4－20：在 package1 包中建一个 Child 类，继承 Father 类，分别通过 Father 的对象和 Child 的对象访问属性。

代码实现：

```
package package1;

public class Child extends Father{
    public static void main(String[] args) {
        Father father = new Father();
        System.out.println(father.p2);
        System.out.println(father.p3);
        System.out.println(father.p4);
```

```
        Child child = new Child();
        System.out.println(child.p2);
        System.out.println(child.p3);
        System.out.println(child.p4);
    }
    }
```

运行结果如图 4 –28 所示：

```
这是受保护的
这是公共的
这是默认的
---------------
这是受保护的
这是公共的
这是默认的
```

图 4 –28　运行结果

由运行结果可见，在同一个包中，子类可以访问父类除 private 类型之外的类型的属性和方法。

3. 不同包的继承关系

例 4 –21：在 package2 包中创建一个 Child2 类，继承自 Father 类，创建一个 Father 的对象和 Child2 的对象，访问其属性。

代码实现：

```
package package2;
import package1.Father;
public class Child2 extends Father{
    public static void main(String[] args) {
        Father father = new Father();
        // System.out.println(father.p2);
        System.out.println(father.p3);
        // System.out.println(father.p4);

        Child2 child2 = new Child2();
        System.out.println(child2.p2);
        System.out.println(child2.p3);
        // System.out.println(child2.p4);
    }
    }
```

运行结果如图 4 –29 所示。

```
这是公共的
-------------
这是受保护的
这是公共的
```

图 4-29 运行结果

从运行结果可见，对于 Father 的对象，通过访问其属性，发现只能访问到 p3，也就是 public 类型的，而其他类型的都不能访问。

对于 Child2 类的对象，通过子类访问父类属性，发现它可以访问 p2 和 p3，也就是 protected 和 public 类型。

即对于 private，只能进行类内访问；对于 protected，除了内部访问外，还可以被子类访问，即使在不同包中；而对于 default，除了内部访问外，子类如果访问的话，必须满足同包的条件；public 则没有限制。

注意：大家可以试试将上面注释的代码的注释符号去掉，看看会出现什么错误。

4. 同一包中，不是继承关系

例 4-22：在 package1 包中，创建一个 Test 类，创建 Father、Child、Child2 对象，看看访问属性的情况。

代码实现：

```
package package1;
import package2.Child2;
public class Test {
    public static void main(String[] args) {
        Father father =new Father();
        System.out.println("father 对象访问:" +father.p2);
        System.out.println("father 对象访问:" +father.p3);
        System.out.println("father 对象访问:" +father.p4);
        System.out.println("------------------------");
        Child child = new Child();
        System.out.println("child 对象访问:" +child.p2);
        System.out.println("child 对象访问:" +child.p3);
        System.out.println("child 对象访问:" +child.p4);
        System.out.println("------------------------");
        Child2 child2 =new Child2();
        System.out.println("child2 对象访问:" +child2.p2);
        System.out.println("child2 对象访问:" +child2.p3);

}
    }
```

运行结果如图 4－30 所示。

```
father对象访问：这是受保护的
father对象访问：这是公共的
father对象访问：这是默认的
----------------------------
child对象访问：这是受保护的
child对象访问：这是公共的
child对象访问：这是默认的
----------------------------
child2对象访问：这是受保护的
child2对象访问：这是公共的
```

图 4－30　运行结果

从运行结果可见，Father 对象和 Child 对象都能访问 p1 以外的属性，这说明同包 protected 满足同包中非子类访问，default 也满足同包中非子类访问。而 Child2 对于 Test 来说不是同包的类，所以 Test 只能访问 Child2 的 p2 和 p3 属性。

5. 实训

例 4－23：将例 4－22 改变一下，在 package2 中创建一个 Test2 类，用它去访问Father、Child、Child2 对应的属性。

代码实现：

```
package package2;
import package1.Child;
import package1.Father;
public class Test2 {
    public static void main(String[] args) {
        Father father = new Father();
        System.out.println("father 实例访问:" + father.p3);

        Child child  = new Child();
        System.out.println("child 实例访问:" + child.p3);

        Child2 child2  = new Child2();
        System.out.println("child2 实例访问:" + child2.p3);
    }
}
```

运行结果如图 4－31 所示。

从运行结果可见，只能访问 p3，也就是 public 修饰的属性。

总结见表 4－3。

```
father 实例访问：这是公共的
child 实例访问：这是公共的
child2 实例访问：这是公共的
```

图 4－31　运行结果

表4－3　访问控制修饰符

访问途径	private	缺省	protected	public
同一类内	√	√	√	√
同一包中的类		√	√	√
不同包中的子类			√	√
不同包非子类				√

任务实施

①在 package1 中新建类 Calculate，定义加、减、乘、除四个方法。

```
package package1;

public class Calculate {
    public int sum(int x,int y){
        return x + y;
    }
    public int sub(int x,int y){
        return x - y;
    }
    public int mul(int x,int y){
        return x* y;
    }
    public int div(int x,int y){
        return x/y;
    }
}
```

②在 package2 中，新建类 Renwu3，导入自定义包 package1 中的 Calculate 类和系统包 java. util 中的 Scanner 类，在 main( ) 方法中创建 Calculate 的实例，调用加、减、乘、除方法实现简单计算器功能。

```
package package2;
import package1.Calculate;
import java.util.Scanner;
public class Renwu3 {
  public static void main(String args[])
  {
     Calculate cal = new Calculate();
```

```
        int a,b;
        Scanner sc = new Scanner(System.in);
        a=sc.nextInt();
        b=sc.nextInt();
        System.out.println(a+"+"+b+"="+cal.sum(a, b));
        System.out.println(a+"-"+b+"="+cal.sub(a, b));
        System.out.println(a+"* "+b+"="+cal.mul(a, b));
        System.out.println(a+"/"+b+"="+cal.div(a, b));
    }
}
```

运行结果如图 4－32 所示。

```
10
5
10+5=15
10-5=5
10*5=50
10/5=2
```

图 4－32　运行结果

习题

一、选择题

1. Java 语言的类间的继承关系是（　　）。
   A. 多重的　　B. 单重的　　C. 线程的　　D. 不能继承
2. 以下关于 Java 语言继承的说法，正确的是（　　）。
   A. Java 中的类可以有多个直接父类　　B. 抽象类不能有子类
   C. Java 中的接口支持多继承　　D. 最终类可以作为其他类的父类
3. 现有两个类 A、B，以下描述中表示 B 继承自 A 的是（　　）。
   A. class A extends B　　B. class A implements B
   C. class B implements A　　D. class B extends
4. 下列选项中，用于定义接口的关键字是（　　）。
   A. interface　　B. implements　　C. abstract　　D. class
5. 下列选项中，用于实现接口的关键字是（　　）。
   A. interface　　B. implements　　C. abstract　　D. class
6. Java 语言的类间的继承的关键字是（　　）。
   A. implements　　B. extends　　C. class　　D. public

7. 以下关于Java语言继承的说法，错误的是（　　）。
   A. Java中的类可以有多个直接父类　　B. 抽象类可以有子类
   C. Java中的接口支持多继承　　D. 最终类不可以作为其他类的父类
8. 现有两个类M、N，以下描述中表示N继承自M的是（　　）。
   A. class M extends N　　B. class n implements M
   C. class M implements N　　D. class n extends M
9. 现有类A和接口B，以下描述中表示类A实现接口B的语句是（　　）。
   A. class A implements B　　B. class B implements A
   C. class A extends B　　D. class B extends A
10. 下列选项中，定义抽象类的关键字是（　　）。
   A. interface　　B. implements　　C. abstract　　D. class
11. 下列选项中，定义最终类的关键字是（　　）。
   A. interface　　B. implements　　C. abstract　　D. final
12. 下列选项中，是Java语言所有类的父类的是（　　）。
   A. String　　B. \ ctor　　C. Object　　D. KeyEvent
13. Java语言中，用于判断某个对象是否是某个类的实例的运算符是（　　）。
   A. instanceof　　B. +　　C. isinstance　　D. &&
14. 下列选项中，表示数据或方法可以被同一包中的任何类或它的子类访问，即使子类在不同的包中也可以的修饰符是（　　）。
   A. public　　B. protected　　C. private　　D. final
15. 下列选项中，表示数据或方法只能被本类访问的修饰符是（　　）。
   A. public　　B. protected　　C. private　　D. final
16. 下列选项中，接口中方法的默认可见性修饰符是（　　）。
   A. public　　B. protected　　C. private　　D. final
17. 下列选项中，表示终极方法的修饰符是（　　）。
   A. interface　　B. final　　C. abstract　　D. implements
18. 下列选项中，定义接口MyInterface的语句正确的是（　　）。
   A. interface MyInterface（:　　B. implements MyInterface ti
   C. class MyInterface　　D. implements interface Myii
19. 如果子类中的方法mymethod覆盖了父类中的方法mymethod，假设父类方法头部定义如下：void mymethod(int a)，则子类方法的定义不合法的是（　　）。
   A. public void mymethod(int a)　　B. protected void mymethod(int a)
   C. private void mymethod(int a)　　D. void mymethod(int a)

二、填空题

1. 如果子类中的某个变量的变量名与它的父类中的某个变量完全一样，则称子类中的这个变量________父类的同名变量。
2. 属性的隐藏是指子类重新定义从父类继承来的________。

3. 如果子类中的某个方法的名字、返回值类型和________与它的父类中的某个方法完全一样，则称子类中的这个方法覆盖了父类的同名方法。
4. Java 仅支持类间的________继承。
5. 抽象方法只有方法头，没有________。
6. Java 语言的接口是特殊的类，其中包含常量和________方法。
7. 接口中所有属性均为________和________。
8. 如果接口中定义了一个方法 methodA、一个属性 a1，那么一个类 ClassA 要实现这个接口的话，就必须实现其中的________方法。
9. 一个类如果实现一个接口，那么它就必须实现接口中定义的所有方法，否则，该类就必须定义成________。
10. Jaya 仅支持类间的单重继承，接口可以弥补这个缺陷，支持________继承。
11. 在方法头用 abstract 修饰符进行修饰的方法叫作________方法。
12. Java 语言中用于表示类间继承的关键字是________。
13. 接口中所有方法均为________。
14. Java 语言中，表示一个类不能再被继承的关键字是________。
15. Java 语言中，表示一个类 A 继承自父类 B，并实现接口 C 的语句是________。
16. 如果子类中的方法 compute 覆盖了父类中的方法 compute，假设父类的 compute 方法头部有可见性修饰符 public，则子类的同名方法的可见性修饰符必须是________。

三、编程题

1. 定义一个类，描述一个矩形，包含长、宽两种属性，以及计算面积的方法。
2. 编写一个类，继承自矩形类，同时该类描述长方体，具有长、宽、高属性，以及计算体积的方法。
3. 编写一个测试类，对以上两个类进行测试，创建一个长方体，定义其长、宽、高，输出其底面积和体积。

模块 5
Java 图形用户界面开发

【模块教学目标】

- 掌握 Java 图形用户界面的创建
- 掌握窗口和对话框的创建
- 掌握常用的图像组件及组件的添加
- 掌握布局管理器
- 掌握 Swing 常用面板
- 理解并掌握 Java 的事件处理机制

任务 1　HelloWorld 窗体和对话框

导入任务

本任务是设计 HelloWorld 的窗体和对话框，程序窗口如图 5－1 所示。

图 5－1　程序窗口

知识准备

一、GUI 概述

GUI（Graphical User Interface）是指图形用户接口，其用图形的方式来显示计算机操作的界面，这样使得人机交互方式更加方便、直观，用户通过 GUI 可以和程序之间进行更加方便的交互。

在 GUI 产生之前，人们使用 CLI（Command Line User Interface，命令行用户接口）与计算机进行交互，比如常见的 DOS 命令行操作。程序使用这种方式增加了用户的使用门槛，不利于程序的大规模普及，在这种背景下，GUI 应运而生，时至今日已经深入到每一个个人计算机用户，对计算机在全球的普及起到了不可磨灭的作用。

二、Swing 与 AWT 包

常用的 Java 图形界面开发工具分为以下两种。

AWT（Abstract Window Toolkit，抽象窗口工具包），这个工具包提供了一套与本地图形界面进行交互的接口。AWT 中的图形函数与操作系统所提供的图形函数之间有着一一对应的关系。也就是说，当利用 AWT 来构建图形用户界面的时候．实际上是在利用操作系统所提供的图形库。不同操作系统的图形库所提供的功能是不一样的，因此，在一个平台上存在的功能在另外一个平台上则可能不存在。为了实现 Java 语言所宣称的“一次编程，到处运行”的概念，AWT 不得不通过牺牲功能来实现其平台无关性。也就是说，AWT 所提供的图形功能是各种通用型操作系统所提供的图形功能的交集。由于 AWT 是依靠本地方法来实现其功能的，通常把 AWT 控件称为重量级控件。

Swing 是在 AWT 的基础上构建的一套新的图形界面系统，它提供了 AWT 所能够提供的所有功能，并且用纯粹的 Java 代码对 AWT 的功能进行了大幅度的扩充。例如，并不是所有的操作系统都提供了对树形控件的支持，Swing 利用 AWT 中所提供的基本作图方法对树形控件进行模拟。由于 Swing 控件是用 100% 的 Java 代码来实现的，因此在一个平台上设计的树形控件可以在其他平台上使用。在 Swing 中没有使用本地方法来实现图形功能，因此，通常把 Swing 控件称为轻量级控件。

AWT 和 Swing 的基本区别：AWT 是基于本地方法的程序，其运行速度比较快；Swing 是基于 AWT 的 Java 程序，其运行速度比较慢。对于一个嵌入式应用来说，目标平台的硬件资源往往非常有限，而应用程序的运行速度又是项目中至关重要的因素。在这种矛盾的情况下，简单而高效的 AWT 成了嵌入式 Java 的第一选择。而在普通的基于 PC 或者是工作站的标准 Java 应用中，硬件资源对应用程序所造成的限制往往不是项目中的关键因素，所以在标准版的 Java 中提倡使用 Swing，通过牺牲速度来实现应用程序的功能。AWT 是抽象窗口组件工具包，是 Java 最早的用于编写图形项目应用程序的开发包；Swing 是为了解决 AWT 存在的问题而新开发的包，它是以 AWT 为基础的。本任务将主要介绍 Swing 组件的使用方法。

三、Swing 顶级容器

1. 顶层框架 JFrame

JFrame 是一种带边框、标题及具有关闭和最小化窗口的图标等的窗口。GUI 应用程序通常至少使用一个框架窗口。

JFrame 的构造方法见表 5－1。

表 5－1 JFrame 的构造方法

public JFrame( )	创建一个无标题的 JFrame
public JFrame(String title)	创建一个有标题的 JFrame

JFrame 的常用方法见表 5－2。

表 5－2 JFrame 的常用方法

setVisible(Boolean b)	设置框架是否可见
setSize(int width,int height)	设置框架的大小
setTitle(String title)	设置框架的标题
setLocation(int x,int y)	设置框架的位置和大小
setResizable(boolean b)	设置框架是否可以改变大小
setDefaultCloseOperation(int operation)	设置用户在此窗体上发起 close 时默认执行的操作
getContentPane( )	返回此窗体的内容面板

当用户关闭窗口时，默认的行为只是简单地隐藏 JFrame，要更改默认的行为，可调用 setDefaultCloseOperation(int operation) 方法。参数 operation 的取值情况如下：

```
DO_NOTHING_ON_CLOSE    //当窗口关闭时,不做任何处理
HIDE_ON_CLOSE          //当窗口关闭时,隐藏这个窗口(默认值)
DISPOSE_ON_CLOSE       //当窗口关闭时,隐藏并处理这个窗口
EXIT_ON_CLOSE          //当窗口关闭时,退出程序
```

下面用一个例子来演示如何创建并显示一个窗口。代码如下：

```
import java.awt.*;
import javax.swing.*;
public class JFrameDemo extends JFrame {
    public JFrameDemo(){
    setTitle("Swing 组件——框架示例");
    setSize(200,200);
    setVisible(true);
    setDefaultCloseOperation(JFrame.EXIT_ON_CLOSE);/*关闭窗口时,终止
程序的运行*/
```

```
    }
  public static void  main(String args[]){
      JFrameDemo frm = new JFrameDemo();
   }
}
```

运行结果如图 5 - 2 所示。

图 5 - 2　框架窗口

说明：

（1）使用 JFrame 时，需要先取得一个内容面板 ContentPane，之后才能在内容面板上进行组件添加和布局管理。通常用一个普通容器来充当，或者是初始化之后用 setContentPane( ) 方法设为内容面板，或者是通过 JFrame 类的成员方法 getContentPane( ) 初始化。

（2）新的 JFrame 对象是一个外部尺寸为 0 的不可见的组件，所以在程序中要用 setSize( ) 方法设定显示尺寸，用 setVisible( ) 方法将可见性设为真或用 show( ) 方法显示之。

（3）在 JFrame 对象实例中可能发生窗口事件。

2. 对话框

JDalog（对话框）与框架（JFrame）有一些相似，但它一般是一个临时的窗口，主要用于提示信息或接收用户输入，所以在对话框中一般不需要菜单条，也不需要改变窗口大小。此外，在对话框出现时，可以设定禁止其他窗口的输入，直到这个对话框被关闭。

JDalog 常用的构造方法见表 5 - 3。

表 5 - 3　JDalog 构造方法

访问权限	参数
public	JDalog( )，创建没有标题且没有指定 Frame 所有者的非模态对话框
public	JDalog(Dalog owner)，创建没有标题但指定所有者的非模态对话框
public	创建具有指定所有者 Dalog 和模态的对话框
public	创建具有指定标题和指定所有者 Dalog 的非模态对话框
public	创建没有标题但指定所有者 Frame 的非模态对话框
public	创建具有指定所有者 Frame 和静态的对话框
public	创建具有指定标题和指定所有者的非模态对话框
public	创建具有指定所有者和空标题的非模态对话框

对话框有两种：一种是非模式（Modeless）对话框，也叫作无模式对话框。当用户打开

非模态对话框时，依然可以操作其他窗口。例如，Windows 提供的记事本程序中的“查找”对话框。“查找”对话框不会垄断用户的输入，打开“查找”对话框后，仍可与其他用户界面对象进行交互。另一种是模态对话框。二者的区别在于当打开对话框时，是否允许用户进行其他对象的操作。

任务实施

本任务是设计 HelloWorld 的窗体和对话框，实现代码如下：

```
import javax.swing.JFrame;

public class FrameDemo {
    public static void main(String[] args) {
        // 创建窗体对象
        // Frame():构造一个最初不可见的 Frame 新实例()
        JFrame f = new JFrame();
        /* Frame(String title):构造一个新的、最初不可见的、具有指定标题的
Frame 对象* /
        // Frame f = new Frame("林青霞");// 这种构造不需要设置标题

        // 设置窗体标题
        /* public void setTitle(String title):将此窗体的标题设置为指定的
字符串* /
        f.setTitle("HelloWorld");

        // 设置窗体大小
        // public void setSize(int width, int height)
        f.setSize(400, 300); // 单位:像素

        // 设置窗体位置
        // public void setSize(int width, int height)
        f.setLocation(400, 200);

        // 调用一个方法,设置让窗体可见
        // f.show(); // 已过时
        f.setVisible(true);

        // System.out.println("helloworld");
    }
```

输出结果如图 5－3 所示。

图 5－3　输出结果

任务 2　用户注册界面设计

导入任务

创建一个简单的用户注册界面，运行程序时，将各项填充完整，若各项都正确填充，单击“注册”按钮，则弹出“注册成功”对话框，如图 5－4 所示；若没有输入用户名，则弹出“用户名不能为空!”对话框，如图 5－5 所示；若两次输入的密码不同，则弹出“两次输入的密码不同，请重新输入!”对话框，如图 5－6 所示。单击“清除”按钮，刚才填写的内容将被清空。正确填写的界面如图 5－7 所示。

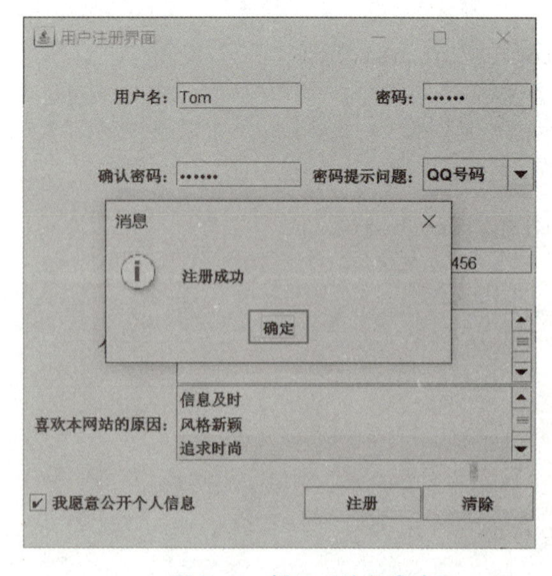

图 5－4　提示“注册成功”

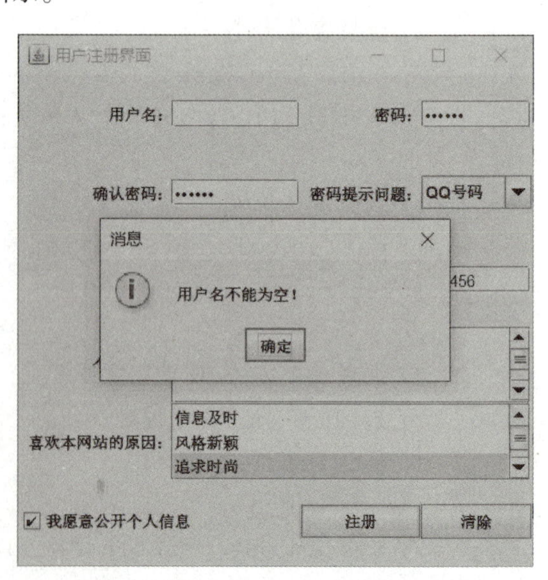

图 5－5　提示“用户名不能为空!”

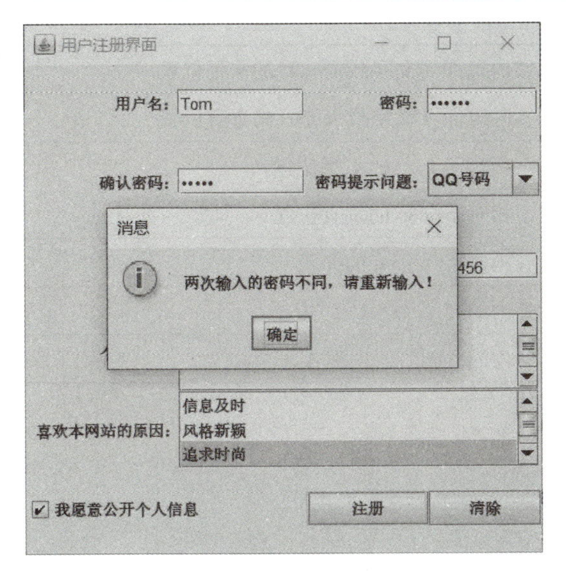

图 5-6 提示“两次输入的密码不同，请重新输入!”

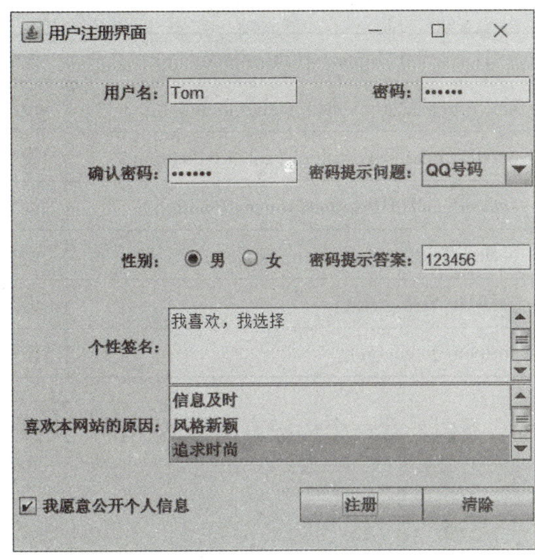

图 5-7 正确填写的界面

知识准备

一、Swing 常用组件

1. 标签 JLabel

标签（JLabel）是显示文本或图像的一个静态区域。标签不能接收键盘的信息输入，只能查看其内容而不能修改。一般而言，最常在 JLabel 上放置文字或图形，因此也常常需要调整 JLabel 上的文字或图形。

JLabel 共有 6 种构造函数，见表 5-4。

表 5-4 JLabel 构造函数

JLabel()	建立一个空白的 JLabel 组件
JLabel(Icon image)	建立一个含有 Icon 的 JLabel 组件，Icon 的默认排列方式是 CENTER
JLabel(Icon image, int horizontalAlignment)	建立一个含有 Icon 的 JLabel 组件，并指定其排列方式
JLabel(String text)	建立一个含有文字的 JLabel 组件，文字的默认排列方式是 LEFT
JLabel(String text, int horizontalAlignment)	建立一个含有文字的 JLabel 组件，并指定其排列方式
JLabel(String text, Icon icon, int horizontalAlignment)	建立一个含有文字与 Icon 的 JLabel 组件，并指定其排列方式。文字与 Icon 的间距默认是 4 px

在 JLabel 中，常用的方法见表 5-5。

表 5－5　JLabel 常用方法

setHorizontalAlignment(int alignment)	设置标签内组件（文字或 Icon）的水平位置
setVerticalAlignment(int alignment)	设置标签内组件（文字或 Icon）的垂直位置
setHorizontalTextPosition(int textPosition)	设置文字相对于 Icon 的水平位置
setVerticalTextPosition(int textPosition)	设置文字相对于 Icon 的垂直位置
setIconTextGap(int iconTextGap)	设置标签内文字与 Icon 的间距
setText(String test)	设置标签内的文字
setIcon(Iconicon)	设置标签内的 Icon

下面来看一个标签有图标的例子。代码如下：

```
import java.awt.*;
import javax.swing.*;
public class JLabelDemo{
  public static void main(String[] args){
    JFrame f = new JFrame("有图标的标签例子");
    Container contentPane = f.getContentPane();
    Icon icon = new ImageIcon("javalogo.gif");
    JLabel label = new JLabel(icon,JLabel.CENTER);/* 产生一个具有 Icon
的 JLabel 组件*/
    contentPane.add(label);
    f.setSize(300,200);
    f.setVisible(true);
    f.setDefaultCloseOperation(JFrame.EXIT_ON_CLOSE);
}
    }
```

运行结果如图 5－8 所示。

图 5－8　带图标的标签

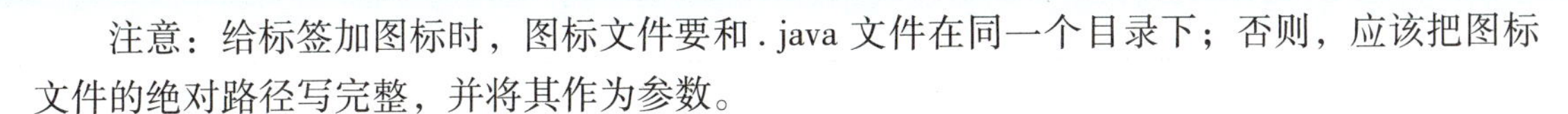

注意：给标签加图标时，图标文件要和.java文件在同一个目录下；否则，应该把图标文件的绝对路径写完整，并将其作为参数。

2. 按钮 JButton

在图形用户界面中，使用最广泛的就是按钮（JButton），其主要功能是同用户交互，单击鼠标会触发某个动作事件。

JButton 共有 4 个构造函数，见表 5-6。

表 5-6 JButton 的构造函数

JButton( )	建立一个按钮
JButton(Icon icon)	建立一个有图像的按钮
JButton(String icon)	建立一个有文字的按钮
JButton(String text, Icon icon)	建立一个有图像与文字的按钮

JButton 提供的类方法有 setText、setEnabled 等，详情请看相关手册，这里不一一列举。

JButton 的使用方法与 JLabel 的类似，只是类的设计方式有所不同。JLabel 类自身提供组件排列方式的方法，而 JButton 是继承 AbstractButton 抽象类的方法来排列按钮内的内容。

说明：关于按钮的应用及单击事件的响应，后面的例子中会涉及，这里仅将上例中的标签换成按钮演示一下。代码如下：

```
import java.awt.*;
import javax.swing.*;
public class JButtonDemo{
  public static void main(String[] args){
    JFrame f = new JFrame("按钮例子");
    Container contentPane = f.getContentPane();
    JButton bt = new JButton("确定");
    contentPane.add(bt);
    f.setSize(300,200);
    f.setVisible(true);
    f.setDefaultCloseOperation(JFrame.EXIT_ON_CLOSE);
  }
}
```

结果如图 5-9 所示。

3. 单行文本框 JTextField

经常需要向图形用户界面中输入文字，这时就会用到文本框。单行文本框只能接收一行文本，可以编辑和修改文字。

JTextField 的构造函数见表 5-7。

图5-9 按钮

表5-7 JTextField的构造函数

JTextField()	建立一个新的JTextField，初始文字为空
JTextField(int columns)	建立一个新的JTextField，并设置其初始字段长度
JTextField(String text)	建立一个新的JTextField，并设置其初始字符串
JTextField(String text, int columns)	建立一个新的JTextField，并设置其初始字符串和字段长度

JTextField的常用方法见表5-8。

表5-8 JTextField的常用方法

requestFocus()	为文本框请求焦点
setBackground(Color color)	设置文本框的背景色
setForeground(Color color)	设置文本框的前景色
setColumns(int columns)	设置文本框的列数
getColumns()	返回文本框的列数
setEditable(boolean b)	设置文本框可否编辑
setEnable(boolean b)	设置文本框是否可用
setFont(Font f)	设置文本框文字的字体
setVisible(boolean b)	设置文本框是否可见
setText(String text)	设置文本框的文本内容
getText()	返回文本框的文本内容

4. 密码框JPasswordField

在网站中填写登录密码时，密码都会显示为“*”，这样可以避免用户输入的密码信息被旁人所偷窥。JPasswordField就可以提供这样的功能。JPasswordField继承JTextField类，因此它也可以使用JTextField类里面的许多方法。和JTextField一样，JPasswordField也是一个单行的输入组件，不同的是，JPasswordField多了屏蔽（Mask）的功能，也就是说，在JPasswordField中的字符都会以单一的字符类型表现出来。

JPasswordField的构造方法见表5-9。

表 5-9 JPasswordField 的构造方法

JPasswordField( )	建立一个新的 JPasswordField，初始字段为空
JPasswordField(int columns)	建立一个新的 JPasswordField，并设置其初始字段长度
JPasswordField(String text)	建立一个新的 JPasswordField，并设置其初始字符串
JPasswordField (String text, int columns)	建立一个新的 JPasswordField，并设置其初始字符串和字段长度

JPasswordField 的常用方法见表 5-10。

表 5-10 JPasswordField 的常用方法

getPassword( )	返回 JPasswordField 中的字符
setEchoChar(char c)	设定以字符 c 为密码回显字符
setToolTipText(String text)	设定当光标落在 JPasswordField 上时的提示信息
getEchoChar( )	返回密码回显字符

响应的事件：

在文本框和密码框中输入文字后按 Enter 键，将产生 ActionEvent 事件，响应这种事件的方法是 ActionListener 接口中的 actionPerformed( ) 方法。

下面举个文本框中的回车事件响应的例子。

要求：在框架窗口中放置密码框和文本框，在密码框中输入文字后按 Enter 键，要求文本框中显示密码框中输入的内容。

代码实现：

```
import java.awt.event.*;
import java.awt.*;
import javax.swing.*;
class JPasswordFieldDemo extends JFrame implements ActionListener {
    JTextField jt;
    JPasswordField jpf;
    JPasswordFieldDemo() {
        JPanel jp = new JPanel();
        jpf = new JPasswordField(10);
        jpf.setEchoChar('*'); // 设置密码框的回显字符
        jt = new JTextField(10);
        jp.add(jpf);
        jp.add(jt);
        add(jp);
        jpf.addActionListener(this);
    }
```

```
    public void actionPerformed(ActionEvent e) {
        if(e.getSource()== jpf) {
            char c[] = jpf.getPassword();
            String s = new String(c);
            jt.setText(s);
        }
    }
    }
import javax.swing.JFrame;

public class JPasswordFieldDemo{
    public static void main(String[] args) {
        JPasswordFieldDemo f = new JPasswordFieldDemo();
        f.setTitle("密码框和文本框的应用举例");
        f.setSize(200, 150);
        f.setLocation(400, 300);
        f.setDefaultCloseOperation(JFrame.EXIT_ON_CLOSE);
        f.setVisible(true);
    }
}
```

图5-10所示为输入密码前、后的运行结果。

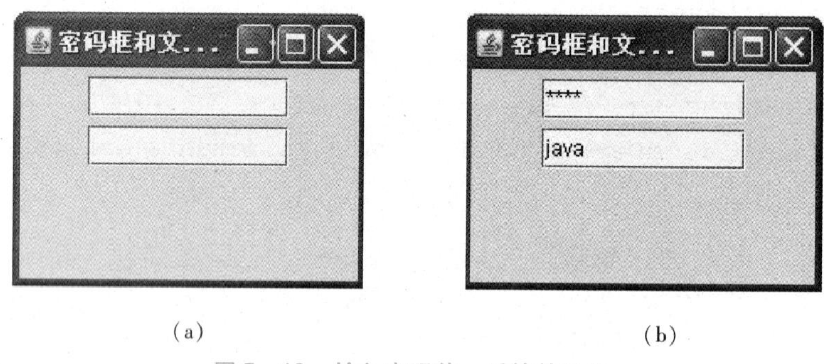

(a)　　(b)

图5-10　输入密码前、后的效果图
(a) 输入密码前；(b) 输入密码后

5. 多行文本框 JTextArea

JTextArea 与 JTextField 都是文本框，区别是前者是一个多行的输入组件，JTextField 只是单行的输入组件。在 JTextArea 组件中，可以使用 Enter 键进行换行。

JTextArea 的构造函数见表5-11。

表 5－11　JTextArea 的构造函数

JTextArea( )	建立一个新的 JTextArea
JTextArea(int row, int columns)	建立一个新的 JTextArea，并设置其初始列、字段长度
JTextArea(String text)	建立一个新的 JTextArea，并设置其初始字符串
JTextArea(String text, int row, int columns)	建立一个新的 JTextArea，并设置其初始字符串和列、字段长度

可以发现，JTextArea 的构造函数和 JTextField 及 JPasswordField 的构造函数是相似的，但 JTextArea 多了一个字段的参数值，这是因为 JTextArea 是二维的输入组件，在构造时不仅要设置字段长度，还要设置行数。

JTextArea 的常用方法见表 5－12。

表 5－12　JTextArea 的常用方法

setText(String s)	设置文本框内容
getText( )	获取文本框内容
setEditable(boolean b)	设置文本框是否可编辑
setLineWrap(boolean b)	设置文本框是否会自动换行
setWrapStyleWord(boolean b)	设置文本框按单词换行

注意：JTextArea 默认不会自动换行，可以按 Enter 键换行。在多行文本框中按 Enter 键不会触发事件。多行文本框不会自动产生滚动条，超过预设行数时，会通过扩展自身高度来适应。如果要产生滚动条使其高度不会变化，那么就需要配合使用滚动面板（JScrollPane）。

在 JTextArea 组件中，主要是输入文本，很少响应事件。所以，对 JTextArea 的应用可以参考 JTextField 的关于文本输入、修改的用法，这里不再单独举例，后面的综合应用中会涉及。

6. 滚动面板 JScrollPane

滚动面板 JScrollPane 是带滚动条的面板。Swing 中的 JTextArea、JList 等组件都没有自带滚动条，因此需要利用滚动面板附加滚动条。

JScrollPane 的构造函数见表 5－13。

表 5－13　JScrollPane 的构造函数

JScrollPane( )	建立一个空的 JScrollPane 对象
JScrollPane(Component view)	建立一个新的 JScrollPane 对象，当组件内容区域大于显示区域时，会自动产生滚动条
JScrollPane(Component view, int vsbPolicy, int hsbPolicy)	建立一新的 JScrollPane 对象，里面含有显示组件，并设置滚动条出现时机
JScrollPane(int vsbPolicy, int hsbPolicy)	建立一个新的 JScrollPane 对象，里面不含有显示组件，但设置滚动条出现时机

JScrollPane 会利用下面这些参数来设置滚动条出现的时机（即滚动策略），这些参数定义在 ScrollPaneConstants 接口中，而 JScrollPane 类实现此界面，因此也就能使用这些参数。

HORIZONTAL_SCROLLBAR_ALAWAYS：显示水平滚动条。

HORIZONTAL_SCROLLBAR_AS_NEEDED：当组件内容水平区域大于显示区域时，出现水平滚动条。

HORIZONTAL_SCROLLBAR_NEVER：不显示水平滚动条。

VERTICAL_SCROLLBAR_ALWAYS：显示垂直滚动条。

VERTICAL_SCROLLBAR_AS_NEEDED：当组件内容垂直区域大于显示区域时，出现垂直滚动条。

VERTICAL_SCROLLBAR_NEVER：不显示垂直滚动条。

JScrollPane 的常用方法见表 5－14。

表 5－14　JScrollPane 的常用方法

getHorizontalScrollBarPolicy( )	返回水平滚动策略值
getVerticalScrollBarPolicy( )	返回垂直滚动策略值
setHorizontalScrollBarPolicy(int policy)	设置水平滚动策略
setVerticalScrollBarPolicy(int policy)	设置垂直滚动策略

关于 JScrollPane 的应用，可以看后面列表框 JList 中的例子。

7. 复选框 JCheckBox

在图形用户界面中，经常对一些项目进行选择。有的可以同时选中多个项目，这就是复选框的应用。

JCheckBox 是带有方框图标的选择组件，处于选中状态时，方框中有符号“√”；未选中时，方框为空。复选框除了显示表明是否被选中的图标外，还可以带有文本和其他图标。

JCheckBox 的构造函数见表 5－15。

表 5－15　JCheckBox 的构造函数

JCheckBox( )	建立一个新的 JCheckBox
JCheckBox(Icon icon)	建立一个有图像但没有文字的 JCheckBox
JCheckBox(Icon icon，boolean selected)	建立一个有图像但没有文字的 JCheckBox，并且设置其初始状态（有无被选取）
JCheckBox(String text)	建立一个有文字的 JCheckBox
JCheckBox(String text，boolean selected)	建立一个有文字的 JCheckBox，并且设置其初始状态（有无被选取）
JCheckBox(String text，Icon icon)	建立一个有文字且有图像的 JCheckBox，初始状态为未被选取
JCheckBox(String text，Icon icon，boolean selected)	建立一个有文字且有图像的 JCheckBox，并且设置其初始状态（有无被选取）

常用方法：public boolean isSelected( ) 复选框被选中时，返回 true；否则，返回 false。

JCheckBox 事件处理：

当 JCheckBox 中的选项被选取或取消时，它会触发 ItemEvent 事件。ItemEvent 这个类共提供了 4 种方法，分别是 getItem( )、getItemSelectable( )、getStateChange( )、paramString( )。getItem( ) 与 paramString( ) 方法会返回一些这个 JCheckBox 的状态值。一般较少用到这两种方法。

getItemSelectable( )相当于 getSource( )方法，都是返回触发事件的组件，用来判断是哪个组件产生事件。

getStateChange( )方法会返回此组件到底有没有被选取。这个方法会返回一个整数值。可以使用 ItemEvent 所提供的类变量，若被选取，返回 SELECTED；若没有被选取，则返回 DESELECTED。

下面举个 JCheckBox 的应用及事件响应的例子。

代码实现：

```
import java.awt.*;
import java.awt.event.*;
import javax.swing.*;
import javax.swing.event.*;
public class JCheckBoxDemo implements ItemListener{
    JFrame f = null;
    JCheckBox c1  = null;
    JCheckBox c2  = null;
    JTextField tf =null;
    JCheckBoxDemo(){
        f = new JFrame("复选框的应用");
        Container contentPane = f.getContentPane();
        contentPane.setLayout(new GridLayout(2,1));
        JPanel p2  = new JPanel();
        p2.setLayout(new GridLayout(2,1));
        p2.setBorder(BorderFactory.createTitledBorder("您喜欢哪种程序
语言,喜欢的请打钩:"));
        c1  = new JCheckBox("JAVA");
        c2  = new JCheckBox("C++");
        c1.addItemListener(this);
        c2.addItemListener(this);
        p2.add(c1);
        p2.add(c2);
        tf=new JTextField(50);
        contentPane.add(p2);
        contentPane.add(tf);
        f.setSize(300,200);
        f.setVisible(true);
        f.setDefaultCloseOperation(JFrame.EXIT_ON_CLOSE);
    }
```

```
    public void itemStateChanged(ItemEvent e){
      if(e.getStateChange()==e.SELECTED){
        if(e.getSource()==c1&&c2.isSelected()==false)
        tf.setText(c1.getText());
            else if(e.getSource()==c1&&c2.isSelected()==true)
            tf.setText(c1.getText()+c2.getText());
            else if(e.getSource()==c2&&c1.isSelected()==false)
            tf.setText(c2.getText());
            else if(e.getSource()==c2&&c1.isSelected()==true)
            tf.setText(c1.getText()+c2.getText());
  }
  else{
  if(e.getSource()==c1&&c2.isSelected()==false)
      tf.setText("");
          else if(e.getSource()==c1&&c2.isSelected()==true)
          tf.setText(c2.getText());
          else if(e.getSource()==c2&&c1.isSelected()==false)
          tf.setText("");
          else if(e.getSource()==c2&&c1.isSelected()==true)
          tf.setText(c1.getText());
  }
  }
      public static void main(String args[]){
        new JCheckBoxDemo();
    }
}
```

运行结果如图5-11所示。

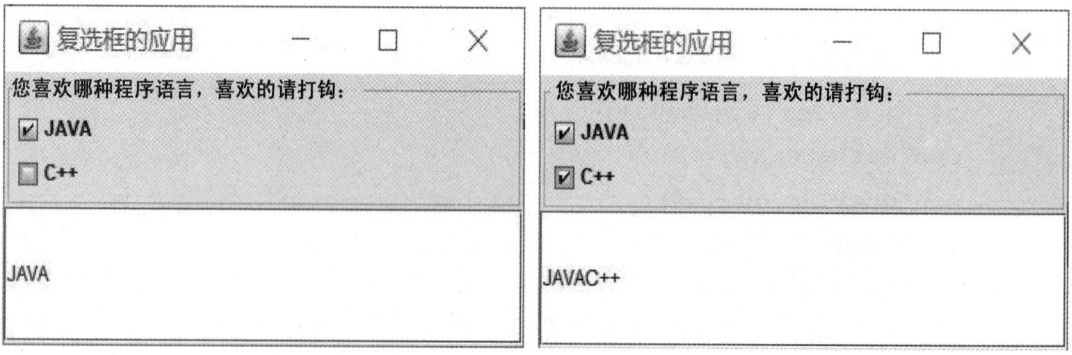

图5-11　复选框的应用

8. 单选按钮 JRadioButton

和复选框类似的还有单选按钮。它们都是选择组件，区别是在同一时刻只能选择一个单选按钮。

为了实现 JRadioButton 的单选功能，必须把它和 ButtonGroup 这个类结合起来。ButtonGroup 类的主要功能是保证同一个 Group 中的所有组件在同一个时间内只有一个能被选中。

JRadioButton 的响应事件与 JCheckBox 的也类似，下面把复选框的例子改造一下，把两个复选框改成单选按钮，选中任何一个时，在文本框中显示单选按钮的标题。

代码实现：

```
import java.awt.*;
import java.awt.event.*;
import javax.swing.*;
import javax.swing.event.*;
public class JRadioButtonDemo implements ItemListener
{
    JFrame f = null;
    JRadioButton r1 = null;
    JRadioButton r2 = null;
    JTextField tf =null;
        JRadioButtonDemo(){
        f = new JFrame("单选按钮的应用");
        Container contentPane = f.getContentPane();
        contentPane.setLayout(new GridLayout(2,1));
        JPanel p1 = new JPanel();
        p1.setLayout(new GridLayout(2,1));
        p1.setBorder(BorderFactory.createTitledBorder("您喜欢哪种程序
语言,喜欢的请打钩:"));
        r1 = new JRadioButton("JAVA");
        r2 = new JRadioButton("C++");
        r1.addItemListener(this);
        r2.addItemListener(this);
        ButtonGroup btg =new ButtonGroup();
        btg.add(r1);
        btg.add(r2);
        p1.add(r1);
        p1.add(r2);
        tf =new JTextField(50);
```

```
        contentPane.add(p1);
        contentPane.add(tf);
        f.setSize(300,200);
        f.setVisible(true);
        f.setDefaultCloseOperation(JFrame.EXIT_ON_CLOSE);
    }

    public void itemStateChanged(ItemEvent e){
      if(e.getStateChange()==e.SELECTED){
        if(e.getSource()==r1)
          tf.setText(r1.getText());
          else if(e.getSource()==r2)
            tf.setText(r2.getText());
    }

    }
    public static void main(String args[]){
        new JRadioButtonDemo();
    }
    }
```

运行结果如图 5 - 12 所示。

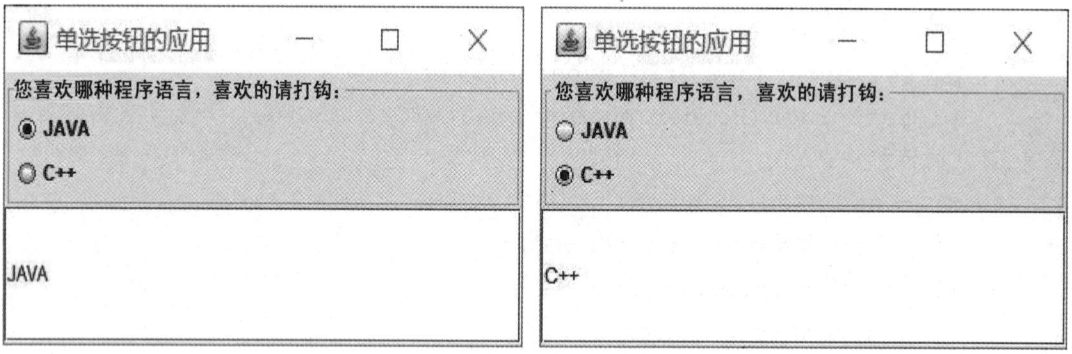

图 5 - 12　单选按钮的应用

9. 列表框 JList

JList 也是选择组件，JList 与 JCheckBox 有点相似，可以选择一项或多项。不同的是，JList 的选择方式是整列选取。

JList 的构造函数见表 5 - 16。

表 5－16　JList 的构造函数

JList()	建立一个新的 JList 组件
JList(ListModel dataModel)	利用 ListModel 建立一个新的 JList 组件
JList(Object[ ] listData)	利用 Array 对象建立一个新的 JList 组件
JList(Vector listData)	利用 Vector 对象建立一个新的 JList 组件

列表框 JList 的所有项目都是可见的，如果选项很多，超出了列表框可见区的范围，则列表框的旁边会有一个滚动条。和多行文本框一样，列表框也不会自动产生滚动条，用户必须自己添加。

给列表框添加滚动条的方法如下：

```
JList list =new JList();
JScrollPane sp =new JScrollPane(list);
```

JList 的事件处理一般可以分为两种：一种是取得用户选取的项目；另一种是在 JList 的项目上双击，运行相对应的工作。

JList 类中的 addListSelectionListener( )方法可以检测用户是否对 JList 的选取有改变。ListSelectionListener interface 中只有定义方法 valueChanged(ListSelectionEvent e)，并且必须实现这个方法，才能在用户改变选取值时取得用户最后的选取状态。

例：用户可以在列表框中选取项目，并将所选的项目显示在 JLabel 上。

代码实现：

```
import java.awt.* ;
import java.awt.event.* ;
import javax.swing.* ;
import javax.swing.event.* ;/* 由于 ListSelectionEvent 是 swing 的事件，
不是 awt 的事件,因此必须是 import javax.swing.event.* 。* /

public class JListDemo implements ListSelectionListener{
    JList list = null;
    JLabel label = null;
    String[]s = {"北京","上海","苏州","南京","桂林","丽江","三亚","青
岛"};
    public JListDemo(){
        JFrame f = new JFrame("JList");
        Container contentPane = f.getContentPane();
        contentPane.setLayout(new BorderLayout());
        label = new JLabel();
        list = new JList(s);
```

```
        list.setVisibleRowCount(5);
        list.setBorder(BorderFactory.createTitledBorder("您最喜欢到哪
个城市玩呢?"));
        list.addListSelectionListener(this);
        contentPane.add(label,BorderLayout.NORTH);
        contentPane.add(new JScrollPane(list),BorderLayout.CENTER);
        f.setTitle("列表框的实例");
        f.setSize(300,300);
        f.setVisible(true);
        f.setDefaultCloseOperation(JFrame.EXIT_ON_CLOSE);
    }

    public static void main(String args[]){
        new JListDemo();
    }

    public void valueChanged(ListSelectionEvent e){
        int tmp = 0;
        String stmp = "您目前选取:";
        int[] index = list.getSelectedIndices();/* 利用 JList 类所提供的
getSelectedIndices()方法可得到用户所选取的所有项目* /
        for(int i =0; i < index.length ; i ++){/* index 值,这些 index 值由
一个 int array 返回* /
          tmp = index[i];
          stmp = stmp + s[tmp] + "  ";
      }
      label.setText(stmp);
}
}
```

运行结果如图 5 – 13 所示。

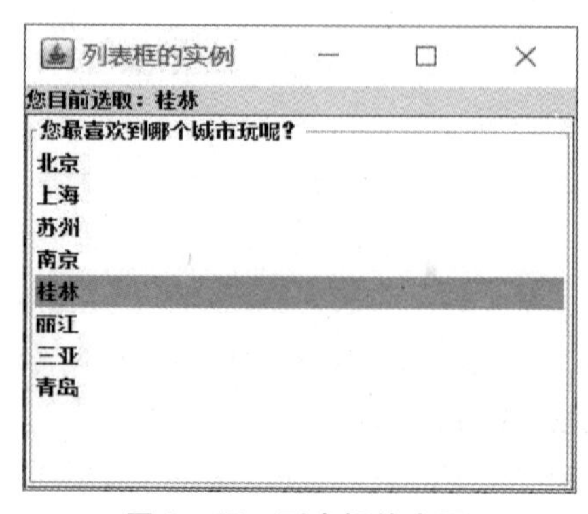

图 5 – 13　列表框的应用

10. 组合框 JComboBox

组合框 JComboBox 又叫选择列表或下拉列表，和 JList 类似。组合框将选项隐藏起来，只有当用户单击下拉按钮时，才会弹出选项。和 JList 不同的是，组合框还可以编辑。

JComboBox 的构造方法见表 5-17。

表 5-17 JComboBox 的构造方法

JComboBox()	创建选择框，列表中没有供选择的项目
JComboBox(Object[ ]items)	创建选择框，列表中的项目由参数数组 items 确定
JComboBox(Vector items)	利用 Vector 对象建立一个新的 JComboBox 组件

JComboBox 的常用方法见表 5-18。

表 5-18 JComboBox 的常用方法

addItem(Object item)	向列表中加入选择项目 item
addItemListener(ItemListener)	向选择框注册监视器
getItemCount()	得到列表中选择条目的个数
getSelectedIndex()	得到被选中的项目的对象表示
removeAllItem()	移除选择项目 item
getItemAt(int index)	返回第 index 项的名称
getSelectedItem()	返回 JComboBox 中被选中的项目的名称

JComboBox 的事件处理分为两种：一种是取得用户选取的项目；另一种是用户在 JComboBox 上自行输入完毕后按下 Enter 键，运行相对应的工作。对于第一种事件的处理，使用 ItemListener；对于第二种事件的处理，使用 ActionListener。

例：修改列表框，把列表框变成组合框，来演示如何使用组合框。

代码实现：

```
import java.awt.*;
import java.awt.event.*;
import javax.swing.*;
import javax.swing.event.*;
public class JComboBoxDemo implements ItemListener{
    JComboBox combo = null;
    JLabel label = null;
    String[]s = {"北京","上海","苏州","南京","桂林","丽江","三亚","青
岛"};
    public JComboBoxDemo() {
        JFrame f = new JFrame();
        Container contentPane = f.getContentPane();
        contentPane.setLayout(new BorderLayout());
```

```
        label = new JLabel("你的选择是");
        combo = new JComboBox(s);
        combo.setBorder(BorderFactory.createTitledBorder("您最喜欢到
哪个城市玩呢?"));
        combo.addItemListener(this);
        contentPane.add(label,BorderLayout.NORTH);
        contentPane.add(combo,BorderLayout.SOUTH);
        f.setTitle("组合框的实例");
        f.setSize(300,300);
        f.setVisible(true);
        f.setDefaultCloseOperation(JFrame.EXIT_ON_CLOSE);
    }

    public static void main(String args[]){
        new JComboBoxDemo();
    }

    public void itemStateChanged(ItemEvent e) {
        String s1;
        if(e.getStateChange() = =ItemEvent.SELECTED) {
            s1 = (String)e.getItem();
            label.setText("你的选择是" +s1);
        }
    }
    }
```

运行结果如图5-14所示。

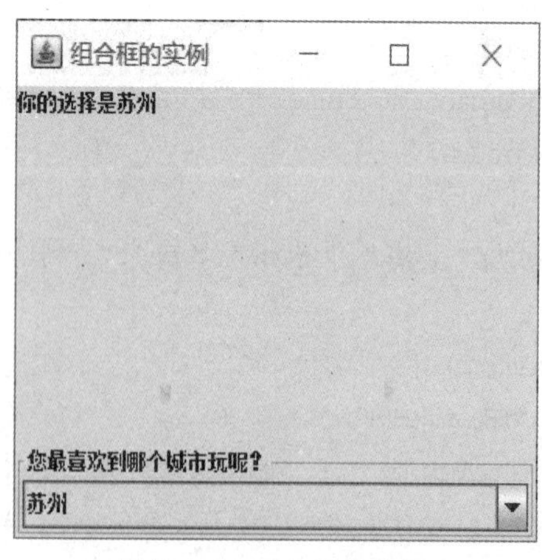

图5-14 组合框的应用

11. 标准对话框 JOptionPane

在使用某些应用软件的时候，运行过程中经常会弹出对话框，提示或让用户输入数据、显示程序运行结果、报错等。这种情况也常发生在网络问卷或网络会员注册系统，用户必须填写相关数据。例如，用户如果没有填写 E－mail 邮件地址，则系统会提示用户应当填写邮件地址。为应付这种情况，Java 提供了 JOptionPane 供使用。JOptionPane 的构造函数有 7 个，但很多情况下都不通过构造函数来使用标准对话框，而是利用 JOptionPane 提供的静态方法建立标准对话框。这些方法都是以 showXxxxxDialog 的形式出现的。对话框分为 4 种类型：确认对话框、输入对话框、消息对话框和选项对话框。

对应的 4 个静态方法是：

```
showConfirmDialog   //确认对话框,询问问题,要求用户确认(yes/no/cancel)
showInputDialog     //输入对话框,提示用户输入,可以是文本或组合框输入
showMessageDialog   //消息对话框,显示信息,告知用户发生了什么
showOptionDialog    //选项对话框,显示选项,要求用户选择
```

JOptionPane 提供的消息对话框的静态方法见表 5－19。

表 5－19　消息对话框的静态方法

方法	void showMessageDialog(Component parentComponent, Object message) void showMessageDialog(Component parentComponent, Object message, String title, int messageType) void showMessageDialog(Component parentComponent, Object message, String title, int messageType, Icon icon)
说明	显示信息对话框，对话框中只含有一个按钮，通常是“确定”按钮。 这类方法有 5 种参数： parentComponent：是指产生对话框的组件是什么，通常是 Frame 或 Dialog 组件。 message：是指要显示的组件，通常是 String 或 Label 类型。 title：对话框标题列上显示的文字。 messageType：指定信息类型，共有 5 种类型，分别是 ERROR_MESSAGE、INFORMATION_MESSAGE、WARING_MESSAGE、QUESTION_MESSAGE、PLAIN_MESSAGE（不显示图标）。指定类型后，对话框就会出现相对应的图标。 icon：如果不喜欢 Java 的图标，可以自定义图标

除了 showOptionDialog 外，其他 3 种类型的对话框都定义了若干不同的同名方法，和表 5－19 类似，故省略。

下面举一个确认对话框的例子，其他类型和 JOptionPaneDemo 的类似，故不再举例。

例：在窗口上有一个按钮，单击该按钮后，会弹出一个对话框，询问用户是否要退出，要求用户确认。

代码实现：

```
import java.awt.*;
import java.awt.event.*;
import javax.swing.*;
public class JOptionPaneDemo extends JFrame implements ActionListener {
    JButton b1;
    public JOptionPaneDemo(){
    b1 = new JButton("退出");
    Container con = getContentPane();
    con.add(b1);
    b1.addActionListener(this);
    setTitle("确认对话框实例");
    setSize(250, 180);
    setLocation(400, 300);
    setDefaultCloseOperation(JFrame.EXIT_ON_CLOSE);
    setVisible(true);
    }
    public void actionPerformed(ActionEvent e){
    if(e.getSource()==b1) {
        int i = JOptionPane.showConfirmDialog(null, "你要退出程序吗?",
"退出",
                JOptionPane.YES_NO_OPTION);
        if(i == JOptionPane.YES_OPTION)
            System.exit(0); // 如果选择"是",就退出程序

        }
    }
    public static void main(String[] args) {
        JOptionPaneDemo f = new JOptionPaneDemo();

    }
}
```

运行结果如图5-15所示。

二、常用布局管理器

本节在用户注册界面中添加了文本框、按钮组件，那么这些组件在窗体中怎么安排才能更美观，让人感觉更舒服，是任意排列，还是按照一定的位置关系进行规范的排列呢？当然是后者。这就是布局。在Java中，布局由布局管理器（LayoutManager）来管理。

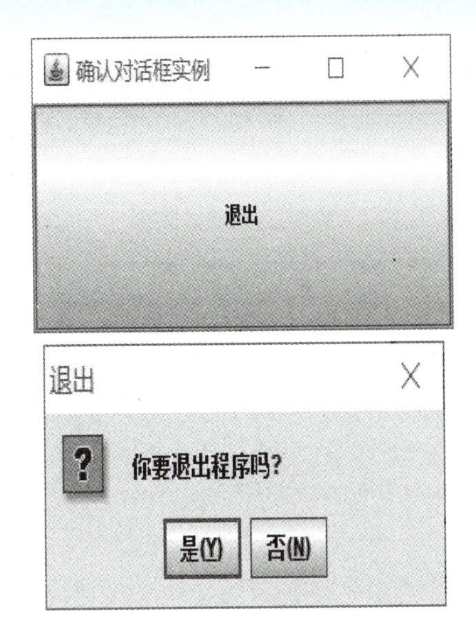

图 5－15 确认对话框的应用

常用的布局管理器有流式布局 FlowLayout、边框布局 BorderLayout、网格布局 GridLayout、卡片布局 CardLayout、网格包布局 GridBagLayout。每个容器都有一个默认的布局管理器与它相关，可以通过调用 setLayout 来改变这个默认管理器。

1. 流式布局 FlowLayout

FlowLayout 是 Panel、Applet 的默认布局管理器。其组件的放置规律是从上到下、从左到右，如果容器足够宽，第一个组件先添加到容器中第一行的最左边，后续的组件依次添加到上一个组件的右边；如果当前行已放置不下该组件，则放置到下一行的最左边。

FlowLayout 的构造方法见表 5－20。

表 5－20 FlowLayout 的构造方法

public FlowLayout( )	创建居中对齐、水平和垂直间距为 5 个像素的 FlowLayout 对象
public FlowLayout (int align)	以指定的对齐方式创建水平和垂直间距为 5 个像素的 FlowLayout 对象
FlowLayout(int align, int hgap, int vgap)	以指定的对齐方式、水平和垂直间距创建 FlowLayout 对象

FlowLayout 布局中的对齐方式有 3 种：FlowLayout. LEFT(左对齐)、FlowLayout. RIGHT (右对齐)、FlowLayout. CENTER(中央对齐)。

下面演示流式布局对 3 个按钮的简单管理效果，如图 5－16 所示。

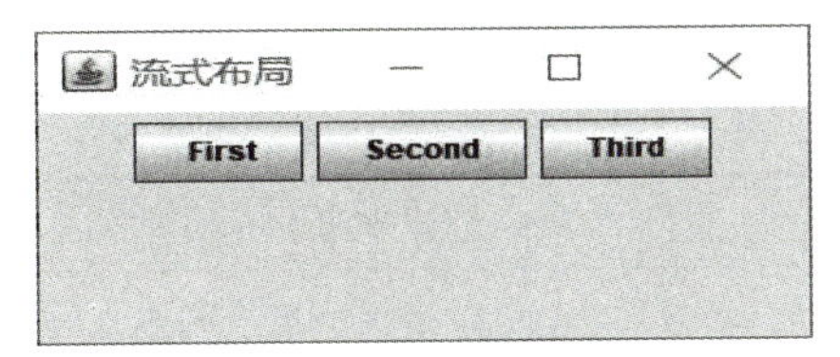

图 5－16 流式布局

```
import java.awt.*;
import javax.swing.*;
public class FlowLayoutDemo{
  public static void main(String args[]) {
    JFrame f = new JFrame();
    f.setLayout(new FlowLayout());  /* 设置窗体容器的布局管理器为流式管理
器*/
    JButton button1 = new JButton("First");
    JButton button2 = new JButton("Second");
    JButton button3 = new JButton("Third");
    f.add(button1);
    f.add(button2);
    f.add(button3);
    f.setTitle("流式布局");
    f.setSize(300,100);
    f.setVisible(true);
  }
    }
```

说明：当容器的大小发生变化时，用 FlowLayout 管理的组件会发生变化，其变化规律是：组件的大小不变，但是相对位置会发生变化。图 5－16 中的 3 个按钮都处于同一行，如果把该窗口变窄，第三个按钮将换到第二行，如图 5－17 所示。

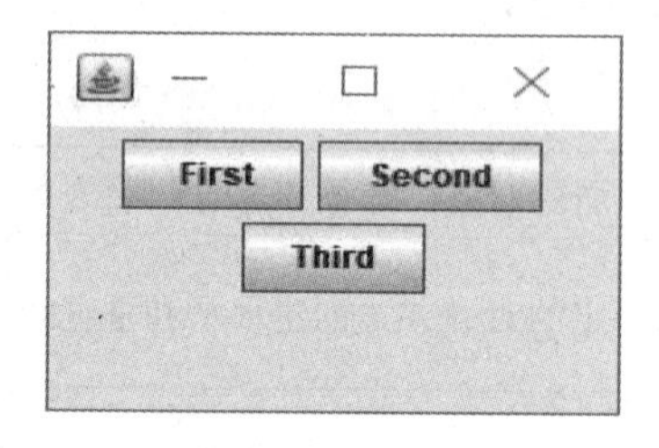

图 5－17　窗口变窄后

2. 边框布局 BorderLayout

BorderLayout 是 Window、Frame 和 Dialog 的默认布局管理器。BorderLayout 布局管理器把容器分成 5 个区域：North、South、East、West 和 Center，每个区域只能放置一个组件。

BorderLayout 提供的构造方法主要有两个，见表 5－21。

表 5－21　BorderLayout 的构造方法

public BorderLayout()	创建水平和垂直间距都为零的 BorderLayout 对象
public BorderLayout(int hgap, int vgap)	以指定的水平和垂直间距来创建 BorderLayout 对象

下面的实例是对 BorderLayout 布局的应用，其演示了水平和垂直间距都为零时的布局管理效果。

```
import java.awt.*;
import javax.swing.*;
public class BorderLayoutDemo{
  public static void main(String args[])  {
    JFrame f = new JFrame("边框布局的应用");
    f.setLayout(new BorderLayout());  //设置窗体容器的布局管理器
    //在不同方位加入不同的按钮
    f.add("North", new JButton("北"));
    f.add("South", new JButton("南"));
    f.add("East", new JButton("东"));
    f.add("West", new JButton("西"));
    f.add("Center", new JButton("中间"));
    f.setTitle("边框布局");
    f.setSize(200,200);
    f.setVisible(true);
  }
}
```

运行结果如图 5-18 所示。

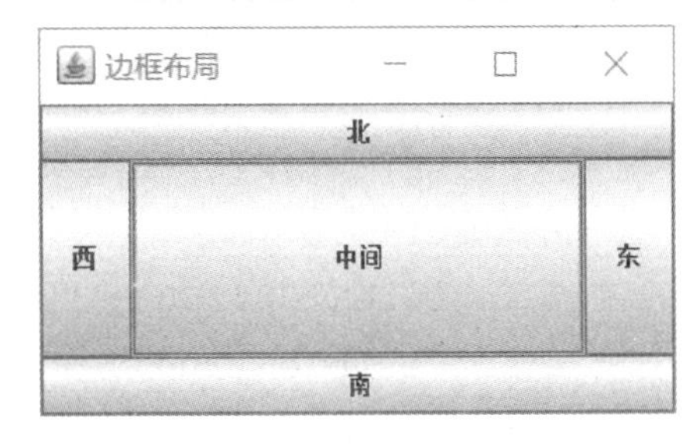

图 5-18　边框布局的应用

注意：在使用 BorderLayout 时，如果容器的大小发生变化，则组件的相对位置不变，而组件的大小发生变化。例如容器变高了，则 North、South 区域不变，West、Center、East 区域变高；如果容器变宽了，则 West、East 区域不变，North、Center、South 区域变宽。BorderLayout 在布局时的先后顺序为先配置上方和下方区域，并且此区域中如果放置组件，则无条件向左右延伸至窗口边缘；然后再配置左方和右方，并且只向上方和下方的区域延伸；最后才配置中间区域，并且只在被上、下、左、右 4 个区域所包围的区域中扩展。所以不一定所有的区域都有组件，如果四周的区域（West、East、North、South 区域）没有组件，则由 Center 区域去补充，但是如果 Center 区域没有组件，则保持空白。

3. 网格布局 GridLayout

GridLayout 是一种网格状的布局，各个组件平均占据容器的空间。在生成 GridLayout 布局管理器对象时，需指明行数和列数，同时也可以指明各个组件之间的间距。当改变容器的大小时，其中的组件相对位置不变而大小改变，各个组件的排列方式为：从上到下、从左到右。

GridLayout 有两种构造方法，见表 5-22。

表 5－22　GridLayout 的构造方法

public GridLayout(int rows, int cols)	以指定的行列数创建 GridLayout 对象
public GridLayout(int rows, int cols, int hgap, int vgap)	以指定的行列数与水平间距创建 GridLayout 对象

如果要创建一个行数固定的 GridLayout，可以设置列参数 cols 为 0；同样，如果要创建一个列数固定的 GridLayout，可以设置行参数 rows 为 0。

下面是一个 GridLayout 的应用示例。代码如下：

```
import java.awt.* ;
import javax.swing.* ;
public class GridLayoutDemo{
  public static void main(String args[])  {
    JFrame f = new JFrame("网格布局的应用");
    Container con = f.getContentPane();
    con.setLayout(new GridLayout(3,2));
    f.add(new JButton("按钮1"));             //第一行第一列
    f.add(new JButton("按钮2"));             //第一行第二列
    f.add(new JButton("按钮3"));             //第二行第一列
    f.add(new JButton("按钮4"));             //第二行第二列
    f.add(new JButton("按钮5"));             //第三行第一列
    f.add(new JButton("按钮6"));             //第三行第二列
    f.setDefaultCloseOperation(JFrame.EXIT_ON_CLOSE);/* 关闭窗口时,终止程序的运行* /
    f.setSize(200,200);
    f.setVisible(true);
  }
    }
```

如图 5－19 所示。

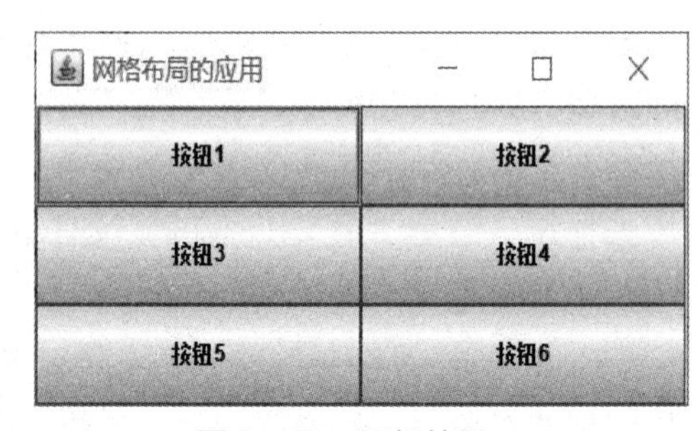

图 5－19　运行结果

4. 卡片布局 CardLayout

CardLayout 布局管理器把容器分成许多层，每层的显示空间占据整个容器的大小，但是每层只允许放置一个组件。当然，每层都可以利用 Panel 来实现复杂的用户界面，形成同一显示空间上的多层显示效果。可以想象共享成员之间就像扑克牌一样摞在一起，只有最上面的成员是可见的，CardLayout 处理这些成员时就像在换牌：可以定义每张牌的名字，通过牌的名字来选择；也可以顺着牌序向前或向后翻牌；或者直接选择第一张或者最后一张。

CardLayout 提供了两个构造方法来创建 CardLayout 管理器对象，见表 5-23。

表 5-23　CardLayout 的构造方法

public CardLayout( )	创建一个间距为 0 的 CardLayout 对象
public CardLayout(int hgap, int vgap)	以指定的间距创建一个 CardLayout 对象

CardLayout 类也提供了一些常用的方法来管理布局和组件，见表 5-24。

表 5-24　CardLayout 类中常用的方法

public int getHgap( )	获取水平间距
public int getVgap( )	获取垂直间距
public void first(Container parent)	指定当前组件为第一个加入的组件
public void next(Container parent)	指定当前组件为下一个加入的组件
public void previous(Container parent)	指定当前组件为上一个加入的组件
public void last(Container parent)	指定当前组件为最后一个加入的组件
public void setHgap(int hgap)	重置水平间距
public void setVgap(int vgap)	重置垂直间距

说明：向使用 CardLayout 布局的容器中添加组件时，为了调用不同的卡片组件，可以为每个卡片的组件命名，使用 add( )方法实现。

使用 add( )方法的一般格式有两种：

```
add(名称字符串,组件名);
add(组件名,名称字符串);
```

下面看一个 CardLayout 布局的简单应用：窗口上有 3 个按钮，当单击不同的按钮时，下面会出现不同的标签。这 3 个标签每次只出现一个。

代码实现：

```
import java.awt.*;
import java.awt.event.*;
import javax.swing.*;
public class CardLayoutDemo extends JFrame implements ActionListener{
    JButton b1,b2,b3;
    JPanel p1,p2;
    CardLayout card;
    CardLayoutDemo() {
    p1 =new JPanel();
    p2 =new JPanel();
    p1.setLayout(new FlowLayout());
```

```
b1 = new JButton("按钮1");
p1.add(b1);
b2 = new JButton("按钮2");
b2.addActionListener(this);
p1.add(b2);
b3 = new JButton("按钮3");
b3.addActionListener(this);
p1.add(b3);
card = new CardLayout();
p2.setLayout(card);
p2.add(new JLabel("第一个标签"),"page1");
p2.add(new JLabel("第二个标签"),"page2");
p2.add(new JLabel("第三个标签"),"page3");
Container con = getContentPane();
con.setLayout(new BorderLayout());
con.add(p1,BorderLayout.NORTH);
con.add(p2,BorderLayout.SOUTH);
}
public void actionPerformed(ActionEvent e){
if(e.getSource() = =b1){
   card.first(p2);
}
else if(e.getSource() = =b2){
   card.next(p2);
}
   else if(e.getSource() = =b3){
   card.last(p2);
}
}
  public static void main(String args[]){
  CardLayoutDemo f = new CardLayoutDemo();
  f.setTitle("CardLayout");
  f.setSize(300,200);
  f.setVisible(true);
  f.setDefaultCloseOperation(JFrame.EXIT_ON_CLOSE);
}
   }
```

运行结果如图 5－20 所示。

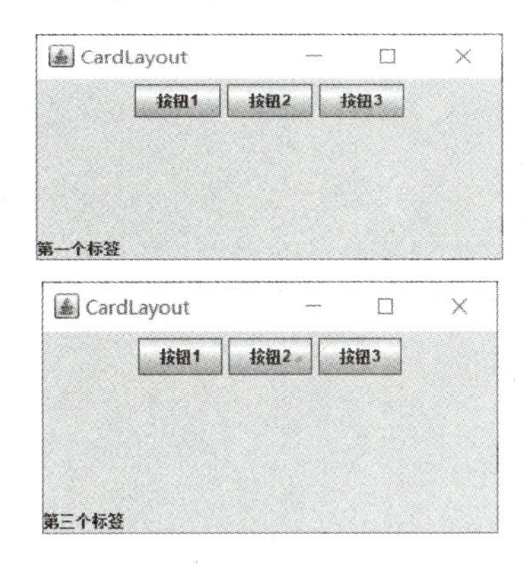

图 5－20　运行结果

5. 网格包布局 GridBagLayout

GridBagLayout 是对 GridLayout 的扩展。GridBagLayout 布局管理器中的单元格大小和显示位置都可以调整，一个组件可以占用一个或多个单元格。

GridBagLayout 的常用方法见表 5－25。

表 5－25　GridBagLayout 的常用方法

方法	说明
GirdBagLayout( )	建立一个新的 GridBagLayout 管理器
GridBagConstraints( )	建立一个新的 GridBagConstraints 对象
GridBagConstraints (int gridx, int gridy, int gridwidth, int gridheight, double weightx, double weighty, int anchor, int fill, Insets insets, int ipadx, int ipady)	建立一个新的 GridBagConstraints 对象，并指定其参数的值

参数说明：

gridx、gridy：设置组件的位置，gridx 设置为 GridBagConstraints. RELATIVE，代表此组件位于之前所加入组件的右边；若将 gridy 设置为 GridBagConstraints. RELATIVE，代表此组件位于以前所加入组件的下面。建议定义出 gridx、gridy 的位置，以便以后维护程序。（gridx, gridy）表示放在第几行第几列。当 gridx =0、gridy =0 时，放在第 0 行第 0 列。

gridwidth、gridheight：用来设置组件所占的单位长度与高度，默认值皆为 1。可以使用 GridBagConstraints. REMAINDER 常量，代表此组件为此行或此列的最后一个组件，并且会占据所有剩余的空间。

weightx、weighty：用来设置窗口变大时，各组件跟着变大的比例。数字越大，表示组件能得到更多的空间，默认值皆为 0。

anchor：设置当组件空间大于组件本身时，要将组件置于何处，有 CENTER（默认值）、NORTH、NORTHEAST、EAST、SOUTHEAST、WEST、NORTHWEST 可供选择。

insets：设置组件之间彼此的间距，它有 4 个参数，分别是上、左、下、右，默认为(0, 0, 0, 0)。

ipadx、ipady：设置组件内的间距，默认值为 0。

下面看一个 GridBagLayout 布局的实例。

代码实现:

```
import java.awt.* ;
import java.awt.event.* ;
import javax.swing.* ;
public class GridBagLayoutDemo{
  public GridBagLayoutDemo(){
      JButton b;
      GridBagConstraints c;
      int gridx,gridy,gridwidth,gridheight,anchor,fill,ipadx,ipady;
      double weightx,weighty;
      Insets inset;/* 对象描述容器的边界区域。它指定一个容器在它的各个边界上
      应留出的空白区间。*/
      JFrame f=new JFrame();
      GridBagLayout gridbag=new GridBagLayout();
      Container contentPane=f.getContentPane();
      contentPane.setLayout(gridbag);
        b=new JButton("first");
        gridx=0;
        gridy=0;
        gridwidth=1;
        gridheight=1;
        weightx=10;
        weighty=1;
        anchor=GridBagConstraints.CENTER;
        fill=GridBagConstraints.HORIZONTAL;
        inset=new Insets(0,0,0,0);
        ipadx=0;
        ipady=0;
        c=new
      GridBagConstraints (gridx, gridy, gridwidth, gridheight, weightx,
      weighty,anchor, fill,inset,ipadx,ipady);
        gridbag.setConstraints(b,c);
        contentPane.add(b);
        b=new JButton("second");
        gridx=1;
        gridy=0;
```

```
    gridwidth =2;
    gridheight =1;
    weightx =1;
    weighty =1;
    anchor =GridBagConstraints.CENTER;
    fill =GridBagConstraints.HORIZONTAL;
    inset =new Insets(0,0,0,0);
    ipadx =50;
    ipady =0;
    c =new
GridBagConstraints (gridx, gridy, gridwidth, gridheight, weightx,
weighty,anchor,fill,inset,ipadx,ipady);
    gridbag.setConstraints(b,c);
    contentPane.add(b);
    b =new JButton("third");
    gridx =0;
    gridy =1;
    gridwidth =1;
    gridheight =1;
    weightx =1;
    weighty =1;
    anchor =GridBagConstraints.CENTER;
    fill =GridBagConstraints.HORIZONTAL;
    inset =new Insets(0,0,0,0);
    ipadx =0;
    ipady =50;
    c =new
GridBagConstraints (gridx, gridy, gridwidth, gridheight, weightx,
weighty,anchor,fill,inset,ipadx,ipady);
    gridbag.setConstraints(b,c);
    contentPane.add(b);

    b =new JButton("fourth");
    gridx =1;
    gridy =1;
    gridwidth =1;
    gridheight =1;
```

```
        weightx=1;
        weighty=1;
        anchor=GridBagConstraints.CENTER;
        fill=GridBagConstraints.HORIZONTAL;
        inset=new Insets(0,0,0,0);
        ipadx=0;
        ipady=0;
        c=new
    GridBagConstraints(gridx, gridy, gridwidth, gridheight, weightx,
    weighty,anchor,fill,inset,ipadx,ipady);
        gridbag.setConstraints(b,c);
        contentPane.add(b);
        b=new JButton("This is the last button");
        gridx=2;
        gridy=1;
        gridwidth=1;
        gridheight=2;
        weightx=1;
        weighty=1;
        anchor=GridBagConstraints.CENTER;
        fill=GridBagConstraints.HORIZONTAL;
        inset=new Insets(0,0,0,0);
        ipadx=0;
        ipady=50;
        c=new
    GridBagConstraints(gridx, gridy, gridwidth, gridheight, weightx,
    weighty,anchor,fill,inset,ipadx,ipady);
        gridbag.setConstraints(b,c);
        contentPane.add(b);
        f.setTitle("网格包布局");
        f.setSize(300,200);
        f.setVisible(true);
        f.setDefaultCloseOperation(JFrame.EXIT_ON_CLOSE);
    }
    public static void main(String[] args){
        new GridBagLayoutDemo();
    }
}
```

运行结果如图 5－21 所示。

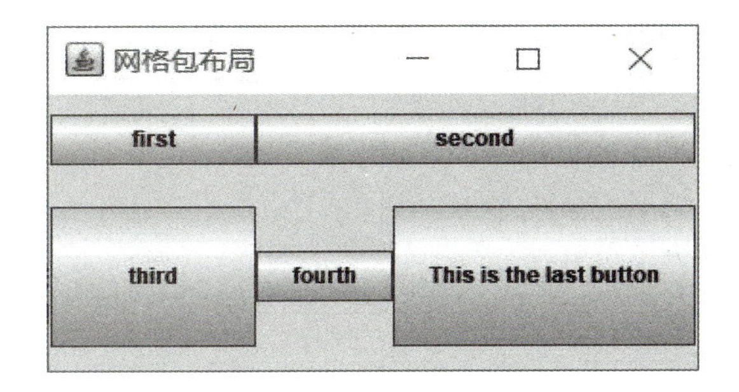

图 5－21　运行结果

三、Swing 常用面板

JPanel 是其中最有代表性、最为常用的普通容器，它只是在界面上圈定一个矩形范围而无明显标记，主要用作内容面板或者为了更好地实现布局效果而作为中间容器。

JPanel 一般不处理事件。

JPanel 的常用方法见表 5－26。

表 5－26　JPanel 的常用方法

JPanel( )	创建一个 JPanel 对象
JPanel(LayoutManager layout)	创建一个具有指定布局管理器的 JPanel( ) 对象
void setLayout(LayoutManager layout)	设置 JPanel 的布局管理器
Component add(Component comp)	在 JPanel 中添加组件 comp

任务实施

①要实现用户注册界面，需创建一个容器类，以容纳其他组件。本例选择 JFrame 作为顶层容器。

②设置布局管理器，根据注册界面的特点，选择网格包布局管理器。

③添加相应的组件，用到的组件有标签 JLabel、按钮 JButton、单行文本框 JTextField、密码框 JPasswordField、多行文本框 JTextArea、单选按钮 JRadioButton、复选框 JCheckBox、组合框 JComboBox、列表框 JList 和滚动面板 JScrollPane 等。

④编写事件处理代码。当单击“注册”按钮时，会根据不同的情况弹出不同的对话框，通过标准对话框 JOptionPane 实现。

任务实现代码如下：

```
import java.awt.*;
import java.awt.event.*;
import javax.swing.*;
import javax.swing.event.*;
```

```
public class Login extends JFrame implements ActionListener{
    JLabel lb1,lb2,lb3,lb4,lb5,lb6,lb7,lb8;
    JTextField tf1,tf2;
    JPasswordField pf1,pf2;
    JTextArea ta;
    JButton bt1,bt2;
    JRadioButton rb[]=new JRadioButton[2];
    ButtonGroup btg;
    JCheckBox cb;
    JList list;
    JComboBox jcb;
    JPanel pn1,pn2,pn3;
    JScrollPane sp1,sp2;
    public Login(){
        lb1=new JLabel("用户名:",JLabel.RIGHT);//创建标签组件
        lb2=new JLabel("密码:",JLabel.RIGHT);
        lb3=new JLabel("确认密码:",JLabel.RIGHT);
        lb4=new JLabel("密码提示问题:",JLabel.RIGHT);
        lb5=new JLabel("性别:",JLabel.RIGHT);
        lb6=new JLabel("密码提示答案:",JLabel.RIGHT);
        lb7=new JLabel("个性签名:",JLabel.RIGHT);
        lb8=new JLabel("喜欢本网站的原因:",JLabel.RIGHT);
        tf1=new JTextField(15);//创建单行文本框组件
        tf2=new JTextField(15);
        pf1=new JPasswordField(15);//创建口令框
        pf2=new JPasswordField(15);
        ta=new JTextArea(5,15);//创建多行文本框
        sp1=new JScrollPane();//创建滚动面板
        sp1.setVerticalScrollBarPolicy(JScrollPane.VERTICAL_SCROLLBAR_
        ALWAYS);//设置滚动面板总是显示垂直滚动条
        sp1.getViewport().add(ta);//向滚动面板的浏览窗口添加组件
        bt1=new JButton("注册");//创建按钮组件
        bt2=new JButton("清除");
        bt1.addActionListener(this);//将窗口注册为事件监听器
        bt2.addActionListener(this);
        rb[0]=new JRadioButton("男");//创建单选按钮组件
        rb[1]=new JRadioButton("女");
```

```
        rb[0].setSelected(true);// 设置单选按钮的默认选项
        btg=new ButtonGroup();// 创建按钮组
        btg.add(rb[0]);// 向按钮组中添加单选按钮
        btg.add(rb[1]);
        cb=new JCheckBox("我愿意公开个人信息",true);// 创建列表框组件
        String[] data={"信息及时","风格新颖","追求时尚","其他"};
        list=new JList(data);
        list.setSelectedIndex(0);// 设置列表框的默认选项
        sp2=new JScrollPane();
        sp2.setVerticalScrollBarPolicy(JScrollPane.VERTICAL_SCROLL-
BAR_ALWAYS);
        sp2.getViewport().add(list);
        jcb=new JComboBox();// 创建组合框组件
        jcb.addItem("我的姓名");
        jcb.addItem("我的生日");
        jcb.addItem("QQ号码");
        jcb.addItem("电话号码");
        jcb.setSelectedIndex(0);// 设置组合框的默认选项
        pn1=new JPanel();
        pn1.add(lb5);
        pn1.add(rb[0]);
        pn1.add(rb[1]);
        GridBagLayout gb=new GridBagLayout();
        Container con=getContentPane();
        con.setLayout(gb);
        GridBagConstraints c=new GridBagConstraints();
        c.fill=GridBagConstraints.HORIZONTAL;
        c.anchor=GridBagConstraints.EAST;
        c.weightx=1.0;
        c.weighty=1.0;
        c.gridwidth=1;
        c.gridheight=1;
        gb.setConstraints(lb1,c);
        con.add(lb1);
        gb.setConstraints(tf1,c);
        con.add(tf1);
        c.gridwidth=1;
```

```
gb.setConstraints(lb2,c);
con.add(lb2);
c.gridwidth=GridBagConstraints.REMAINDER;
gb.setConstraints(pf1,c);
con.add(pf1);
c.gridwidth=1;
gb.setConstraints(lb3,c);
con.add(lb3);
gb.setConstraints(pf2,c);
con.add(pf2);
c.gridwidth=1;
gb.setConstraints(lb4,c);
con.add(lb4);
c.gridwidth=GridBagConstraints.REMAINDER;
gb.setConstraints(jcb,c);
con.add(jcb);
c.gridwidth=1;
gb.setConstraints(lb5,c);
con.add(lb5);
gb.setConstraints(pn1,c);
con.add(pn1);
c.gridwidth=1;
gb.setConstraints(lb6,c);
con.add(lb6);
c.gridwidth=GridBagConstraints.REMAINDER;
gb.setConstraints(tf2,c);
con.add(tf2);
c.gridwidth=1;
c.gridheight=3;
c.fill=GridBagConstraints.BOTH;
gb.setConstraints(lb7,c);
con.add(lb7);
c.gridwidth=GridBagConstraints.REMAINDER;
c.gridheight=3;
gb.setConstraints(sp1,c);
con.add(sp1);
c.gridwidth=1;
```

```
    c.gridheight =3;
    gb.setConstraints(lb8,c);
    con.add(lb8);
    c.gridwidth =GridBagConstraints.REMAINDER;
    c.gridheight =3;
    gb.setConstraints(sp2,c);
    con.add(sp2);
    c.weightx =1.0;
    c.gridwidth =2;
    c.fill =GridBagConstraints.HORIZONTAL;
    c.anchor =GridBagConstraints.CENTER;
    gb.setConstraints(cb,c);
    con.add(cb);
    c.gridwidth =1;
    gb.setConstraints(bt1,c);
    con.add(bt1);
    c.gridwidth =GridBagConstraints.REMAINDER;
    gb.setConstraints(bt2,c);
    con.add(bt2);
    setTitle("用户注册界面");
    setDefaultCloseOperation(JFrame.DISPOSE_ON_CLOSE);
    setSize(400,400);
    setVisible(true);
    validate();

}
public void actionPerformed(ActionEvent e){
    if(e.getSource() = =bt1){// 若单击"注册"按钮
        if(tf1.getText().isEmpty()) // 若用户名称为空
          JOptionPane.showMessageDialog(this, "用户名不能为空!");
// 消息对话框
        else if(pf1.getPassword().length >0)
            if (String.valueOf (pf1.getPassword ()).equals (String.
            valueOf(pf2.getPassword())))
            JOptionPane.showMessageDialog(this, "注册成功");
          else{
```

```
            JOptionPane.showMessageDialog(this, "两次输入的密码不同,
请重新输入!");
            pf1.setText("");
            pf2.setText("");
         }
      }
      if(e.getSource() = =bt2){//若单击"清除"按钮,则将各部分清空
        tf1.setText("");
        tf2.setText("");
        pf1.setText("");
        pf2.setText("");
        ta.setText("");
        rb[0].setSelected(true);
        list.setSelectedIndex(0);
        jcb.setSelectedIndex(0);
        cb.setSelected(true);
      }
}
public static void main(String args[]){
  Login frm =new Login();
}
```

运行结果如图5-22所示。

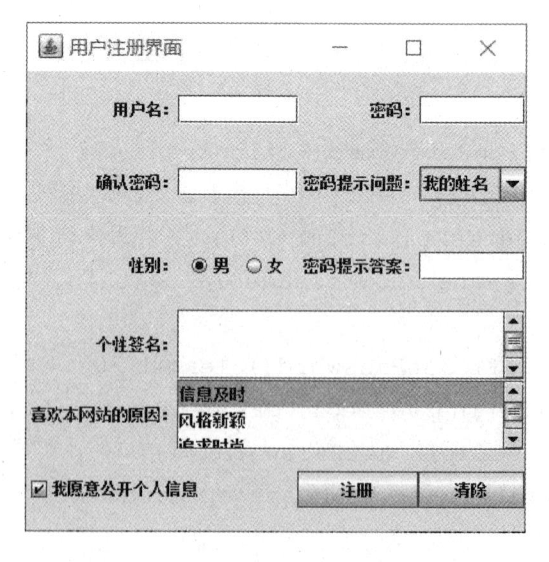

图5-22　运行结果

任务3　简单计算器 

导入任务

创建一个包含数字按钮和四则运算符号的计算器界面，并能实现四则运算，如图5－23所示。

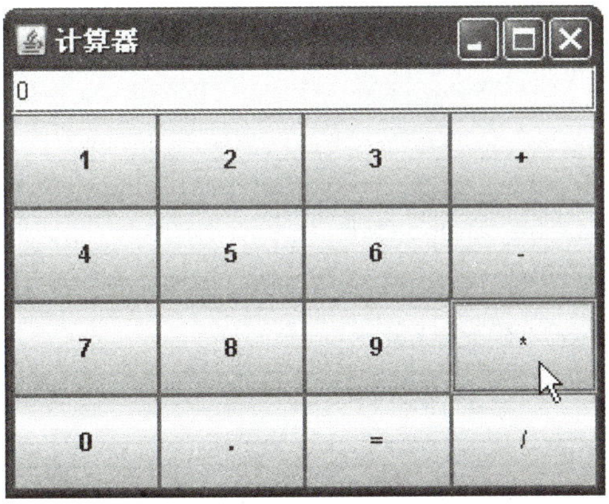

图5－23　计算器界面

知识准备

一、事件处理机制

在Swing常用组件按钮JButton示例中，按钮被按下后没有任何反应，那么怎么来响应单击按钮这个事件呢？这时就会用到Java的事件处理机制。

Java的事件处理采用“委派事件模型”或“授权处理模型”，这是当事件发生时，产生事件的对象会把信息转给“事件监听器”处理的一种方式。

所以，在事件处理的过程中，主要涉及三类对象：

事件：代表某个要处理的事件，例如按钮被按下就是一个要处理的事件。用户对界面操作以类的形式出现，例如按钮操作对应的事件类是ActionEvent、键盘操作对应的事件类是KeyEvent。

事件源：事件发生的场所，通常就是各个组件，例如按钮Button。

事件监听器：接收事件对象并对其进行处理。

使用授权处理模型进行事件处理的一般方法如下：

（1）对于某种类型的事件XXXEvent，要想接收并处理这类事件，必须定义相应的事件监听器类，该类需要实现与该事件相对应的接口XXXListener。

（2）事件源实例化以后，必须进行授权，注册该类事件的监听器，使用addXXXListener（XXXListener）方法来注册监听器。

（3）编写事件处理的代码。

下面举一个为按钮添加事件处理的例子。在框架中有一个按钮，单击之后，会在下面的标签上显示“你单击了按钮”。

代码如下：

```
import java.awt.*;
import javax.swing.*;
import java.awt.event.*;
public class ActionListenerDemo extends JFrame implements ActionListener{

    JButton bt1;
    JLabel lbl;
    public ActionListenerDemo(){
      lbl=new JLabel("",JLabel.CENTER);
      bt1=new JButton("确定");
      bt1.addActionListener(this);
      Container con=getContentPane();
      con.setLayout(new BorderLayout());
      con.add(lbl,BorderLayout.SOUTH);
      con.add(bt1,BorderLayout.CENTER);
      setTitle("事件处理示例");
      setSize(200,200);
      setVisible(true);
      setDefaultCloseOperation(JFrame.EXIT_ON_CLOSE);/* 关闭窗口时,终止程序的运行* /
      validate();
      }
      public void actionPerformed(ActionEvent e){
       if(e.getSource()==bt1){
          lbl.setText("你单击了按钮");
      }

      }
      public static void  main(String args[]){
       ActionListenerDemo frm=new ActionListenerDemo();
      }
     }
```

运行结果如图5-24所示。

图 5-24 按钮单击事件

二、事件处理类和接口

上面的例子中使用了事件 ActionEvent 来响应按钮的单击事件，那么 Java 中还包括哪些事件种类呢?

Java 处理事件响应基本上沿用了 AWT 的事件类和监听接口。尽管 javax. swing. event 包中包含了专门用于 Swing 组件的事件类和监听接口，但普遍使用的还是 AWT 事件。

AWT 事件分为低级事件和语义事件。

常用的语义事件有：

```
ActionEvent    //对应单击按钮、选中菜单、双击列表框或在文本框中按 Enter 键
ItemEvent      //对应选中复选框、选中单选按钮或单击列表框
```

常用的低级事件有：

```
KeyEvent       //对应一个键被按下或释放
MouseEvent     //对应鼠标被按下、移动、拖动或释放
FocusEvent     //某个组件失去焦点
WindowEvent    //窗口状态被改变
```

表 5-27 列出了这些事件对应的监听器接口和响应办法。

表 5-27 事件及其相应的监听器接口和响应办法

事件类别	接口名	方法
ActionEvent	ActionListener	actionPerformed(ActionEvent)
ItemEvent	ItemListener	itemStateChanged(ItemEvent)
MouseEvent	MouseMotionListener	mouseDragged(MouseEvent) mouseMoved(MouseEvent)
	MouseListener	mousePressed(MouseEvent) mouseReleased(MouseEvent) mouseEntered(MouseEvent) mouseExited(MouseEvent) mouseClicked(MouseEvent)

续表

事件类别	接口名	方法
KeyEvent	KeyListener	keyPressed(KeyEvent) keyReleased(KeyEvent) keyTyped(KeyEvent)
FocusEvent	FocusListener	focusGained(FocusEvent) focusLost(FocusEvent)
AdjustmentEvent	AdjustmentListener	adjustmentValueChanged(AdjustmentEvent)
ComponentEvent	ComponentListener	componentMoved(ComponentEvent) componentHidden(ComponentEvent) componentResized(ComponentEvent) componentShown(ComponentEvent)
WindowEvent	WindowListener	windowClosing(WindowEvent) windowOpened(WindowEvent) windowIconified(WindowEvent) windowDeiconified(WindowEvent) windowClosed(WindowEvent) windowActivated(WindowEvent) windowDeactivated(WindowEvent)
ContainerEvent	ContainerListener	componentAdded(ContainerEvent) componentRemoved(ContainerEvent)
TextEvent	TextListener	textValueChanged(TextEvent)

三、事件处理方法与处理类型

1. 窗口事件处理

本事件采用匿名类实现事件监听及处理方法，这是事件处理的一种方法。

```
import java.awt.event.WindowEvent;
import java.awt.event.WindowListener;
import javax.swing.JFrame;
import javax.swing.JLabel;
public class WindowListenerTest {
        JLabel jlb = new JLabel();
        public void init(){
            JFrame jf = new JFrame("窗口事件实例");
            jf.add(jlb);
            jf.addWindowListener(new WindowListener(){ /* 添加窗口事件
监听及事件处理* /
```

```
            public void windowActivated(WindowEvent arg0) {
                //jlb.setText("窗口被激活");
            }
            public void windowClosed(WindowEvent arg0) {
            }
            public void windowClosing(WindowEvent arg0) {
                jlb.setText("窗口正在被关闭");
                System.exit(0);
            }
            public void windowDeactivated(WindowEvent arg0) {
                //jlb.setText("窗口变成后台窗口时发生");
            }
            public void windowDeiconified(WindowEvent arg0) {
                //jlb.setText("窗口被还原");
            }
            public void windowIconified(WindowEvent arg0) {
                jlb.setText("窗口最小化");
            }
            public void windowOpened(WindowEvent arg0) {
                jlb.setText("窗口被打开");
            }
        });
        jf.setSize(100,100);
        jf.setVisible(true);
    }
    public static void main(String[] args) {
        new WindowListenerTest().init();
    }
}
```

运行结果如图5-25所示。

图5-25 运行结果

2. 键盘事件处理

本事件采用适配器实现事件监听及处理方法，这是事件处理的另一种方法。

```
import java.awt.Color;
import java.awt.FlowLayout;
import java.awt.event.KeyAdapter;
import java.awt.event.KeyEvent;
import javax.swing.JFrame;
import javax.swing.JLabel;

public class KeyListenerTest extends KeyAdapter {
        JLabel jlb1 = new JLabel();
        JLabel jlb2 = new JLabel();
        JLabel jlb3 = new JLabel();
        public void keyPressed(KeyEvent e){
            jlb1.setText( e.getKeyChar() +"键被按下");
        }
        public void keyReleased(KeyEvent e){
            jlb2.setText( e.getKeyChar() +"键被松开");
        }
        public void keyTyped(KeyEvent e){
            jlb3.setText( e.getKeyChar() +"键被输入");
        }
        public void init(){
            JFrame jf = new JFrame("适配器实例");// 创建"适配器实例"的窗口
            jf.addKeyListener(this);// 添加键盘的事件监听
            jf.setLayout(new FlowLayout());// 设置窗口的布局 FlowLayout
            jf.add(jlb1);// 将 jlb1 添加到窗口中
            jf.add(jlb2);// 将 jlb2 添加到窗口中
            jf.add(jlb3);// 将 jlb3 添加到窗口中
            jf.setSize(200,100);// 设置窗口的大小
            jf.setVisible(true);// 设置窗口的可见性
            jf.setDefaultCloseOperation(JFrame.EXIT_ON_CLOSE);/* 设置
窗口的关闭方式* /
        }
        public static void main(String[] args) {
            new KeyListenerTest().init();
```

```
        }
    }
```

运行结果如图 5－26 所示。

图 5－26　运行结果

任务实施

①实现计算器的简单计算，首先要把界面上涉及的组件添加好，并选用合适的布局管理器布局，根据计算器的特点，选用的组件有按钮和文本框，布局管理器用网格布局，计算器要能实现加减乘除运算，所以还涉及按钮的事件响应。

②代码实现如下：

```
import java.awt.*;
import java.awt.event.*;
import javax.swing.*;
public class Calculator extends JFrame implements ActionListener{
  private JPanel jPanel1,jPanel2;
  private JTextField resultField;
  private JButton s1,s2,s3,s4,s5,s6,s7,s8,s9,s0,b1,b2,b3,b4,f1,f2;
  private boolean end,add,sub,mul,div;
  private String str;
  private double num1,num2;
  public Calculator(){
  Container con =getContentPane();
  con.setLayout(new BorderLayout());
  jPanel1 =new JPanel();
  jPanel1.setLayout(new GridLayout(1,1));
  jPanel2 =new JPanel();
```

```
jPanel2.setLayout(new GridLayout(4,4));
resultField=new JTextField("0");
jPanel1.add(resultField);
con.add(jPanel1,BorderLayout.NORTH);
s1=new JButton("  1  ");  s1.addActionListener(this);
s2=new JButton("  2  ");  s2.addActionListener(this);
s3=new JButton("  3  ");  s3.addActionListener(this);
s4=new JButton("  4  ");  s4.addActionListener(this);
s5=new JButton("  5  ");  s5.addActionListener(this);
s6=new JButton("  6  ");  s6.addActionListener(this);
s7=new JButton("  7  ");  s7.addActionListener(this);
s8=new JButton("  8  ");  s8.addActionListener(this);
s9=new JButton("  9  ");  s9.addActionListener(this);
s0=new JButton("  0  ");  s0.addActionListener(this);
b1=new JButton("  +  ");  b1.addActionListener(this);
b2=new JButton("  -  ");  b2.addActionListener(this);
b3=new JButton("  *  ");  b3.addActionListener(this);
b4=new JButton("  /  ");  b4.addActionListener(this);
f1=new JButton("  .  ");  f1.addActionListener(this);
f2=new JButton("  =  ");  f2.addActionListener(this);
jPanel2.add(s1);
jPanel2.add(s2);
jPanel2.add(s3);
jPanel2.add(b1);
jPanel2.add(s4);
jPanel2.add(s5);
jPanel2.add(s6);
jPanel2.add(b2);
jPanel2.add(s7);
jPanel2.add(s8);
jPanel2.add(s9);
jPanel2.add(b3);
jPanel2.add(s0);
jPanel2.add(f1);
jPanel2.add(f2);
jPanel2.add(b4);
con.add(jPanel2,BorderLayout.CENTER);
```

```
setTitle("计算器");
setSize(300,240);
setVisible(true);
setDefaultCloseOperation(JFrame.DISPOSE_ON_CLOSE);
}
public void num(int i){
Strings = null;
s=String.valueOf(i);
if(end){
 //如果数字输入结束,则将文本框的内容置零,重新输入
 resultField.setText("0");
 end=false;
 }
if((resultField.getText()).equals("0")){
 //如果文本框的内容为零,则覆盖文本框的内容
 resultField.setText(s);
 }
else{
 //如果文本框的内容不为零,则在内容后面添加数字
 str = resultField.getText() + s;
 resultField.setText(str);
 }
}
public void actionPerformed(ActionEvent e){ //数字事件
  if(e.getSource()==s1)
  num(1);
  else if(e.getSource()==s2)
  num(2);
  else if(e.getSource()==s3)
  num(3);
  else if(e.getSource()==s4)
  num(4);
  else if(e.getSource()==s5)
  num(5);
  else if(e.getSource()==s6)
  num(6);
  else if(e.getSource()==s7)
```

```
    num(7);
    else if(e.getSource()==s8)
    num(8);
    else if(e.getSource()==s9)
    num(9);
    else if(e.getSource()==s0)
    num(0);

    //符号事件
    else if(e.getSource()==b1)
    sign(1);
    else if(e.getSource()==b2)
    sign(2);
    else if(e.getSource()==b3)
    sign(3);
    else if(e.getSource()==b4)
    sign(4);
    //等号事件
    else if(e.getSource()==f1){
    str=resultField.getText();
    if(str.indexOf(".")<=1){
    str+=".";
    resultField.setText(str);
    }
  }
  else if(e.getSource()==f2){
  num2=Double.parseDouble(resultField.getText());
  if(add){
   num1=num1 + num2;}
  else if(sub){
   num1=num1-num2;}
  else if(mul){
   num1=num1 * num2;}
  else if(div){
   num1=num1 / num2;}
   resultField.setText(String.valueOf(num1));
   end=true;
```

```
}
}
public void sign(int s){//
  if(s = =1){
   add=true;//每次只有一个符号是可用的
   sub=false;
   mul=false;
   div=false;
   }
   else if(s = =2){
    add=false;
    sub=true;
    mul=false;
    div=false;
    }
   else if(s = =3){
    add=false;
    sub=false;
    mul=true;
    div=false;
     }
   else if(s = =4){
    add=false;
    sub=false;
    mul=false;
    div=true;
    }
  num1=Double.parseDouble(resultField.getText());
  end=true;
 }
public static void main(String[] args){
    Calculator frm=new Calculator();
    }
    }
```

运行结果如图5-23所示。

习题

一、选择题

1. 下列有关 Swing 的叙述，错误的是（　　）。
   A. Swing 是 Java 基础类（JFC）的组成部分
   B. Swing 是可用来构建 GUI 的程序包
   C. Swing 是 AWT 图形 T 具包的替代技术
   D. Java 基础类（JFC）是 Swing 的组成部分
2. Swing GUI 通常由（　　）组成。（选三项）
   A. GUI 容器　　B. GUI 组件
   C. 布局管理器　　D. GUI 事件侦听器
3. 以下关于 Swing 容器的叙述中，错误的是（　　）。
   A. 容器是一种特殊的组件，它可用来放置其他组件
   B. 容器是组成 GUI 所必需的元素
   C. 容器是一种特殊的组件，它可被放置在其他容器中
   D. 容器是一种特殊的组件，它可被放置在任何组件中
4. 以下关于 BorderLayout 类功能的描述，错误的是（　　）。
   A. 它可以与其他布局管理器协同工作
   B. 它可以对 GUI 容器中的组件完成边框式的布局
   C. 它位于 java. awt 包中
   D. 它是一种特殊的组件
5. JTextField 类提供的 GUI 功能是（　　）。
   A. 文本区域　　B. 按钮　　C. 文本字段　　D. 菜单

二、填空题

1. 将 GUI 窗口划分为东、西、南、北、中五个部分的布局管理器是________。
2. 在 Swing GUI 编程中 setDefaultCloseOperation（JFrame. EXIT _ ON _ CLOSE）语句的作用是________。
3. 请列举出 Swing 容器的顶层容器：________。（举两例）
4. 请列举出组件的 setSize( ) 方法签名：________。（举两例）

三、简答题

1. 什么是 GUI？举出三个 ANT 组件的类名，并说明 AWT 组件的一般功能。
2. 什么是事件、事件源、事件处理方法、事件监听器？举出两个事件的类名。
3. Java 中 Swing 五种常见的布局方式是什么？

模块 6
Java 多线程与异常处理

【模块教学目标】

- 掌握 Java 线程的定义及创建方法
- 掌握线程的状态与控制方法
- 掌握线程的优先级、同步与互斥
- 理解 Java 语言中异常的基本概念
- 理解并掌握异常的处理机制
- 掌握自定义异常的方法

任务 1　移动文字与改变颜色案例

导入任务

利用 Runnable 接口方式实现多线程，一个表示蓝色文字，一个表示红色文字，让文字每隔 1 000 ms 向左移动一段距离，同时改变颜色。运行结果如图 6 – 1 所示。

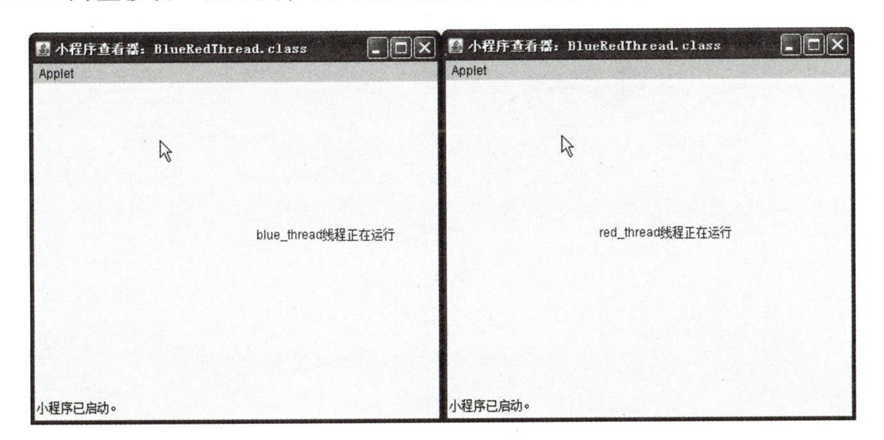

图 6 – 1　运行结果

知识准备

一、Java 线程的概念

在日常生活中，很多活动都是并发执行的。比如在玩电脑游戏的时候还可以听音乐、聊天等，这些活动都是并发执行的。眼观六路，耳听八方是视觉、听觉并行执行活动的体现。

随着科技的发展，计算机可以高速同时执行多种活动，这是计算机程序同时运行的结果。那么计算机是如何实现多个程序同时运行的呢？通过多线程知识的学习可以了解这一奥秘。

前面讲到的同一时间同时做几件事情，每件事情叫作进程。其实这样还不够，例如，如果在煮粥，同时在粥锅上加热馒头，那么，煮粥和加热馒头就是多线程。在 Java 中，程序通过控制流来执行程序流，程序中某个控制流称为一个线程，多线程则指的是在一个程序中同时运行多个控制流，执行不同的程序语句。

Java 中实现线程的类是 Thread 类，可以通过创建 Thread 类的实例或定义、创建 Thread 子类的实例来实现 Java 程序中的运行线程。

二、线程的生命周期与状态

在前面讲解的内容中，Java 程序中的语句都是逐条执行的，按照一条路径独立执行，即为 Java 的一个线程，称为主线程。每个 Java 程序都有一个默认的主线程，对于 Application 程序，main()方法的执行线索就是主线程。对于 Applet 程序，让浏览器加载并执行的 Java 小程序线索就是主线程。

Java 中要想同时运行多条线索，就要建立多条路线，必须在主线程中开辟新线程。每个线程一般包括新建、就绪、运行、阻塞、死亡 5 种状态。线程新建、就绪、运行、阻塞、死亡的过程，称为线程的生命周期。线程的状态表示线程正在运行的活动及所能完成的任务。在线程的运行过程中，可以通过调度在各种状态间相互转化。状态之间存在的关系如图 6-2 所示。

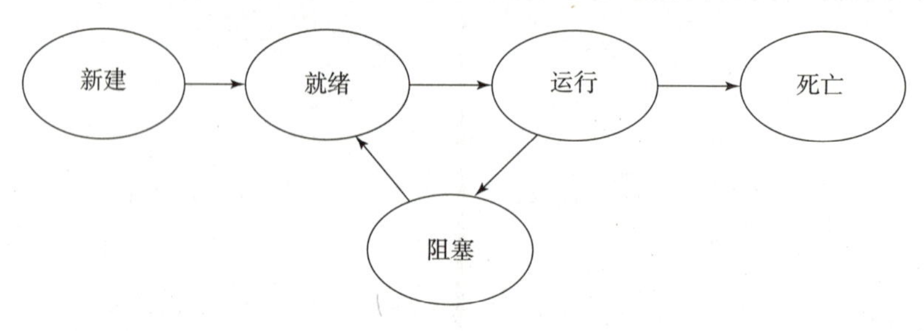

图 6-2　线程 5 种状态之间的关系

1. 新建状态

在程序中通过构造函数声明一个 Thread 类或其子类的对象时，新建线程对象便处于新建状态，已经为其生成了内存空间和资源，但是由于没有调用 start( )方法运行线程，所以还处于不可运行状态。可以采用线程构造方法新建一个线程对象。例如：

```
Thread thread1 =new Thread();
```

2. 就绪状态

就绪状态又称为可运行状态，是指线程已经做好了准备，但调度程序还没有启动线程之前所处的状态。只有当线程对象调用 start( )方法时，线程才进入就绪状态。当线程运行完成或从阻塞、等待或睡眠状态转换后，也进入就绪状态。该状态下线程等待 CPU 的运行，即线程在排队队列中等待执行。线程真正执行的时候，依据线程的优先级别和排队队列的情况进行。

3. 运行状态

就绪状态的线程被 CUP 调用并获得资源时，便处于运行状态。线程的运行是通过调用 run( )方法实现的，这是线程开启运行状态的唯一方式，该方法定义了线程的操作和功能。

4. 阻塞状态

阻塞状态又称为挂起状态或者不可运行状态。如果一个正在执行的线程让出处理器暂时停止执行，就从运行状态变为阻塞状态。在运行状态下调用 sleep( )、suspend( )、wait( )等方法，都会由运行状态变为阻塞状态。阻塞状态下，线程不能进入排队队列等待 CPU 调用，而是进入阻塞队列排队，只有消除了阻塞的原因，线程才能变为就绪状态。由运行状态变为阻塞状态的情况主要包括以下 4 种：

- 调用 sleep( )方法，线程转为阻塞的睡眠状态。
- 调用 suspend( )方法，线程转为阻塞的挂起状态。
- 输入/输出流发生线程阻塞。
- 调用 wait( )方法，等待一个条件变量。

5. 死亡状态

线程调用 stop( )方法或者 destroy( )方法，就进入了死亡状态，此时线程无法继续运行。进入死亡状态主要有两个原因：一是线程正常完成后，正常结束，即线程的 run( )方法执行完成；二是线程被强制停止运行，执行 stop( )方法或 destroy( )方法的线程被终止运行。线程变为死亡状态，就不能再次启动。死亡状态的线程调用 start ( ) 方法，会产生 java. lang. IllegalThreadStateException 异常错误。

三、线程创建

Java 创建线程的最简单方法是通过继承 Thread 线程类来创建。创建线程与创建普通的类的对象的操作是一样的。下面是创建启动一个线程的语句：

```
Thread thread1 =new Thread(); //声明一个对象实例,即创建一个线程
Thread1.run(); //用 Thread 类中的 run()方法启动线程
```

从这个例子看出，可以通过Thread()构造方法创建一个线程，并启动该线程。事实上，启动线程也就是启动线程的run()方法，而Thread类中的run()方法没有具体内容，所以这个线程没有任何操作。要实现线程的预定功能，必须自己定义run()方法。Java中通常有两种方式定义run()方法：

(1) 继承Thread类：定义一个继承Thread类的子类，在子类中对run()方法进行重新定义。子类的实例对象即为一个线程对象，重写该子类的run()方法，启动线程就可以运行run()方法的程序语句。

(2) 实现Runnable接口：Runnable接口有一个抽象方法run()。定义一个实现Runnable接口的类，即在这个run()方法中编写线程程序。启动线程就可以运行run()方法的程序语句，run()方法不需要在程序中调用。

这两种途径都使用了Thread类及其方法，在实现具体的线程操作中都要在run()方法中编写程序。

线程创建后处于新建状态，运行线程执行run()方法，这是通过调用线程的start()方法来实现的。

1. Thread类创建线程

(1) 定义继承Thread类的子类。

```
public class MyThread extends Thread{
  public void run() {… }
}
```

在MyThread类中继承了Thread类，根据线程执行的任务重写run()方法。

(2) 实例化Thread子类。

MyThread类实例化就是通过调用子类的构造函数建立一个线程对象。

例如，MyThread testThread = new MyThread()

(3) Thread类的方法。

Thread类的构造方法见表6-1。

表6-1 Thread类的构造方法

Thread()	建立线程对象
Thread(String name)	建立线程对象，参数name是线程的名字
Thread(Runnable target)	建立线程对象，并为其指定一个实现Runnable接口的对象
Thread(Runnable target, String name)	建立线程对象，并为其指定一个实现Runnable接口的对象和字符串名称

Thread类的常用方法见表6-2。

表 6－2　Thread 类的常用方法

方　法	含　义
void run( )	线程运行的代码
void start( ) throws IllegalThreadStateException	程序开始执行，多次调用会产生例外
void sleep(long milis)	线程进入睡眠状态，休眠的时长为参数 milis，此段时间不占用 CPU 资源
void interrupt( )	线程中断
static boolean interrupted( )	判断当前线程是否被中断
boolean isInterrupted( )	判断指定线程是否被中断
boolean isAlive( )	判断线程是否处于活动状态（即已调用 start，但 run 还未返回）
static Thread currentThread( )	返回当前线程对象的引用
void setName(String threadName)	设置线程名字
String getName( )	获得线程名字
void join([long millis[, int nanos]])	等待线程结束
void destroy( )	销毁线程
static void yield( )	暂停当前线程，将资源让给其他线程
void setPriority (int p)	设置线程的优先级
notify( )/notifyAll( )/wait( )	从 Object 继承而来，实现唤醒/等待功能

下面的例子实现通过上述方法创建线程并启动。

例 6－1：通过继承 Thread 类创建线程，使其循环执行 30 次并输出语句。

代码如下：

```
public class TestThread1
{
public static void main(String[] args){
  Thread t=new Runner1();
  t.start();
}
}
   class Runner1 extends Thread
{
public void run(){
  for (int i=0;i<30 ;i++ )
  {
```

```
        System.out.println("No."+i);
    }
  }
}
```

运行结果如图 6-3 所示。

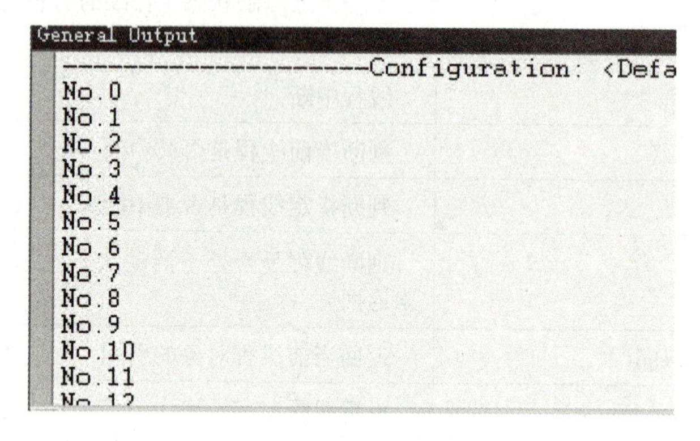

图 6-3　继承 Thread 类创建线程的运行结果

2. Runnable 接口创建线程

（1）定义。

```
public class MyRunnable implements Runnable{
  public void run() {… }
}
```

与 Thread 类创建线程一样，线程的程序执行代码也放在 run( )方法中。

（2）实例化。

使用 Runnable 接口创建线程的程序需要创建一个 Thread 对象，并将其与 Runnable 对象发生关联。Thread 类提供的构造函数都以 Runnable 对象的引用作为参数。

例如：

```
public Thread(Runnable runnableObject)
```

指定 runnableObject 的 run 方法就是该线程开始执行时所要调用的方法。

举例如下：

```
MyRunnable testRunnable=new MyRunnable();
Thread testThread=new Thread(testRunnable);
```

（3）Java.lang.Runnable 的方法 run( )。

例如：启动一个线程。

```
testThread.start();// 执行 run()方法中定义的代码
```

例 6-2：用 Runnable 接口创建线程方法实现例 6-1。

代码如下：

```
public class TestThread2
{
public static void main(String[] args){
  Runner2 r = new Runner2();
  Thread t = new Thread(r);
  t.start();
}
}
class Runner2 implements Runnable
{
public void run(){
  for (int i = 0;i < 30 ;i ++ )
  {
  System.out.println("No." + i);
  }
}
}
```

运行结果如图6-3所示。

两种方式的区别：

继承Thread类的方式使用起来相对简单，并且容易理解，其缺点是继承了Thread的子类就不能再继承其他类了。而Runnable接口创建线程的方式可避免这个问题，并且这种方式可以实现线程主体和线程对象的分离，在实现复杂的多线程问题上逻辑清晰，所以推荐大家更多地采用这种方式。

注意：正确区分并理解run()方法和start()方法：

①run()方法被start()方法调用，来执行线程程序代码。

②run()方法中的程序代码就是线程要实现的功能。

四、线程的优先级

就绪状态的线程在就绪队列中等待CPU资源。就绪队列中可能同时有多个线程排队，此种情况下，对于优先级相同的队列，按照队列“先进先出”的特点，即按照进入就绪队列的顺序依次获得CPU资源。如果希望就绪队列中排队靠后的线程得到尽快执行，可以通过设置就绪队列中优先级的方式来实现。

多线程机制可打乱Java多个线程“先进先出”的特性，将需要紧急处理的线程的优先级设置为高，从就绪队列中优先取得CPU资源，而对于不重要的线程，将其优先级设置得较低，滞后获得CPU资源。在就绪队列中，优先级高的线程可以优先得到CPU资源而得到执行；优先级较低的线程等比它级别高的线程执行完毕后，才能获得CPU

资源。

Thread 类中设置和获得线程优先级的方法分别为：

```
public void setPriority(int newPriority);
public int getPriority( );
```

线程优先级的取值范围是 1 ~ 10，取 10 时优先级最高。Thread 类中有 3 个 int 型的优先级常量：MAX_PRIORITY、NORM_PRIORITY、MIN_PRIORITY，对应的取值分别为 10、5、1。主线程的默认优先级常量是 NORM_PRIORITY。

说明：除了优先级以外，影响线程先后顺序的因素还有程序运行时的系统环境、操作系统实现多任务的调度方法等。即在不同系统下运行同一个多线程程序在各线程交替运行的次序可能是不一样的。Java 线程的优先级高并不代表一定会先执行，只是说明执行的概率高一些，所以在 Java 中用优先级来控制执行顺序是不可行的。

下面举例说明不同优先级的多线程的情况。

例 6 – 3：创建两个线程，调用 start( ) 前设置不同的优先级，并让优先级低的先调用。start( ) 处于就绪状态，看这两个线程的运行次序。运行结果如图 6 – 4 所示。

```
General Output
线程1第0次执行!
线程2第0次执行!
线程1第1次执行!
线程2第1次执行!
线程1第2次执行!
线程2第2次执行!
线程1第3次执行!
线程2第3次执行!
线程1第4次执行!
线程2第4次执行!
线程1第5次执行!
线程2第5次执行!
线程1第6次执行!
线程2第6次执行!
线程1第7次执行!
线程2第7次执行!
线程1第8次执行!
线程2第8次执行!
线程1第9次执行!
线程2第9次执行!

Process completed.
```

图 6 – 4　设置优先级的运行结果

代码实现：

```
public class TestThread5 {
    public static void main(String[ ] args) {
    Thread t1 = new MyThread1();
    Thread t2 = new Thread(new MyRunnable());
    t1.setPriority(10);// 设置优先级
```

```
t2.setPriority(1);
t2.start();
t1.start();
}
}
class MyThread1 extends Thread {
  public void run() {
  for (int i = 0; i < 10; i ++) {
  System.out.println("线程1第" + i + "次执行!");
  try {
  Thread.sleep(100);
  } catch (InterruptedException e) {
  e.printStackTrace();// 打印异常信息
}
}
}
}
class MyRunnable implements Runnable {
  public void run() {
  for (int i = 0; i < 10; i ++) {
  System.out.println("线程2第" + i + "次执行!");
  try {
  Thread.sleep(100);
  } catch (InterruptedException e) {
  e.printStackTrace();
}
}
}
}
```

任务实施

①建立一个 Applet 程序。

②建立两个线程对象：blue_thread 和 red_thread。

③利用 Runnable 接口方式实现多线程。

④编写 Applet 的 HTML 程序。

代码实现：

①BlueRedThread.java 文件：

```
import java.applet.* ;
import java.awt.* ;
public class BlueRedThread extends Applet implements Runnable {
   int x,y;       //显示文字的坐标
   int window_width,window_height;//窗口的宽度和高度
   boolean a = false; //区分红、蓝两种颜色
   Thread blue_thread = new Thread(this);
   Thread red_thread = new Thread(this);
   String s1 = "blue_thread 线程正在运行";
   String s2 = "red_thread 线程正在运行";
   public void init(){
      window_width = this.getSize().width;
      window_height = this.getSize().height;
      x = window_width;
      y = window_height/2;
   }
   public void start(){

      blue_thread.start(); //启动线程
      red_thread.start();
      }
   public void run()
   {
      for(int i =1;i < =1000;i ++)
      {
         if(Thread.currentThread() = =blue_thread)
          a = true;
          else
             if(Thread.currentThread() = =red_thread)
                a = false;
          repaint();
          x - =10;     //x 坐标左移
          if(x <0)
             x = window_width;// 左移到最左端时,再从最右端开始
          try{
             Thread.sleep(1000);// 休眠1000 毫秒
          }
```

```
            catch(InterruptedException e){
                return;
            }
        }
    }
    public void paint(Graphics g) {
        if(a==true){
            g.setColor(Color.blue);
            g.drawString(s1,x,y);
        }
        else{
            g.setColor(Color.red);
            g.drawString(s2,x,y);
        }
    }
    }
```

②BlueRed.html 文件：

```
<html>
<applet code=BlueRedThread.class width=400 height=300>
  </applet>
</html>
```

程序运行结果如图 6-1 所示。

任务2 银行存取款案例

导入任务

在银行中建立一个账户，开户存入金额为 100 元，然后进行取款、存款等操作。运行结果如图 6-5 所示。

```
General Output
----------------------Configuration: <Default>----------
线程B运行结束，增加-50，当前用户账户余额为：50
线程F运行结束，增加20，当前用户账户余额为：70
线程E运行结束，增加55，当前用户账户余额为：125
线程D运行结束，增加-30，当前用户账户余额为：95
线程C运行结束，增加-20，当前用户账户余额为：75
线程A运行结束，增加200，当前用户账户余额为：275

Process completed.
```

图 6-5 存取款问题运行结果

知识准备

一、线程同步

Java 可以同时处理多个线程，但如果多个线程之间同时对共享数据进行操作，则会导致意想不到的结果。比如，同一时刻一个线程 A 正在处理数据，而另一个线程 B 开始读取该数据，B 没等到 A 处理完数据就去读取数据，肯定会导致一个错误的结果。

为保证同一时刻只有一个线程访问多线程共享数据，Java 引入了互斥机制，在同一时刻仅允许一个线程访问多线程共享对象，而将其他线程设置为阻塞状态。只有当该线程访问多线程共享数据结束后，其他线程才允许访问，这就是多线程相互排斥或线程同步，以保证数据操作的完整性。

Java 使用 synchronized 关键字控制多线程排斥，实现线程同步。一个对象操作被 synchronized 关键字修饰时，该对象就被锁定，或者说该对象被监视。在同一个时刻仅允许一个线程访问被锁定的对象。当该线程结束访问时，处于就绪状态的高优先级线程才能访问被锁定的对象，从而实现资源同步。

例如：

```
synchronized void method(){
// 对共享对象的操作
}
```

使用 synchronized 加锁需要访问的共享数据，该方法被加锁，因此称为同步方法。

说明：synchronized 只能用来修饰方法和代码段，不能用来修饰说明类和成员变量。

在 Java 中，每个对象有一个“互斥锁”，该锁用来保证在同一时刻只能有一个线程访问该对象。

锁的使用过程如图 6－6 所示。

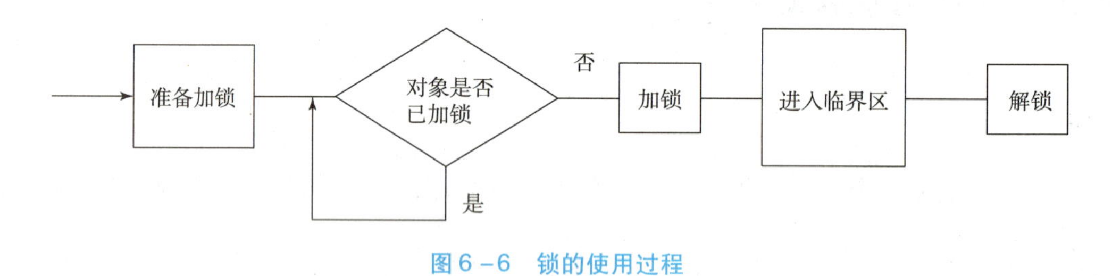

图 6－6 锁的使用过程

有如下两种加锁的方法。

1. 定义同步方法

```
synchronized 方法名{…}
```

例 6－4：有两个订票系统同时发售火车票，两个线程同时提出预订需求，为了不引起混乱，让线程 t1 先获得锁，因此，当线程 t2 也开始执行并欲获锁时，发现该锁已被线程 t1

获得，只好等待。当线程 t1 执行完关键代码后，会将锁释放并通知线程 t2，此时线程 t2 才获得锁并开始执行关键代码。

代码实现：

```
class SaleTickets implements Runnable
{
  private String ticketNo = "1001";  //车票编号
  private int ticket = 1;  //共享私有成员,编号为1001的车票数量为1
  public void run()
  {
  System.out.println(Thread.currentThread().getName()+" is saling
Ticket "+ticketNo);  //当前系统正在处理订票业务
  sale();
  }
  public synchronized void sale()   //同步方法中的代码为关键代码
  {
  if(ticket>0)
  {
   try  //休眠0~1000毫秒,用来模拟网络延迟
  {
  Thread.sleep((int)(Math.random()*1000));
  }catch(InterruptedException e){
  e.printStackTrace();
  }
  ticket=ticket-1;     //修改车票数据库的信息
  System.out.println("ticket is saled by "+Thread.currentThread().
getName()+", amount is: "+ticket);
  //显示当前该车票的预订情况
  }
  else
 System.out.println("Sorry "+Thread.currentThread().getName()+",
Ticket "+ticketNo+" is saled");//显示该车票已被预订
 }
 }
 class TestThread6
 {
  public static void main(String[] args)
 {
```

```
SaleTickets m = new SaleTickets();
Thread t1 = new Thread(m,"System 1");
Thread t2 = new Thread(m,"System 2");
t1.start();
t2.start();
}
}
```

运行结果如图 6-7 所示。

```
General Output
--------------------Configuration: <Default>----
System 1 is saling Ticket 1001
System 2 is saling Ticket 1001
ticket is saled by System 1, amount is: 0
Sorry System 2,  Ticket 1001 is saled

Process completed.
```

图 6-7 同步方法的应用

2. 使用同步语句块

```
方法名{
…
synchronized (this){
//同步语句块
}//进入该代码段时加锁
…
}
```

其中，this 是需要同步的对象的引用。当一个线程欲进入该对象的关键代码时，Java 虚拟机（JVM）将检查该对象的锁是否被其他线程获得，如果没有，则 JVM 把该对象的锁交给当前请求锁的线程，该线程获得锁后，就可以进入花括号之间的关键代码区域了。

将例 6-4 改一下，用同步语句块实现，下面是改动的相关语句，即把同步方法体中的语句写到同步语句块中。

```
synchronized(this)
{
if(ticket >0)
{
  try{   //休眠 0 ~1000 毫秒,用来模拟网络延迟
Thread.sleep((int)(Math.random()* 1000));
}catch(InterruptedException e){}
```

```
  ticket=ticket-1;      //修改车票数据库的信息
  System.out.println("ticket is saled by "+Thread.currentThread().
getName()+", amount is: "+ticket);
  //显示当前该车票的预订情况
  }
  else
  System.out.println("Sorry "+Thread.currentThread().getName()+",
Ticket "+ticketNo+" is saled");//显示该车票已被预订
  }
```

运行结果如图 6-7 所示。

本例题中，线程 t1 先获得该关键代码的对象的锁，因此，当线程 t2 也开始执行并欲获得关键代码的对象的锁时，发现该锁已被线程 t1 获得，只好等待。当线程 t1 执行完关键代码后，会将锁释放并通知线程 t2，此时线程 t2 才获得锁并开始执行关键代码。

可以看到几乎在同一时间两个系统都获得了预订票的指令，但是由于预订票子系统 System1 比 System2 先得到处理，因此编号为 1001 的车票就必须先售给在 System1 提交预定请求的乘客。而在 System2 提交预定请求的乘客并没有得到编号为 1001 的车票，因此系统提示抱歉信息。

这一切正确的显示都源于引入了同步机制，将程序中的关键代码放到了同步代码块中，才使得同一时刻只能有一个线程访问该关键代码块。可见，同步代码块的引入保持了关键代码的原子性，保证了数据访问的安全。

两个方法有什么区别呢?

简单地说，用 synchronized 关键字修饰的方法不能被继承。或者说，如果父类的某个方法使用了 synchronized 关键字来修饰，那么在其子类中该方法的重载方法是不会继承其同步特征的。如果需要在子类中实现同步，应该重新使用 synchronized 关键字来修饰。

在多线程的程序中，虽然可以使用 synchronized 关键字来修饰需要同步的方法，但是并不是每一个方法都可以被其修饰。比如，不要同步一个线程对象的 run( ) 方法，因为每一个线程运行都是从 run( ) 方法开始的。在需要同步的多线程程序中，所有线程共享这一方法，由于该方法又被 synchronized 关键字所修饰，因此一个时间内只能有一个线程能够执行 run( ) 方法，结果所有线程都必须等待前一个线程结束后才能执行。

显然，同步方法的使用要比同步代码块显得简洁。但在实际解决这类问题时，还需要根据实际情况来考虑具体使用哪一种方法来实现同步比较合适。

二、多线程的通信

在现实应用中，很多时候都需要让多个线程按照一定的次序来访问共享资源，例如经典的生产者和消费者问题。这类问题描述了这样一种情况：超市需要有商品，生产者将商品投入超市，消费者去超市消费取商品；如果超市没有商品，则生产者将商品投入超市；如果超市已经有商品，则停止投入商品并等待商品被消费者消费取走为止。如果超市中有商品，则消费者可以消费取走商品；如果超市没有商品，消费者停止消费并等待直到超市再次有商品投入为止。显然，这是一个同步问题，生产者和消费者共享同一资源，并且生产者和消费者之间彼此依赖，互为条件向前推进。

所以，当线程在继续执行前需要等待一个条件方可继续执行时，仅有 synchronized 关键字是不够的。因为虽然 synchronized 关键字可以阻止并发更新同一个共享资源，实现了同步，但是它不能用来实现线程间的消息传递，也就是所谓的通信。而在处理此类问题的时候又必须遵循一个原则，即，对于生产者，在生产者没有生产之前，要通知消费者等待，在生产者生产之后，马上又通知消费者消费；对于消费者，在消费者消费之后，要通知生产者已经消费结束，需要继续生产新的产品以供消费。

其实，Java 提供了 3 个非常重要的方法来巧妙地解决线程间的通信问题。这 3 个方法分别是 wait( )、notify( ) 和 notifyAll( )。

调用 wait( )方法可以使调用该方法的线程释放共享资源的锁，然后从运行态退出，进入等待队列，直到被再次唤醒。而调用 notify( )方法可以唤醒等待队列中第一个等待同一共享资源的线程，并使该线程退出等待队列，进入可运行态。调用 notifyAll( )方法可以使所有正在等待队列中等待同一共享资源的线程从等待状态退出，进入可运行状态，此时，优先级最高的那个线程最先执行。

由于 wait( )方法在声明的时候被声明为抛出 InterruptedException 异常，因此，在调用 wait( )方法时，需要将它放入 try…catch 代码块中。此外，使用该方法时还需要把它放到一个同步代码段中，否则，会出现如下异常：“java. lang. IllegalMonitorStateException：current thread not owner”。

例 6 –5：通过多线程通信来模拟生产者和消费者之间消息传递的过程。

代码实现：

```
class ShareData
{
 private char c;
 private boolean isProduced = false; // 信号量
 public synchronized void putShareChar (char c)  /* 同步方法 put-
ShareChar()* /
 {
 if (isProduced)    // 如果产品还未消费,则生产者等待
 {
 try
 {
 wait();      // 生产者等待
 }catch(InterruptedException e){
 e.printStackTrace();
 }
```

```
}
this.c = c;
isProduced = true;   //标记已经生产
notify();            //通知消费者已经生产,可以消费
}
public synchronized char getShareChar()  //同步方法 getShareChar()
{
if (! isProduced)    //如果产品还未生产,则消费者等待
{
try
{
wait();        //消费者等待
}catch(InterruptedException e){
e.printStackTrace();
}
}
isProduced = false; //标记已经消费
notify();            //通知需要生产
return this.c;
}
}
class Producer extends Thread      //生产者线程
{
private ShareData s;
Producer(ShareData s)
{
this.s = s;
}
public void run()
{
for (char ch ='A'; ch <='D'; ch++)
{
try
{
Thread.sleep((int)(Math.random()*3000));
}catch(InterruptedException e){
e.printStackTrace();
```

```
}
    s.putShareChar(ch);  //将产品放入仓库
    System.out.println(ch + "is produced by Producer.");
    }
    }
    }
    class Consumer extends Thread     //消费者线程
    {
    private ShareData s;
    Consumer(ShareData s)
    {
    this.s = s;
    }
    public void run()
    {
    char ch;
    do{
    try
    {
    Thread.sleep((int)(Math.random()* 3000));
    }catch(InterruptedException e){
    e.printStackTrace();
    }
    ch = s.getShareChar();    //从仓库中取出产品
    System.out.println(ch + " is consumed by Consumer.");
    }while (ch ! ='D');
    }
    }
    class TestThread7
    {
    public static void main(String[] args)
    {
    ShareData s = new ShareData();
    new Consumer(s).start();
    new Producer(s).start();
    }
}
```

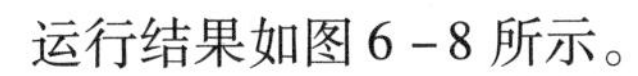

运行结果如图 6－8 所示。

```
General Output
---------------------Configuration: <Defaul
A is produced by Producer.
A is consumed by Consumer.
B is produced by Producer.
B is consumed by Consumer.
C is produced by Producer.
C is consumed by Consumer.
D is produced by Producer.
D is consumed by Consumer.

Process completed.
```

图 6－8　运行结果

任务实施

①创建一用户类 User，User 对象是竞争资源。定义操作（存款、取款）方法 oper(int x)，此方法被多个线程并发操作，因此在该方法上加上同步，并将账户的余额设为私有变量，禁止直接访问。

②创建一线程类 MyThread。

③编写代码。

代码实现：

```
public class account {
public static void main(String[] args) {
User u = new User("小明", 100);
MyThread t1 = new MyThread("线程 A", u, 200);
MyThread t2 = new MyThread("线程 B", u, -50);
MyThread t3 = new MyThread("线程 C", u, -20);
MyThread t4 = new MyThread("线程 D", u, -30);
MyThread t5 = new MyThread("线程 E", u, 55);
MyThread t6 = new MyThread("线程 F", u, 20);
t1.start();
t2.start();
t3.start();
t4.start();
t5.start();
t6.start();
}
}
class MyThread extends Thread {
private User u;
private int y = 0; // 表示存取金额
```

```
MyThread(String name, User u, int y) {
super(name);
this.u = u;
this.y = y;
}
public void run() {
u.oper(y);
}
}
class User {
private String code;
private int cash;
User(String code, int cash) {
this.code = code;
this.cash = cash;
}
public String getCode() {
return code;
}
public void setCode(String code) {
this.code = code;
}
public synchronized void oper(int x) {
try {
Thread.sleep(100);
this.cash + = x;
System.out.println(Thread.currentThread().getName() + "运行结束,
增加" + x + ",当前用户账户余额为:" + cash);
Thread.sleep(100);
} catch (InterruptedException e) {
e.printStackTrace();
}
}
}
```

运行结果如图6-9所示。

```
AA ×
"C:\Program Files\Java\jdk1.8.0_202\bin\java.exe" ...
线程A运行结束，增加200，当前用户账户余额为：300
线程F运行结束，增加20，当前用户账户余额为：320
线程E运行结束，增加55，当前用户账户余额为：375
线程D运行结束，增加-30，当前用户账户余额为：345
线程C运行结束，增加-20，当前用户账户余额为：325
线程B运行结束，增加-50，当前用户账户余额为：275

Process finished with exit code 0
```

图6-9　运行结果

任务3　数数组越界和除数为零异常案例

导入任务

在运行Java程序时，往往会碰到各种各样的意外现象，例如，申请内存时没有申请到、读取的文件不存在、数组下标的超界、除法运算中除数为零。如果这些意外发生的事件没有得到有效处理，可能会导致程序异常退出或得到错误的运行结果。那么设计程序时如何有效地对这些现象进行避免呢？在Java编程语言中使用异常来处理这些意外事件。

本案例将创建一个简单的异常处理的程序，通过学习本案例，掌握异常及异常的处理机制。

知识准备

一、异常处理的概念

异常是用来处理程序执行期间的意外情况或事件的有效机制，是影响正常程序流程的不正常现象。异常产生后，程序可以通过异常处理代码进行解决，保证程序的继续运行，直到正常结束。

那么，异常是如何发生的呢？下面是一个出现异常的小例子。

```
class ExceptionExample1
{public static void main(String[] args)
    {int[] A={50,0,10,100,9};int m=50;double d;
      for(int i=0;i<A.length;i++)
    d=m/A[i];        //被零除的异常
      System.out.println("程序运行正常结束!");
  }
}
```

以上代码运行时就会发生异常，第 5 行语句是发生异常的地方，出现被除数为零的情况。程序运行后中断退出。

二、异常类

在 Java 中是通过什么形式来对异常进行描述和表示的呢？通常，将程序运行过程中发生的异常抽象成不同的类，每个异常类代表一个相应的异常，类中包含异常信息和异常处理方法。在 Java 中，所有的异常都是类 Throwable 的后继子类。类 Throwable 有两个直接子类：Java. lang. Error（错误类）和 Java. lang. Exception（异常类）。Java. lang. Exception 又分为 RuntimeException 和 non-RuntimeException 两大类异常。Java 的异常类的继承关系如图 6－10 所示。

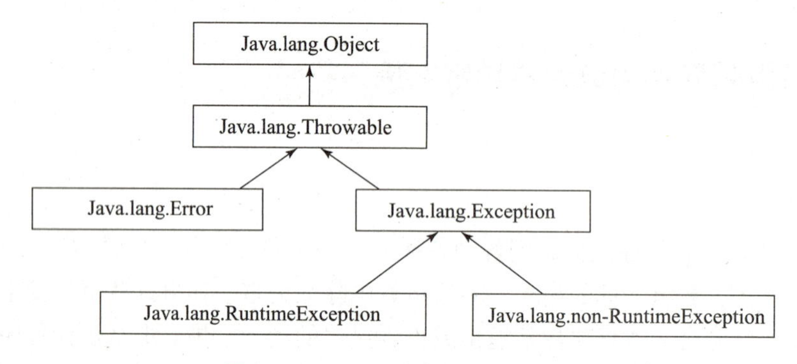

图 6－10　Java 异常类的继承关系

RuntimeException 类有如下一些常用的异常子类：

java. lang. ArithmeticException，算术运算异常，如被零除等。

java. lang. ArrayIndexOutOfBoundsException，数组下标超界异常。

java. lang. StringIndexOutOfBoundsException，字符串下标超界异常。

java. lang. ClassCastException，类型转换异常。

java. lang. NegativeArraySizeException，数组大小为负数异常。

异常类有两个常用方法，在进行异常处理时，用来提供对所发生的异常的简单描述。格式如下：

①String getMessage()。

②String toString()。

如果能适当地处理异常，将会极大地改善程序的可读性、稳定性及可维护性。

三、异常处理

1. try…catch…finally 语句

Java 语言一般采用 try…catch…finally 语句进行异常捕获和处理。异常处理语句的格式如下：

```
try{… }// 程序中的代码
catch(异常类型1 e1) {… }// 第一种可能异常的处理
[catch(异常类型2  e2) {… } // 第二种可能异常的处理
…
finally{… }]// 最终执行的处理语句
```

try 对应的大括号里的内容部分就是被认为可能会发生异常情况的代码段。

catch 后面小括号里的异常类型和 e1、e2 分别是发生的异常类型和异常对象。花括号里的内容则是发生相应异常类型时要执行的处理代码段。catch 语句可以设置多个，分别对应不同的异常。

finally 后面的花括号里的内容，不管发生什么异常都能被程序执行。

try…catch…finally 语句执行的流程如图 6－11 所示。

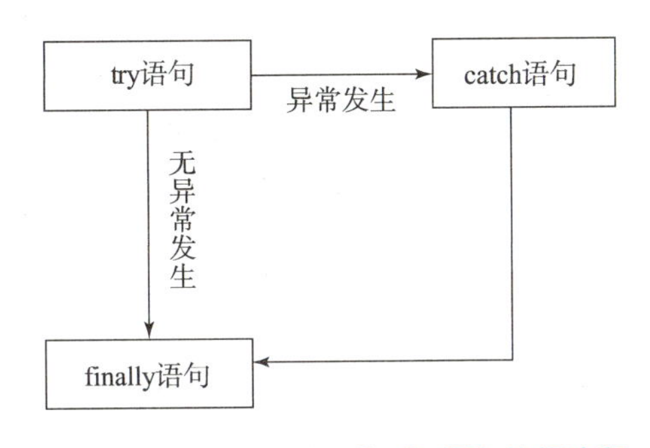

图 6－11　try…catch…finally 语句执行流程

说明：

如果 try 部分的全部代码没有发生异常情况，则顺序执行 finally 后面花括号里的内容部分。

如果 try 部分的代码发生异常情况，并且此异常在本方法内被捕获，则在发生异常处，跳过 try 部分剩余的代码，转向执行异常对应的 catch 部分的全部代码（异常的处理代码），再执行 finally 后面花括号里的内容部分。

如果 catch 部分的代码又发生异常，Java 语言则将这个异常传给本方法的调用者。

如果 try 部分的代码发生异常情况，而在本方法中没有被捕获，则在发生异常处跳过 try 部分剩余的代码，转去执行 finally 部分的代码，最后把异常传给本方法的调用者。

使用 try…catch…finally 语句改写上面的小程序，使得程序执行正常结束。

```
class ExceptionExample1
{public static void main(String[] args)
  { int[] A={50,0,10,100,9};int m=50;double d;
    try{
    for(int i=0;i<A.length;i++)
```

```
    d=m/A[i];// 被零除的异常!
    System.out.println("程序运行正常结束!");
    }
     catch(ArithmeticException e){
    System.out.println("程序运行异常:"+e.getMessage());}
    finally{
    System.out.println("程序运行结束!");}
    }
}
```

上面程序段中第6行发生异常，用catch语句捕获了这种异常，异常处理代码把错误信息输出，第7行代码被跳过没有执行。

运行结果如图6-12所示。

```
"C:\Program Files\Java\jdk1.8.0_202\bin\java.exe" ...
程序运行异常:/ by zero
程序运行结束!

Process finished with exit code 0
```

图6-12　被零除的异常处理程序运行结果

2. throw 语句和 throws 语句

异常处理中一般使用try…catch…finally语句。但异常处理中还有另外一种情况：当编写程序时不想在方法中直接捕获和处理可能发生的异常，也就是说，在方法中不添加try…catch…finally语句，而是使用throw语句和throws语句，将异常抛出给本方法的调用者（上一层方法），由调用者来处理发生的异常。调用者可能自己处理这种异常，也可能将这个异常再抛出给它的调用者。异常就这样逐级上溯，直到找到处理它的代码为止。如果没有任何代码来捕获并处理这个异常，Java将结束这个程序的执行。

通常抛出异常主要有以下步骤：

第一步：确定异常类。

第二步：创建异常类的实例。

第三步：抛出异常。

在方法中通过throw语句明确地抛出一个异常，同时在方法中用throws语句声明此方法将抛出某类型的异常。

throw语句的格式如下：

```
<throw> <new> <异常类型名()>
```

throws语句的格式如下：

```
<返回值类型> <方法名> <([参数])> < throws> <异常类型> {}
```

以下代码是 throw 语句和 throws 语句的应用小程序。

```
// 文件名 ExceptionExample2.java
import java.io.IOException;
public class ExceptionExample2
  {
      Public static void throwException() throws IOException {
        System.out.println("下面产生一个 IO 异常并将其抛出!");
          throw new IOException("抛出我的 IO 异常"); // 抛出异常
        }
     public static void main(String [] args)
     {
        try {
          throwException();
        }
        catch(IOException e) // 捕获异常
        {
          System.out.println("捕获 IO 异常:" + e.getMessage());
        }
      }
  }
```

结果如图 6-13 所示。

```
Console
<terminated> ExceptionExample2 [Java Application]
下面产生一个IO异常并将其抛出!
捕获IO异常: 抛出我的IO异常
```

图 6-13　ExceptionExample2 程序运行结果

任务实施

①创建一类 MultiAbnormality，定义一个 Disp 函数，函数中存在数组越界赋值和除数为零的异常。

②定义主函数，实现 Disp 函数的异常处理。

③编写代码。

代码实现：

```
class  MultiAbnormality
```

```
{
static void Disp(int n)
{
int a =1,b =0;
int arr[]=new int[3];
switch(n)
{
case 0:arr[5]=20;break;
case 1:a =15/b;break;
}
}
public static void main(String args[])
{
int i;
for (i = 0; i < 2; i ++) {
    try {
        System.out.println("i =" + i);
        Disp(i);
    } catch (ArrayIndexOutOfBoundsException e) {
        System.out.println("数组下标越界异常:" +e);
    } catch (ArithmeticException e) {
        System.out.println("除数为零异常");
    } finally {
        System.out.println("执行 finally 代码块!");
    }
}
}
}
}
```

运行结果如图 6－14 所示。

```
"C:\Program Files\Java\jdk1.8.0_202\bin\java.exe" ...
i =0
执行finally代码块!
i =1
执行finally代码块!

Process finished with exit code 0
```

图 6－14　运行结果

习题

一、选择题

1. 线程调用了 sleep( )方法后，将进入（　　）。

   A. 运行状态　　B. 堵塞状态　　C. 终止状态　　D. 就绪状态

2. 关于 Java 线程，下列说法错误的是（　　）。

   A. 线程是以 CPU 为主体的行为

   B. 线程是比进程更小的执行单位

   C. 创建线程有两种方法：继承 Thread 类和实现 Runnable 接口

   D. 新线程一旦被创建，将自动开始运行

3. 线程控制方法中，yield( )方法的作用是（　　）。

   A. 返回当前线程的应用　　B. 使比其低的优先级线程开始启动

   C. 强行终止线程　　D. 让给同优先级线程开始执行

4. 实现线程同步时，应加关键字（　　）。

   A. public　　B. class　　C. synchronized　　D. main

5. 在 Java 程序中读入用户输入的一个值存于变量 i，要求创建一个自定义的异常，如果变量 i 值大于 10，使用 throw 语句显式地引发异常，异常输出信息为“something is wrong!”，正确语句为（　　）。

   A. if(i >10) throw Exception("something is wrong! ");

   B. if(i >10) throw Exception e("something is wrong! ");

   C. if(i >10) throw new Exception("something is wrong! ");

   D. if(i >10) throw new Exception e ("something is wrong! ");

6. （　　）是除 0 异常。

   A. RuntimeException　　B. ClassCastException

   C. ArithmeticException　　D. ArrayIndexOutOfBoundsException

7. 自定义异常类，可以从（　　）类继承。

   A. Error　　B. AWTError

   C. VirtualMachineE　　D. Exception 及其子类

8. 以下是一段 Java 程序代码：

```
 public classTestException {
 public static void main(String args[]) throws Exception {
try { throw new Exception(); }
catch(Exception e)
{ System.out.println("Caught in main()"); }
System.out.println("nothing");
```

```
}
}
```

程序运行后输出结果为（　　）。

A. Caught in main( )　　nothing

B. Caught in main( )

C. nothing

D. 没有任何输出

9. 以下为一段 Java 程序代码：

```
public class testException{
public static void main(String args[]){
 int n[]={0,1,2,3,4};
 int sum=0;
try {
for(int i=1;i<6;i++)
sum=sum+n[i];
System.out.println("sum="+sum); }
catch(ArrayIndexOutOfBoundsException e)
{ System.out.println("数组越界"); }
 finally{System.out.println("程序结束");}
 }
}
```

运行后，输出结果将是（　　）。

A. 10 数组越界 程序结束　　B. 10 程序结束

C. 数组越界 程序结束　　D. 程序结束

二、填空题

1. 线程的实现方式是________和 ________。
2. 线程一般具有的状态是新建、________、________、________、死亡。
3. Throwable 类有两个重要子类：________和________。
4. 在 Java 中，获取对发生的异常的简单描述的两个常用方法分别是________和________。

三、简答题

1. 简述线程的概念及与进程的区别。
2. 简述线程的基本状态。
3. 如何在 Java 中实现多线程？简述两种方法的异同。
4. 分别说明 throw、throws、finally 语句的作用。
5. 异常没有被捕获将会发生什么？
6. 根据创建自定义异常类的格式，编写一个自定义异常类的小程序。

模块 7
输入/输出流

【模块教学目标】

- 了解文件管理概念，掌握 File 类及使用方法
- 了解流的概念，理解字节流和字符流的区别
- 掌握 InputStream 类、OutputStream 类、Reader 类和 Writer 类及其主要方法
- 掌握 FileInputStream 类、FileOutputStream 类、FileReader 类、FileWriter 类的应用
- 掌握 RandomAccessFile 随机访问类的应用

任务 1　文件管理操作

【任务教学目标】

（1）理解文件管理相关概念；
（2）掌握 File 类的构造方法及应用；
（3）掌握 File 类的成员方法及应用；
（4）掌握文件选择对话框的使用方法。

导入任务

设计 Java 应用程序，显示当前 Java 程序所在项目工程的目录结构，并输出文件的常用属性。运行结果如图 7－1 所示。

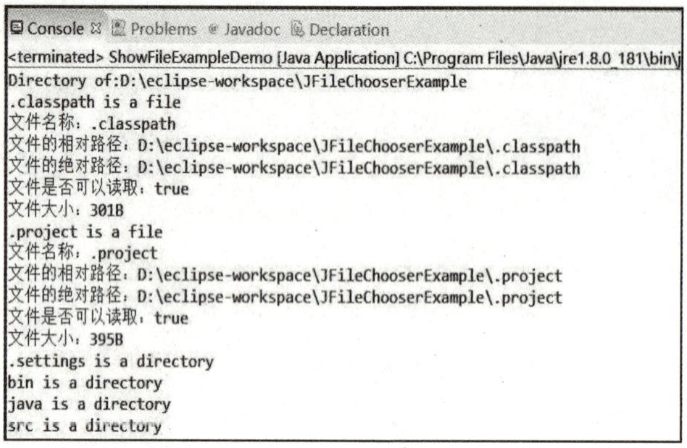

```
Console ⊠ Problems @ Javadoc Declaration
<terminated> ShowFileExampleDemo [Java Application] C:\Program Files\Java\jre1.8.0_181\bin\j
Directory of:D:\eclipse-workspace\JFileChooserExample
.classpath is a file
文件名称: .classpath
文件的相对路径: D:\eclipse-workspace\JFileChooserExample\.classpath
文件的绝对路径: D:\eclipse-workspace\JFileChooserExample\.classpath
文件是否可以读取: true
文件大小: 301B
.project is a file
文件名称: .project
文件的相对路径: D:\eclipse-workspace\JFileChooserExample\.project
文件的绝对路径: D:\eclipse-workspace\JFileChooserExample\.project
文件是否可以读取: true
文件大小: 395B
.settings is a directory
bin is a directory
java is a directory
src is a directory
```

图 7-1　文件信息图

知识准备

一、File 类

在 Java 中，使用 File 类管理和操作文件及目录，比如获取文件路径及文件名、读取或设置文件的各种属性及目录操作等。但是，File 类不能访问文件内容本身，如果要访问，则需要用到后面几节所介绍的输入流/输出流的知识。

1. 构造方法

（1） File(String pathname);

// 通过给定路径的字符串来创建一个 File 实例。

（2） File(String parent, String child);

// 根据 parent 路径字符串和 child 路径字符串（可为文件名称）创建一个 File 实例。

（3） File(File parent, String child);

// 根据 parent 抽象路径和 child 路径字符串（可为文件名称）创建一个 File 实例。

2. 常用方法

File 类中包含了操作和管理文件及目录的多种方法，常用方法见表 7-1 ~ 表 7-3。

表 7-1　获取文件路径和文件名称

方法名称	说明
String getName()	返回表示当前对象的文件名或者路径名
String getPath()	返回相对路径字符串
String getAbsolutePath()	返回绝对路径字符串
String getParent()	返回当前对象所对应目录（最后一级子目录）的父目录名

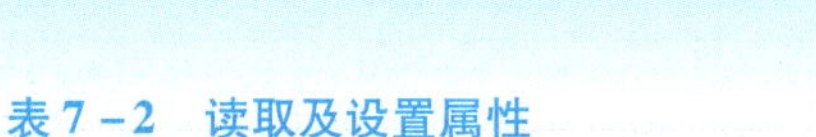

表 7-2 读取及设置属性

方法名称	说明
boolean exists()	判断当前对象（文件或目录）是否存在
boolean canWrite()	判断当前文件是否可被写入
boolean canRead()	判断当前文件是否可被读取
boolean isHidden()	判断当前文件是否是隐藏文件
boolean isFile()	判断当前对象是否是一个文件
boolean isDirectory()	判断当前对象是否是一个目录
boolean isAbsolute()	判断当前对象是否是一个绝对路径名
long lastModified()	获取当前对象最后一次修改的时间
long length()	获取当前文件的长度
boolean setReadOnly()	设置当前文件为只读

表 7-3 文件和目录操作

方法名称	说明
boolean delete()	删除当前对象所指向的文件或目录
boolean renameTo(File)	更改当前文件或目录名称
boolean mkdir()	创建一个目录，必须确保父目录存在，否则创建失败
boolean mkdirs()	创建一个目录，如果父目录不存在，则会创建父目录
boolean createNewFile()	创建一个新文件
String[] list()	返回当前目录下的文件或子目录的字符串数组

例 7-1：使用 File 类中的方法获取计算机中某个文件的常用属性信息。（在 E 盘根目录下创建一个 Test. txt 文本文件，并手动输入“Java 程序设计”内容）

```
import java.io.File;
public class FilePropertiesDemo{
    public static void main(String[] args) {
        File file = new File("E:\\","Test.txt");      //创建文件对象
        System.out.println("是否是一个文件:" +file.isFile());/* 判断是否
是一个文件* /
        System.out.println("是否是一个目录:" +file.isDirectory());/* 判
断是否是一个目录* /
        System.out.println("文件名称:" +file.getName());   /* 输出文件属
性* /
        System.out.println("文件的相对路径:" +file.getPath());
```

```
        System.out.println("文件的绝对路径:" + file.getAbsolutePath());
        System.out.println("文件是否可以读取:" + file.canRead());
        System.out.println("文件是否可以写入:" + file.canWrite());
        System.out.println("文件是否是隐藏文件:" + file.isHidden());
        System.out.println("文件大小:" + file.length() + "B");
        System.out.println("文件最后修改日期:" + file.lastModified());
        }
}
```

二、文件选择对话框

JFileChooser 是一个标准的对话框类，使用该类可以建立文件打开或保存的对话框。

1. 构造方法

（1）JFileChooser()；　　// 构造一个指向用户默认目录的对话框。

（2）JFileChooser(File currentDirectory)；　　// 根据 File 对象构造一个对话框。

（3）JFileChooser(String path)；　　// 根据指定的 path 构造一个对话框。

2. 常用方法

（1）setFileSelectionMode(int mode)；

// 设置对话框，以允许用户只选择文件、只选择目录，或者既可以选择文件，也可以选择目录。

（2）showOpenDialog(Component parent)；

// 弹出一个“Open File”文件选择器对话框。

（3）showSaveDialog(Component parent)；

// 弹出一个“Save File”文件选择器对话框。

（4）setMultiSelectionEnabled (boolean b)；

// 设置文件选择器，以允许选择多个文件。

（5）getSelectedFile()；

// 返回选中的文件。

例 7-2：创建一个打开文件对话框。

```
  import javax.swing.JFileChooser;
  public class FileChooserDemo {
      public static void main(String[] args) {
        // 首先是创建 JFileChooser 对象,默认打开当前文件所在的目录
          JFileChooser file = new JFileChooser (".");
          // 去掉显示所有文件过滤器
          file.setAcceptAllFileFilterUsed(false);
          file.addChoosableFileFilter(new ExcelFileFilter("xls")); /*
添加过滤器* /
```

```
            file.addChoosableFileFilter(new ExcelFileFilter("exe")); /*
添加过滤器* /
  /* 使用 showOpenDialog()方法显示出打开选择文件的窗口,当选择了某个文件后,或
者关闭此窗口,那么都会返回一个整型数值,如果返回的是0,代表已经选择了某个文件。如
果返回1,代表选择了取消按钮或者直接关闭了窗口* /
           int result = file.showOpenDialog(null);
  /* JFileChooser.APPROVE_OPTION 是个整型常量,代表0。也就是说,当
返回0的值时,才执行相关操作,否则什么也不做。* /
            if(result == JFileChooser.APPROVE_OPTION)
           {
           //获得你选择的文件绝对路径并输出。
              String path = file.getSelectedFile().getAbsolutePath();
                System.out.println(path);
              }
              else
              {
                System.out.println("你已取消并关闭了窗口!");
           }
       }
   }
```

运行结果如图7-2所示。

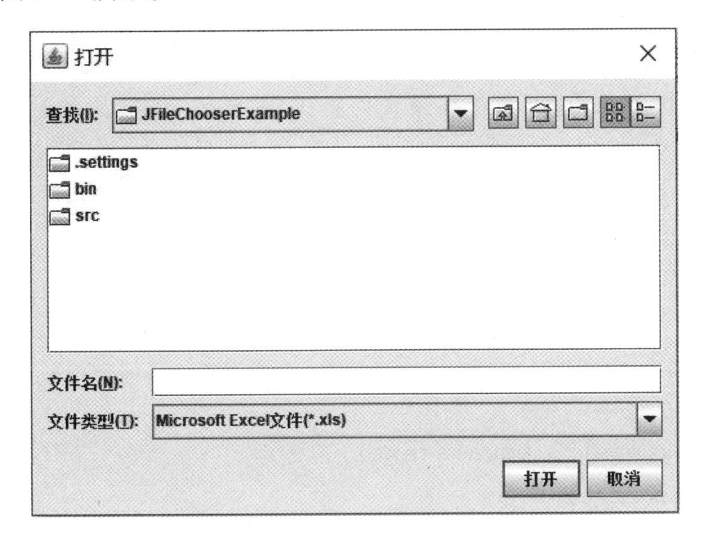

图7-2　运行结果

在上述例子中，用到了ExcelFileFilter类，该类是FileFilter过滤器类的子类。使用过滤器让文件对话框显示指定的文件，过滤掉不需要显示的文件。ExcelFileFilter类的具体形式如下：

```
import java.io.File;
import javax.swing.filechooser.FileFilter;
/* 创建一个文件过滤器,以便让文件对话框显示指定文件。本例以 Excel 文件和 .exe 文件举例。
主要通过重写 FileFilter 类的 accept 来设置相关的过滤器* /
 public  class  ExcelFileFilter extends FileFilter {
  String ext;
  /* 构造方法的参数是需要过滤的文件类型。比如 Excel 文件就是 xls,Exe 文件是 exe* /
  public  ExcelFileFilter(String ext) {
    this.ext = ext;
  }
/* 重写 FileFilter 类的方法,参数是 File 对象。返回值为布尔型。如果为真,表示该文件符合过滤设置,就会显示在当前目录下,如果为假,就会被过滤掉。* /
  public boolean accept(File file) {
/* 首先判断该目录下某个文件是否是目录,如果是,则返回 true,即可以显示在目录下* /
      if (file.isDirectory())
      {
          return true;
      }
 /* 获得某个文件的文件名,然后使用 lastIndexOf()来获得这个文件名字符串中'.'这个字符最后一次出现的位置,并且通过它返回的一个整型来判断该文件是否符合'.'格式,如果不符合,则不显示这个文件:如果符合,就将'.'字符后面的字符串提取出来,并与过滤的文件名相比较,如果相等,则符合该文件格式,并显示出来,如果不相等,就将其过滤掉。* /
      String fileName = file.getName();
      int index = fileName.lastIndexOf('.');
      if (index > 0 && index < fileName.length()-1)
      {
        String extension = fileName.substring(index + 1).toLowerCase();
        if (extension.equals(ext))
        return true;
      }
      return false;
    }
```

```
/* 重写 FileFilter 的方法,作用是在过滤名那里显示出相关的信息。这个与过滤的文
件类型相匹配,通过这些信息,可以明白需要过滤什么类型的文件。* /
      public String getDescription() {
    if (ext.equals("xls"))
    {
    return "Microsoft Excel 文件(* .xls)";
    }
    if(ext.equals("exe"))
    {
    return "可执行文件(* .exe)";
    }
    return "";
    }
}
```

任务实施

本任务的具体实现代码如下:

```
import java.io.File;
public class ShowFileDemo {
    public static void main(String args[]) {
    String dirname = "D:\\eclipse - workspace \\JFileChooserExample";
    File f = new File(dirname);
    if (f.isDirectory()) {
        System.out.println("Directory of:" + dirname);
        String s[] = f.list();
        for (int i = 0; i < s.length; i ++) {
            File f1 = new File(dirname + "\\" + s[i]);
            if (f1.isDirectory()) {
                System.out.println(s[i] + " is a directory");
            } else {
                System.out.println(s[i] + " is a file");
                System.out.println("文件名称:" + f1.getName());
                //输出文件属性
                System.out.println("文件的相对路径:" + f1.getPath());
                        System.out.println ( " 文 件 的 绝 对 路 径:" +
f1.getAbsolutePath());
                System.out.println("文件是否可以读取:" + f1.canRead());
```

```
                    System.out.println("文件大小:" + f1.length() + "B");
                }
            }
        } else {
            System.out.println(dirname + "is not a directory");
        }
    }
}
```

任务2　文件编辑器

【任务教学目标】

（1）了解流的概念，理解 Java 中流的分类及其相关知识；

（2）掌握 Java 中字节流和字符流的区别；

（3）掌握 InputStream 类、OutputStream 类及其主要方法；

（4）掌握 FileInputStream 类、FileOutputStream 类的应用。

导入任务

创建一个简单的文件编辑器，能够创建文件、打开文件、修改编辑文件、保存文件到指定的位置。运行结果如图 7－3 所示。

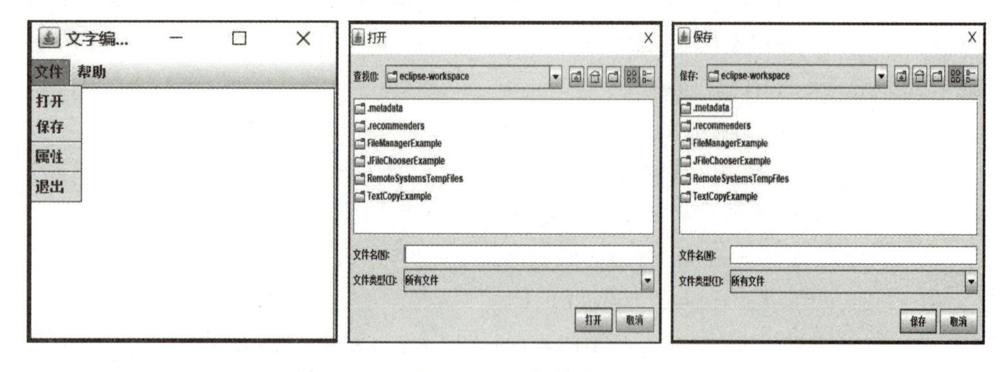

图 7－3　运行结果

知识准备

一、流的概念

1. 流

流是一个很形象的概念，当程序需要读取数据的时候，就会开启一个通向数据源的流，这个数据源可以是文件、内存，或是网络连接。类似地，当程序需要写入数据的时候，就会开启一个通向目的地的流。这时可以想象数据好像在这其中“流”动一样，如图7－4所示。

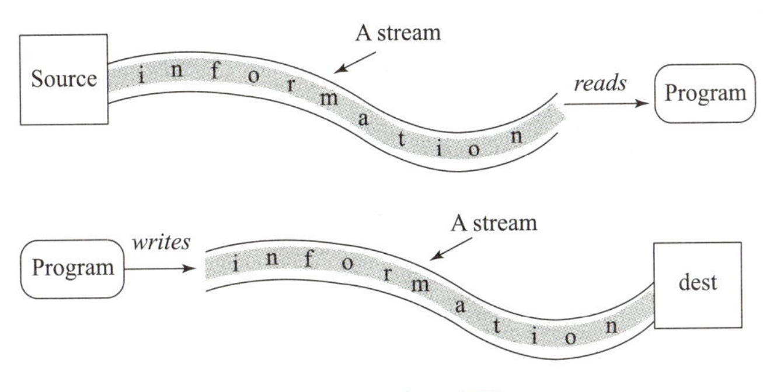

图7－4　流示意图

根据操作的类型，流分为两类，分别是输入流和输出流，一个读取数据序列的对象被称为输入流，一个写入数据序列的对象称为输出流。输出流和输入流是相对于程序本身而言的，程序读取数据称为输入流，程序向其他源写入数据称为输出流。

2. java. io 包

java. io 包中定义了一系列的接口、抽象类、具体类和异常类来描述输入/输出操作，这些接口将程序员与底层操作系统的具体实现细节隔离开来，允许通过文件或者其他方式去访问系统资源。

Java 中的流分为两种：一种是字节流，另一种是字符流，每种流包括输入和输出两种，所以一共四个，分别由四个抽象类来表示：InputStream、OutputStream、Reader、Writer。Java 中其他多种多样变化的流均是由它们派生出来的，其中，InputStream 和 OutputStream 在早期的 Java 版本中已经存在，它们是基于字节流的，而基于字符流的 Reader 和 Writer 是后来加入作为补充的。图7－5展示了 java. io 包的复杂结构。

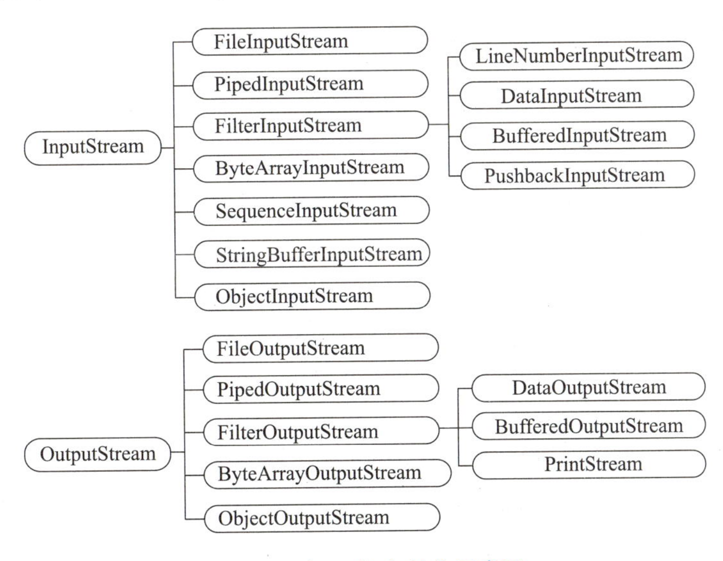

图7－5　java. io 包结构示意图

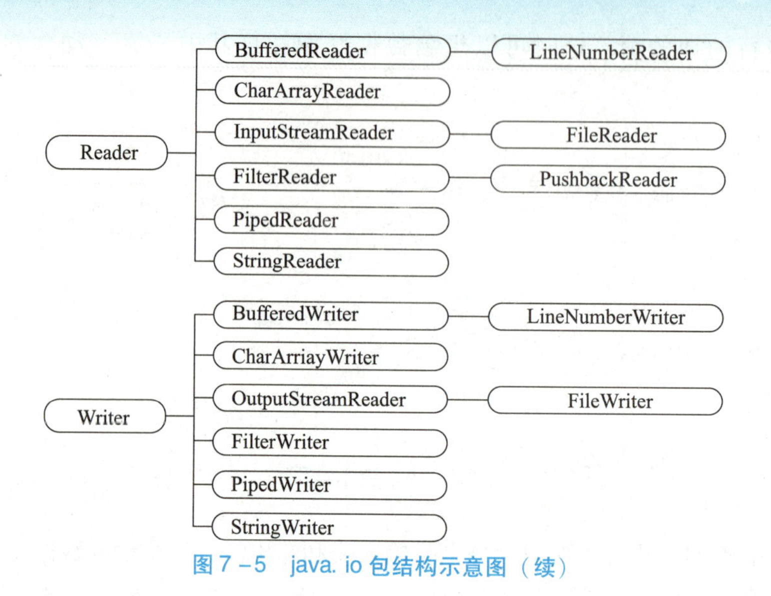

图7－5　java. io包结构示意图（续）

二、字节流

字节流是最基本的流，文件的操作、网络数据的传输等都依赖于字节流。字节流主要操作byte类型数据，以byte数组为准，主要操作类是OutputStream类和InputStream类。作为抽象类，OutputStream和InputStream必须被子类化，才能实现读写操作。

1. OutputStream类

OutputStream是整个I/O包中字节输出流的最大父类。作为抽象类，Java中有很多该类的子类，它们实现了不同数据的输出流。OutputStream类的常用方法有：

（1）void write(int b)；　//将指定的字节写入此输出流。

（2）void write(byte[ ] b)；　//将b. length个字节从指定的字节数组写入此输出流。

（3）void write(byte[ ] b，int off，int len)；　/*将指定字节数组中从偏移量off开始的len个字节写入此输出流。*/

（4）void flush()；　//刷新此输出流并强制写出所有缓冲的输出字节。

（5）void close()；　//关闭当前输出流并释放与当前输出流相关的所有资源。

2. InputStream类

InputStream抽象类是表示字节输入流的所有类的父类。该类定义了一个从打开的连接读取数据的基本接口，定义了操作输入流的各种方法。InputStream类的常用方法有：

（1）int read( )；　//读取一个字节，返回值为所读的字节。

（2）int read(byte b[ ])；　/*读取多个字节，放置到字节数组b中，通常读取的字节数量为b的长度，返回值为实际读取的字节的数量。*/

（3）int read(byte b[ ], int off, int len)；　/*读取len个字节，放置到以下标off开始的字节数组b中，返回值为实际读取的字节的数量。*/

（4）int available( )；　//返回值为流中尚未读取的字节的数量。

（5）long skip(long n)；　/*读指针跳过n个字节不读，返回值为实际跳过的字节数量。*/

(6) void close( );　　// 流操作完毕后，必须关闭。

(7) void mark(int readlimit);　　/* 记录当前读指针所在位置，readlimit 表示读指针读出 readlimit 个字节，所标记的指针位置才失效 */

(8) void reset( );　　// 把读指针重新指向用 mark 方法所记录的位置。

三、文件字节流

文件字节流是指 FileInputStream 类和 FileOutputStream 类，它们分别继承了 InputStream 和 OutputStream 类，用来实现对文件字节流的输入/输出处理，它们提供的方法可以直接打开本机上的文件，并进行顺序读写。

1. FileInputStream 类

FileInputStream 类实现了文件的读取，作为文件字节输入流，重写了父类中所有的方法。FileInputStream 类用于对文件进行输入处理，其数据源和接收器都是文件。FileInputStream 类的常用构造方法为：

(1) FileInputStream(String filepath);

// filepath 指打开并被读取数据文件的全称路径。

(2) FileInputStream(File fileObj);

// fileObj 指被打开并被读取数据的文件。

如果构造方法中的参数 filepath 或 fileObj 不存在，将生成一个 FileNotFoundException，这是一个非运行时异常，必须捕获或声明抛出，否则，编译会出错。

例 7-3：使用 FileInputStream 中的 read 方法，从 fileInputStream_test.txt 文本文件中读取数据。

```
import java.io.*;
public class UseFileInputStreamDemo {
    public static void main(String args[]) {
        try {
        // 创建了类 FileInputStream 的一个对象
              FileInputStream file = new FileInputStream("fileInput-
Stream_test.txt");
            while (file.available()>0) {
                System.out.print((char) file.read());// 调用 read()方法
            }
            file.close();
        } catch (Exception e) {
            System.out.println("not found file");
        }
    }
}
```

2. FileOutputStream 类

FileOutputStream 类是把数据写到一个文件或者文件描述符中。其用于写入诸如图像数据之类的原始字节的流。要写入字符流，将用到后续讲解的 FileWriter 类。FileOutputStream 类的构造方法为：

（1）FileOutputStream(File file)；

// 创建一个向指定 File 对象表示的文件中写入数据的文件输出流。

（2）FileOutputStream(File file，boolean append)；

// 创建一个向指定 File 对象表示的文件中写入数据的文件输出流，append 参数表示是否从文件末尾处开始。

（3）FileOutputStream(String filePath)；

// 根据指定的文件路径和文件名称，创建关联该文件的文件输出流实例对象。

（4）FileOutputStream(String filePath，boolean append)；

// 创建一个向具有指定 filePath 的文件中写入数据的输出文件流。

3. 格式字节数据流

作为数据输入流，DataInputStream 类允许应用程序以与机器无关的方式从底层输入流中读取基本 Java 数据类型，即读取数据时无须关心数据类型占多少字节。应用程序可以使用数据输出流写入由数据输入流读取的数据。DataInputStream 对于多线程访问不一定是安全的。线程安全是可选的，它由此类方法的使用者负责。

DataInputStream 类的构造方法为：

```
DataInputStream(InputStream in);
//创建的数据流指向一个由参数 in 指定的输入流,以便从中读取数据。
```

例如：

```
FileInputStream in =new FileInputStream("Test.txt");
DataInputStream in =new DataInputStream(in);
```

DataOutputSteam：数据输出流，允许应用程序以适当方式将基本 Java 数据类型写入输出流中。然后，应用程序可以使用数据输入流将数据读入。

DataOutputStream 类的构造方法为：

```
DateOutputStream(OutputStream out);   /* 创建的数据流指向一个由参数 out
指定的输出流,以便通过这个数据输出流把 Java 数据类型的数据写到输出流 out 中。*/
```

例如：

```
FileOutputStream out =new FileOutputStream("Test.dat");
DataOutputStream out_data =new DataOutputStream(out);
```

任务实施

本任务的具体实现步骤如下。

①建立本任务的主窗口：

```
import javax.swing.*;
public class note extends JFrame {
     public note() {
       setTitle("文字编辑器");
       setSize(300, 300);// 设置界面大小
       setVisible(true);// 设置对象可见
       setDefaultCloseOperation(JFrame.EXIT_ON_CLOSE);
  // 关闭窗口时,终止程序的运行
       }
     public static void main(String args[]) {
       note frame = new note();
     }
   }
```

运行结果如图 7-6 所示。

图 7-6　运行结果

②添加菜单，添加的代码为斜体代码。

```
import java.awt.*;
import javax.swing.*;
public class note extends JFrame {
   JMenuItem jmiOpen, jmiSave, jmiAttr, jmiExit, jmiAbout;
   JTextArea jta = new JTextArea();
   JLabel jlblStatus = new JLabel();
   public note() {
        JMenuBar mb = new JMenuBar();
        setJMenuBar(mb);
```

```
    JMenu fileMenu = new JMenu("文件");
    mb.add(fileMenu);
    JMenu helpMenu = new JMenu("帮助");
    mb.add(helpMenu);
    fileMenu.add(jmiOpen = new JMenuItem("打开"));
    fileMenu.add(jmiSave = new JMenuItem("保存"));
    fileMenu.addSeparator();
    fileMenu.add(jmiAttr = new JMenuItem("属性"));
    fileMenu.addSeparator();
    fileMenu.add(jmiExit = new JMenuItem("退出"));
    helpMenu.add(jmiAbout = new JMenuItem("关于"));
    getContentPane().add(new JScrollPane(jta), BorderLayout.CENTER);
    getContentPane().add(jlblStatus, BorderLayout.SOUTH);
    setTitle("文字编辑器");
    setSize(300, 300);//设置界面大小
    setVisible(true);//设置对象可见
    setDefaultCloseOperation(JFrame.EXIT_ON_CLOSE);
 //关闭窗口时,终止程序运行
   }
   }
   public static void main(String args[]) {
     note frame = new note();
   }
}
```

运行结果如图7-7所示。

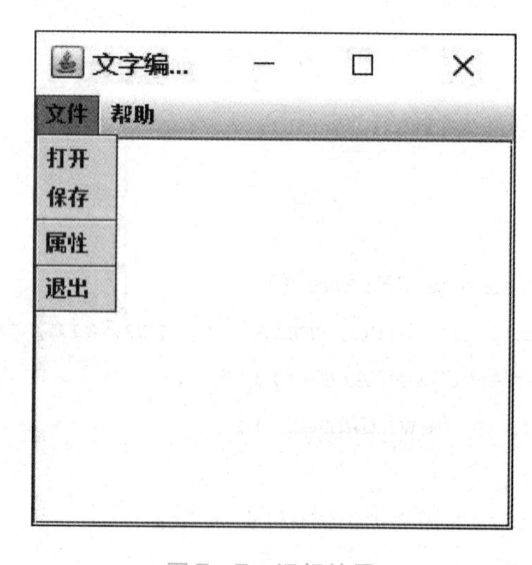

图7-7　运行结果

③添加文件选择对话框，添加的代码为斜体代码。

```
import java.awt.*;
import java.awt.event.*;
import java.io.*;
import javax.swing.*;
public class note extends JFrame implements ActionListener{
JMenuItem jmiOpen,jmiSave,jmiAttr,jmiExit,jmiAbout;
JTextArea jta=new JTextArea();
JLabel jlblStatus=new JLabel();
JFileChooser jFileChooser=new JFileChooser();
public note() {
    JMenuBar mb=new JMenuBar();
    setJMenuBar(mb);
    JMenu fileMenu=new JMenu("文件");
    mb.add(fileMenu);
    JMenu helpMenu=new JMenu("帮助");
    mb.add(helpMenu);
    fileMenu.add(jmiOpen=new JMenuItem("打开"));
    fileMenu.add(jmiSave=new JMenuItem("保存"));
    fileMenu.addSeparator();
    fileMenu.add(jmiAttr=new JMenuItem("属性"));
    fileMenu.addSeparator();
    fileMenu.add(jmiExit=new JMenuItem("退出"));
    helpMenu.add(jmiAbout=new JMenuItem("关于"));
    jFileChooser.setCurrentDirectory(new File("."));
    getContentPane().add(new JScrollPane(jta),BorderLayout.CENTER);
    getContentPane().add(jlblStatus,BorderLayout.SOUTH);
    jmiOpen.addActionListener(this);
    jmiSave.addActionListener(this);
    jmiAttr.addActionListener(this);
    jmiExit.addActionListener(this);
    jmiAbout.addActionListener(this);
    setTitle("文字编辑器");
    setSize(300,300);//设置界面大小
    setVisible(true);//设置对象可见
    setDefaultCloseOperation(JFrame.EXIT_ON_CLOSE);
```

```
        //关闭窗口时,终止程序的运行
        }
        public void actionPerformed(ActionEvent e){
            String actionCommand=e.getActionCommand();
            if(e.getSource() instanceof JMenuItem){
                if("打开".equals(actionCommand))
                    jFileChooser.showOpenDialog(this);
            else if("保存".equals(actionCommand))
                jFileChooser.showSaveDialog(this);
            else if("属性".equals(actionCommand))
                 JOptionPane.showMessageDialog(this," Demonstrate Using
File Dialogs","About This Demo",JOptionPane.INFORMATION_MESSAGE);
            else if("退出".equals(actionCommand))
                System.exit(0);
        }
            }
            public static void main(String args[]){
        note frame=new note();
    }
    }
```

运行结果如图7-8所示。

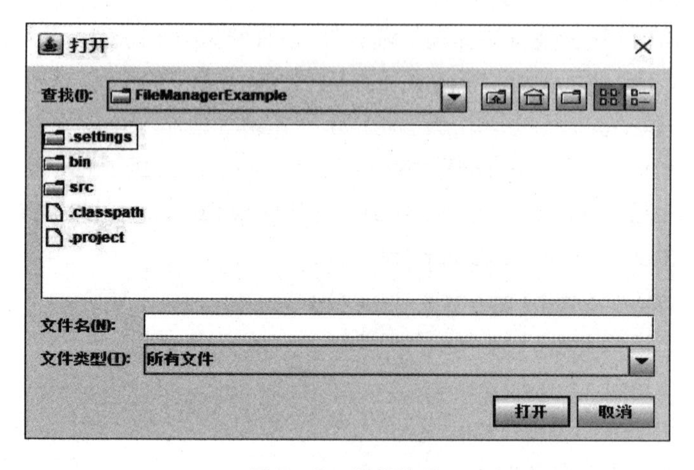

图7-8　运行结果

④此时选中一个文件，单击“打开”按钮还无法读取文件，需要添加读取文件、保存文件和获取文件属性的代码，添加的代码为斜体代码。

```
import java.awt.*;
```

```
import java.awt.event.*;
import java.io.*;
import java.util.*;
import javax.swing.*;
import java.text.SimpleDateFormat;
public class note extends JFrameimplements ActionListener{
JMenuItem jmiOpen,jmiSave,jmiAttr,jmiExit,jmiAbout;
JTextArea jta=new JTextArea();
JLabel jlblStatus=new JLabel();
JFileChooser jFileChooser=new JFileChooser();
public note() {
    JMenuBar mb=new JMenuBar();
    setJMenuBar(mb);
    JMenu fileMenu=new JMenu("文件");
    mb.add(fileMenu);
    JMenu helpMenu=new JMenu("帮助");
    mb.add(helpMenu);
    fileMenu.add(jmiOpen=new JMenuItem("打开"));
    fileMenu.add(jmiSave=new JMenuItem("保存"));
    fileMenu.addSeparator();
    fileMenu.add(jmiAttr=new JMenuItem("属性"));
    fileMenu.addSeparator();
    fileMenu.add(jmiExit=new JMenuItem("退出"));
    helpMenu.add(jmiAbout=new JMenuItem("关于"));
    jFileChooser.setCurrentDirectory(new File("."));
    getContentPane().add(new JScrollPane(jta),BorderLayout.CENTER);
    getContentPane().add(jlblStatus,BorderLayout.SOUTH);
    jmiOpen.addActionListener(this);
    jmiSave.addActionListener(this);
    jmiAttr.addActionListener(this);
    jmiExit.addActionListener(this);
    jmiAbout.addActionListener(this);
    setTitle("文字编辑器");
    setSize(300,300);//设置界面大小
    setVisible(true);//设置对象可见
    setDefaultCloseOperation(JFrame.EXIT_ON_CLOSE);
    //关闭窗口时,终止程序的运行
```

```
    }
    public void actionPerformed(ActionEvent e){
     String actionCommand = e.getActionCommand();
     if(e.getSource() instanceof JMenuItem){
        if("打开".equals(actionCommand))
            open();
        else if("保存".equals(actionCommand))
            save();
        else if("属性".equals(actionCommand))
            attr();
        else if("关于".equals(actionCommand))
            JOptionPane.showMessageDialog (this," Demonstrate Using
File Dialogs","About This Demo",JOptionPane.INFORMATION_MESSAGE);
        else if("退出".equals(actionCommand))
            System.exit(0);
    }
    }
    private void open(){// 如果单击的是打开对话框的“确定”按钮
    if(jFileChooser.showOpenDialog(this) = = JFileChooser.APPROVE_OP-
TION){
        open(jFileChooser.getSelectedFile());// 调用 open 方法
    }
    }
    private void open(File file){
        try{
        FileInputStream fin = new FileInputStream(file);// 文件输入流
        DataInputStream din = new DataInputStream(fin);// 建立数据输入流
        BufferedInputStream in = new BufferedInputStream(din);
    // 带缓冲区的输入流
        byte[] b = new byte[in.available()];// 创建 byte 类型的数组
        in.read(b,0,b.length);// 读取多个字节放入数组 b 中
        jta.setText(new String(b,0,b.length));
        in.close();// 关闭输入流
        jlblStatus.setText(file.getName() + " Opened");
    }catch(IOException ex){
        jlblStatus.setText("Error opening " + file.getName());
    }
    }
```

```
    private void save(){// 如果单击的是保存对话框的"确定"按钮
    if(jFileChooser.showSaveDialog(this) = =JFileChooser.APPROVE_OP-
TION){
        save(jFileChooser.getSelectedFile());// 调用 save 方法
    }
    }
    private void save(File file){
    try{
        FileOutputStream fout =new FileOutputStream(file);// 文件输出流
        DataOutputStream dout = new DataOutputStream(fout);
    // 建立数据输出流
        BufferedOutputStream out = new BufferedOutputStream(dout);
    // 带缓冲区的输出流
        byte[] b = (jta.getText()).getBytes();// 创建 byte 数组
        out.write(b,0,b.length);// 向输出流中写入字节数组 b
        out.close();// 关闭输出流
        jlblStatus.setText(file.getName() +" Saved");
    }catch(IOException ex){
        jlblStatus.setText("Error saving " +file.getName());
    }
    }
    private void attr(){// 如果单击的是打开对话框的"确定"按钮
    if(jFileChooser.showOpenDialog(this) = =JFileChooser.APPROVE_OP-
TION){
        attr(jFileChooser.getSelectedFile());// 调用 open 方法
    }
    }
    private void attr(File file){
        SimpleDateFormat matter = new SimpleDateFormat("yyyy 年 MM 月 dd
日 E HH 时 mm 分 ss 秒");// getName()方法获取当前文件的名称
        jta.setText("文件" +file.getName() +"的属性" +"\n");
    jta.append("--------------\n");
    // getPath()方法获取当前文件的路径
        jta.append("位置:" +file.getPath() +"\n");
    // length()方法获取文件的大小
        jta.append("大小:" +String.valueOf(file.length()) +"\n");
        Calendar cd = Calendar.getInstance();
      /* lastModified()方法得到文件最近修改的时间,该时间是相对于某一时刻的
相对时间。*/
```

```
        cd.setTimeInMillis(file.lastModified());
        jta.append("创建时间:" + String.valueOf(matter.format(cd.getTime
())) + "\n");
        jta.append("------------\n");
      //canRead()方法返回当前文件是否可读。
        jta.append("文件是否可读:" + file.canRead() + "\n");
        //canWrite()方法返回当前文件是否可写。
        jta.append("文件是否可写:" + file.canWrite() + "\n");
        //isHiddern()方法测试当前文件是否具有隐藏属性
        jta.append("文件是否具有隐藏性:" + file.isHidden() + "\n");
        }
        note frame = new note();
        public static void main(String args[]){
    }
}
```

任务3　文件复制

【任务教学目标】

(1) 掌握 Reader 类、Writer 类及它们的主要方法;

(2) 掌握 FileReader、FileWriter 类及它们的应用;

(3) 掌握 Java 中缓冲字符输入流/输出流的使用;

(4) 掌握 RandomAccessFile 类的应用。

导入任务

编写一个程序，将 D 盘下 Hello.txt 文件的所有内容复制到新建文件 "NewHello.txt" 中。若 Hello.txt 文件不存在，则创建该文件，文件复制完成后提示: "文件已复制"。运行结果如图 7-9 所示。

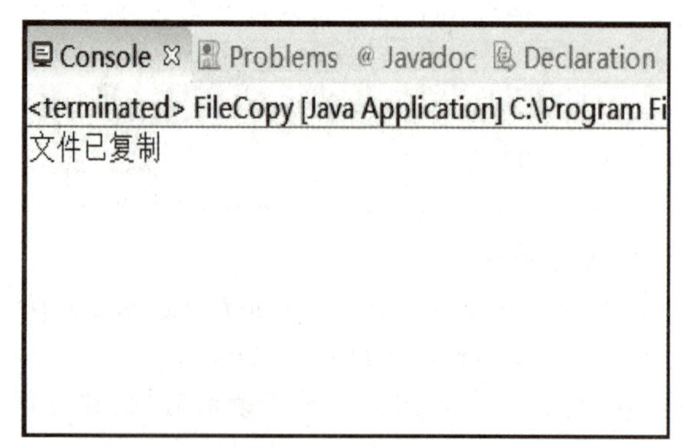

图 7-9　运行结果

知识准备

一、字符流

字符流是用于对以字符为单位的数据进行读取和写入的流类。Reader 和 Writer 是用于读取文本类型的数据或字符串流的父类，定义了基本的方法，其子类根据自身特点实现或重写这些方法。

1. Reader 类

Reader 类是所有字符输入流类的父类，该类定义了许多方法。Reader 类的常用方法有：

(1) int read( );　　// 读取一个字符，返回值为所读的字符。

(2) int read(char b[ ]); /* 读取多个字符，放置到字符数组 b 中，通常读取的字符数量为 b 的长度，返回值为实际读取的字符的数量。*/

(3) int read(char b[ ], int off, int len); /* 读取 len 个字符，放置到以下标 off 开始的字符数组 b 中，返回值为实际读取的字符的数量。*/

2. Writer 类

Writer 抽象类是表示字符输出流的所有类的父类。其定义了操作字符输出流的各种方法。

Writer 类的常用方法有：

(1) void write(int b);　　// 将指定的字符写入此输出流。

(2) void write(char[ ] b);　　// 将 b. length 个字符从指定的字符数组写入此输出流。

(3) void write(char[ ] b, int off, int len);　　/* 将指定字符数组中从偏移量 off 开始的 len 个字符写入此输出流。 */

(4) void flush( );　　// 刷新此输出流并强制写出所有缓冲的输出字符。

(5) void close( );　　// 关闭当前输出流并释放与当前输出流相关的所有资源。

二、文件字符流

文件字符流是指 FileReader 类和 FileWriter 类，用来实现对文件字符流的输入/输出处理，它们提供的方法可以直接打开本机上的文件，并进行顺序读写。使用 FileOutputStream 类向文件中写入数据、使用 FileInputStream 类读取数据，这两个类都只提供了对字节或字节数组的读取方法。由于汉字在文件中占用两个字节，如果使用字节流，读取不好可能会出现乱码现象。此时使用字符流 FileWriter 或 FileReader 类即可避免这种现象。

1. FileWriter

FileWriter 类是文件写入字符流类，它是 Writer 的子类。该类实现将字符数据写入到文件中。常用的构造方法有：

(1) FileWriter(File file);　　// 根据指定 File 对象构造一个 FileWriter 对象。

(2) FileWriter(String fileName); /* 根据指定文件名构造一个 FileWriter 对象。其中，fileName 表示要写入字符的文件名，表示的是完整路径。 */

使用 FileWriter 类的基本模式如下:

```
try {
FileWriter writer = new FileWriter("... 文件名 ...");
while(要写入更多文本) {
...
writer.write(文本的下一部分);
...
}
writer.close();
}
catch(IOException e) {
读取文件出错
}
```

2. FileReader

与文本输出用 FileWriter 类相对应，文本输入用的是 FileReader 类。该类实现了从文件中读取字符数据，其所有方法都是从 Reader 类中继承的。常用的构造方法有:

(1) FileReader(File file); /* 根据给定要读取数据的文件创建一个新的 FileReader 对象。其中，file 表示要从中读取数据的文件。*/

(2) FileReader(String fileName);　/* 根据给定从中读取数据的文件名创建一个新 FileReader 对象。其中，fileName 表示要从中读取数据的文件的名称，表示的是一个文件的完整路径。*/

尽管 FileReader 类有一个读单个字符的方法，却没有读入一行的方法。为此，FileReader 对象通常被包裹在 BufferedReader 的对象中，因为 BufferedReader 定义了一个 readLine 方法。

使用 FileWriter 类从文本文件中读取的基本模式如下:

```
try {
BufferedReader reader = new BufferedReader(
new FileReader("... 文件名 ..."));
String line = reader.readLine();
while(line != null) {
// 对行进行处理
line = reader.readLine();
}
reader.close();
}
```

例 7-4: 将保存在当前工程中的 fileReader_test1.txt 文本文件的内容在控制台显示出来，然后将其另存到 fileReader_test2.txt 文件。代码如下:

```
import java.io.*;
public class FileReaderDemo {
    public static void main(String[] args) throws IOException {
        FileReader in = new FileReader("fileReader_test1.txt");/* 建立
文件输入流*/
        BufferedReader bin = new BufferedReader(in);// 建立缓冲输入流
        FileWriter out = new FileWriter("fileReader_test2.txt",
true);/* 文件输出流*/
        String str;
        while ((str = bin.readLine()) != null) {
            // 将缓冲区内容通过循环方式逐行赋值给字符串 str
            System.out.println(str);// 在屏幕上显示字符串 str
            out.write(str + "\n");/* 将字符串 str 通过输出流写入 fileReader_
test2.txt 中*/
        }
        in.close();
        out.close();
    }
}
```

3. BufferedReader 类

BufferedReader 类是 Reader 的子类，该类能够以行为单位读取文本数据，通过向 BufferedReader 传递一个 Reader 对象，来创建一个 BufferedReader 对象。FileReader 类没有提供读取文本行的功能。BufferedReader 类带有缓冲区，将一批数据读到内存缓冲区，用户直接从缓冲区中获取数据，而不需要每次都从数据源读取数据，从而提高了数据读取的效率。其主要构造方法为:

```
BufferReader(Reader in);    // 根据 Reader 对象创建一个 BufferReader 对象。
```

例 7-5：利用 BufferReader 读取文本文件 bufferedReader_test.txt 中的内容，并在控制台输出内容。

```
import java.io.FileReader;
import java.io.BufferedReader;
import java.io.IOException;
public class BufferedReaderDemo {
    public static void main(String[] args) {
      try {
          /* 创建一个 FileReader 对象 */
          FileReader fr = new FileReader("bufferedReader_test.txt");
```

```
        /* 创建一个 BufferedReader 对象 */
        BufferedReader br = new BufferedReader(fr);
        /* 读取一行数据 */
        String line = br.readLine();
        while (line != null) {
            System.out.println(line);
            line = br.readLine();
        }
        /* 流的关闭 */
        br.close();
        fr.close();
    } catch (IOException e) {
        System.out.println("文件不存在!");
    }
  }
}
```

4. BufferedWriter 类

BufferedWriter 类是 Writer 类的子类，实现以行为单位写入数据。该类也带有缓冲区，将一批数据写入缓冲区，当缓冲区满了以后，将缓冲区的数据一次性写到字符输出流，从而提高了数据的写效率。其主要方法为：

BufferedWriter(Writer out);　// 创建一个 BufferedWriter 缓冲输出流对象。

该类提供一个换行方法：

void newLine();　　// 根据当前的系统，写入一个换行符。

例 7-6：通过缓冲输出流向 bufferedWriter_test.txt 文本文件中写入 3 行数据。代码如下：

```
import java.io.BufferedWriter;
import java.io.FileWriter;
import java.io.IOException;
public class BufferedWriterDemo{
    public static void main(String[] args) throws IOException {
        /* 创建一个 FileReader 对象 */
         FileWriter fileOut = new FileWriter("bufferedWriter_test.
txt");
        /* 创建一个 BufferedWriter 对象 */
        BufferedWriter out = new BufferedWriter(fileOut);
        // 向 Example 文本文件中写入三行数据
        for (int i = 0; i < 3; i++) {
```

```
            out.write("第" + i + "个 hello");
            // 换行
            out.newLine();
        }
        out.close();
    }
}
```

三、RandomAccessFile 随机访问类

Java 编程语言提供了一个 RandomAccessFile 类，用于对文件实现随机读写操作，该类可以读写文件任意位置的数据。

（1）创建一个随机存取文件。可以用如下两种方法来打开一个随机存取文件：

用文件名：myRAFile = new RandomAccessFile(String name, String mode);

用文件对象：myRAFile = new RandomAccessFile(File file, String mode); /* mode 参数决定了这个文件的存取是只读（r）还是读/写（rw）。*/

例如，可以打开一个数据库文件并准备更新：

```
RandomAccessFile myRAFile;
myRAFile = new RandomAccessFile("db/stock.dbf","rw");
```

（2）存取信息。

RandomAccessFile 对象按照与数据输入/输出对象相同的方式来读写信息。可以访问 DataInputStrem 和 DataOutputStream 中所有的 read()和 write()操作。

Java 编程语言在文件中移动的方法：

long getFilePointer(); //返回文件指针的当前位置。

void seek(long pos); /* 设置文件指针到给定的绝对位置。这个位置是按照从文件开始的字节偏移量给出的。位置 0 标志文件的开始。*/

long length(); //返回文件的长度。位置 length()标志文件的结束。

（3）添加信息。

可以使用随机存取文件类来得到文件输出的添加模式。

```
myRAFile = new RandomAccessFile("java.log","rw");
myRAFile.seek(myRAFile.length());
```

例 7-7：使用随机文件类读取文件。使用文件输入类 FileReader 只能将文件内容全部读入。如果要选择读入文件的内容，可以使用随机文件类 RandomAccessFile。

（1）程序功能：建立数据流，通过指针有选择地读入文件内容。

（2）编写 RAFileDemo.java 程序文件，源代码如下：

```
import java.io.* ;
public class RAFileDemo {
```

```
public static void main(String args[]) {
    String str[] = {"First line \n","Second line \n","Last line \n"};
    try {
      RandomAccessFile rf = new RandomAccessFile ("RandomAccessFile_
test.txt ", "rw");
      System.out.println("\n 文件指针位置为:" + rf.getFilePointer());
      System.out.println("文件的长度为:" + rf.length());
      rf.seek(rf.length());
      System.out.println("文件指针现在的位置为:" + rf.getFilePointer());
        for (int i = 0; i < 3; i ++)
            rf.writeChars(str[i]); // 将字符串转为字节串添加到文件末尾
      rf.seek(10);
      System.out.println("\n 选择显示的文件内容:");
      String s;
    While ((s = rf.readLine())! =null)
          System.out.println(s);
      rf.close();
      }
      catch (FileNotFoundException fnoe) {}
      catch (IOException ioe) {}
    }
}
```

(3) 编译并运行程序，结果如图 7 – 10 所示。

```
Console ⌧  Problems  @ Javadoc  Declaration
<terminated> RAFileDemo [Java Application] C:\Program Files\Ja

 文件指针位置为：0
文件的长度为：0
文件指针现在的位置为：0

 选择显示的文件内容：
   l i n e
 S e c o n d   l i n e
 L a s t   l i n e
```

图 7 – 10　运行结果

任务实施

具体代码如下：

```
import java.io.* ;
public class FileCopy {
    public static void main(String[] args) {
        int b = 0;
        FileReader in = null;
        FileWriter out = null;
        try {
            in = new FileReader("D:\Hello.txt"); /* Hello.txt 文本文件在
D 盘根目录下* /
            out = new FileWriter("D:\NewHello.txt");
            while ((b = in.read()) ! = -1) {
                out.write(b);
            }
            out.close();
            in.close();
        } catch (IOException e1) {
            System.out.println("文件复制错误");
            System.exit(-1);
        }
        System.out.println("文件已复制");
    }
}
```

习题

一、选择题

1. 在 Java 语言中，I/O 类被分割为输入流和输出流两部分，所有的输入流都是从抽象类 InputStream 和__________继承而来的，所有输出流都是从__________和 Writer 继承而来的。
2. 用于创建一个随机存取文件的类是__________。

二、单项选择题

1. 字符输出流是（　　）。

   A. OutputStream 或 Writer 的子类

   B. OutputStream 的子类

   C. Writer 的子类

D. Output 的子类

2. Character 流与 Byte 流的区别是（　　）。

A. 每次读入的字节数不同

B. 前者带有缓冲，后者没有

C. 前者是块读写，后者是字节读写

D. 二者没有区别，可以互换使用

三、应用题

1. 简述字符流和字节流的区别。
2. 编写一段代码实现以下功能：统计一个文件中字母“A”和“a”出现的总次数。
3. 编写一段代码实现如下功能：顺序读取一组文件（文件数不小于3）中所有数据，并写到新文件中。如果在读/写的过程中发生了错误，则将错误信息输出到屏幕上。
4. 编写一个程序，将一个图像文件复制到指定的文件中。

模块 8
数据库编程

【模块教学目标】

- 掌握 MySQL 数据库的下载、安装和配置，了解 MySQL 的常用命令
- 掌握数据库驱动程序的装载、建立与数据库的连接
- 掌握数据库的增、删、改、查等基本操作

任务　学生信息管理系统

导入任务

用图形用户界面实现一个简单的学生管理系统，包含下列功能：能显示所有学生的信息，能根据关键字进行查询，还能修改信息和删除信息等。

知识准备

一、MySQL 数据库

数据库（Database，DB）就是存放数据的仓库，是为了实现一定目的，按照某种规则组织起来的数据的集合。数据有多种形式，如文字、数码、符号、图形、声音等，从广义的角度上定义，计算机中任何可以保存数据的文件或者系统都可以称为数据库，如一个 Word 文件等。

常见数据库有 Oracle、SQL Server、MySQL 等。

本模块选用的是 MySQL 数据库：

（1）运行速度快：MySQL 体积小，命令执行的速度快。

（2）使用成本低：MySQL 是开源的，并且提供免费版本，对大多数用户来说大大降低了使用成本。

（3）容易使用：与其他大型数据库的设置和管理相比，其复杂程度较低，易于使用。

（4）可移植性强：MySQL 能够运行于多种系统平台上，如 Windows、Linux、UNIX 等。

（5）使用用户更多：MySQL 支持最常用的数据管理功能，适用于中小企业甚至大型网站。

（一）MySQL 数据库的下载

（1）下载 MySQL。

去官网下载 MySQL Community Server 8. 0. 18，如图 8－1 所示。

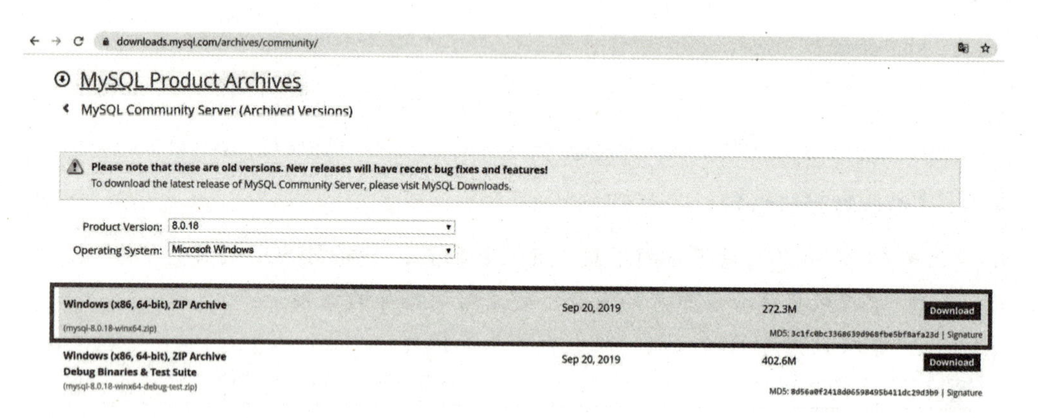

图 8－1　MySQL Community Server 8. 0. 18 的下载页面

（2）下载完成后进行解压，如图 8－2 所示。

Data (D:) › mysql › mysql-8.0.18-winx64

名称	修改日期	类型	大小
bin	2020/4/8 12:54	文件夹	
Data	2020/4/8 13:19	文件夹	
docs	2020/4/8 12:54	文件夹	
etc	2020/4/8 12:54	文件夹	
include	2020/4/8 12:54	文件夹	
lib	2020/4/8 12:54	文件夹	
run	2019/9/20 19:18	文件夹	
share	2020/4/8 12:54	文件夹	
var	2020/4/8 12:54	文件夹	
LICENSE	2019/9/20 16:30	文件	400 KB
LICENSE.router	2019/9/20 16:30	ROUTER 文件	101 KB
README	2019/9/20 16:30	文件	1 KB
README.router	2019/9/20 16:30	ROUTER 文件	1 KB

图 8－2　解压之后的目录

（二）MySQL 数据库的配置

1. 配置初始化的 my. ini 文件

解压后的目录并没有 my. ini 文件，可以自行创建。在安装根目录下添加 my. ini 文件（新建文本文件，将文件类型改为的 . ini），写入如图 8－3 所示基本配置。

my - 记事本

文件(F) 编辑(E) 格式(O) 查看(V) 帮助(H)

```
[mysqld]
# 设置3306端口
port=3306
# 设置mysql的安装目录
basedir=d:\mysql\mysql-8.0.18-winx64
# 设置mysql数据库的数据的存放目录
datadir=d:\mysql\mysql-8.0.18-winx64\Data
# 允许最大连接数
max_connections=200
# 允许连接失败的次数。
max_connect_errors=10
# 服务端使用的字符集默认为utf8mb4
character-set-server=utf8mb4
# 创建新表时将使用的默认存储引擎
default-storage-engine=INNODB
# 默认使用"mysql_native_password"插件认证
#mysql_native_password
default_authentication_plugin=mysql_native_password
[mysql]
# 设置mysql客户端默认字符集
default-character-set=utf8mb4
[client]
# 设置mysql客户端连接服务端时默认使用的端口
port=3306
default-character-set=utf8mb4
```

图 8－3　配置初始化的 my. ini 文件

注意：配置文件中的路径要和实际存放的路径一致（不要手动创建 Data 文件夹）。

2. 初始化 MySQL

打开“命令提示符”，在安装时，为了避免出错，使用管理员身份运行 CMD，如图 8－4 所示，否则，在安装时会报错，导致安装失败。

命令提示符

应用

打开

以管理员身份运行

打开文件位置

固定到"开始"屏幕

固定到任务栏

图 8－4　以管理员身份运行 CMD

打开后进入 MySQL 的 bin 目录，执行命令“mysqld --initialize --console”，如图 8－5 所示。

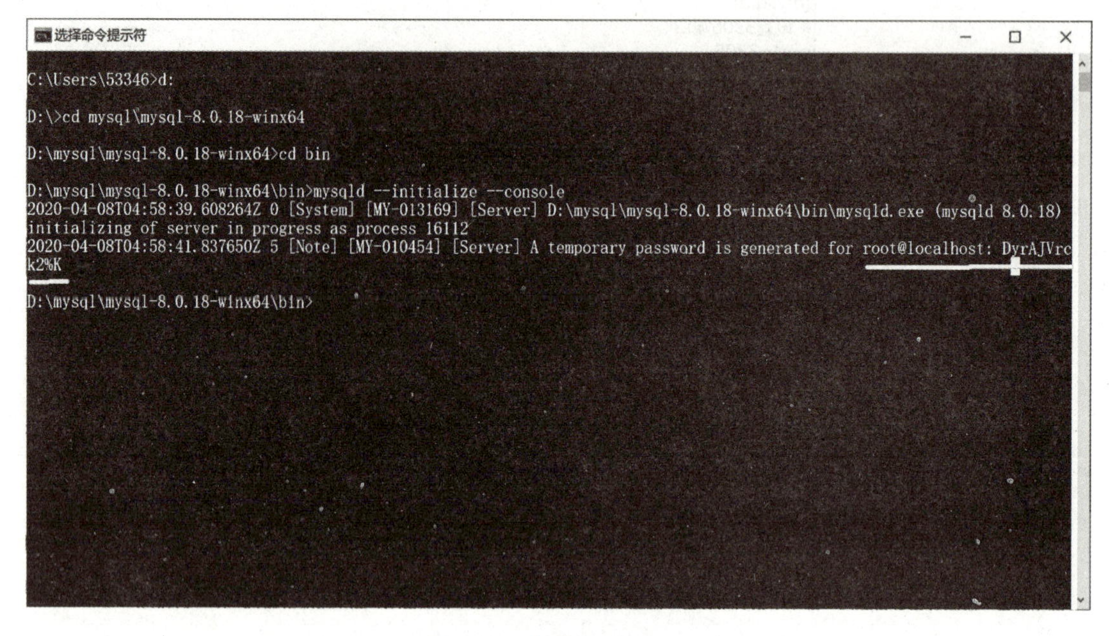

图 8－5　初始化 MySQL

注意：[MY－010454]［Server］为 root@ localhost 生成临时密码：DyrAJVrck2% K。在没有更改密码前，需要记住这个密码，后续登录需要用到。

3. 安装 MySQL 服务

安装 MySQL 服务，执行命令“mysqld --install [服务名]”（服务名可以不加，默认为 MySQL），如图 8－6 所示。

```
d:\mysql\mysql-8.0.18-winx64\bin>mysqld --install
Service successfully installed.
```

图 8－6　安装 MySQL 服务

4. 启动 MySQL 服务

通过命令“net start mysql”启动 MySQL 的服务，如图 8－7 所示。

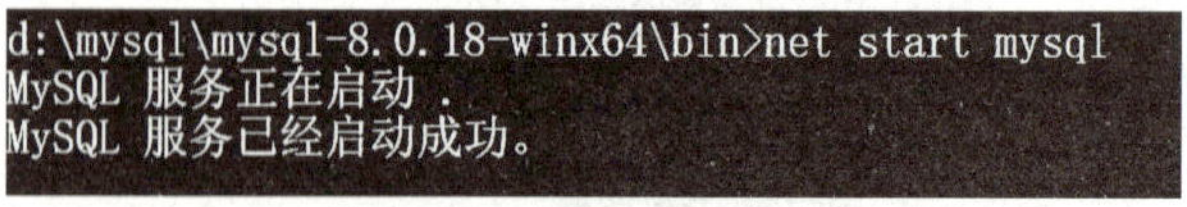

```
d:\mysql\mysql-8.0.18-winx64\bin>net start mysql
MySQL 服务正在启动 .
MySQL 服务已经启动成功。
```

图 8－7　启动 MySQL 服务

5. 连接 MySQL，修改密码

在 MySQL 的 bin 目录下进行数据库连接，输入命令“mysql －u root －p”，按 Enter 键后

输入刚才生成的临时密码：DyrAJVrck2%K，按 Enter 键，如图 8－8 所示。

```
D:\mysql\mysql-8.0.18-winx64\bin>mysql -u root -p
Enter password: ******
Welcome to the MySQL monitor.  Commands end with ; or \g.
Your MySQL connection id is 11
Server version: 8.0.18 MySQL Community Server - GPL

Copyright (c) 2000, 2019, Oracle and/or its affiliates. All rights reserved.

Oracle is a registered trademark of Oracle Corporation and/or its
affiliates. Other names may be trademarks of their respective
owners.

Type 'help;' or '\h' for help. Type '\c' to clear the current input statement.

mysql>
```

图 8－8　连接 MySQL

当出现“mysql >”时，就可以修改密码了，输入命令：

```
ALTER USER'root'@ 'localhost'INDETIFIED BY'新密码';
```

如图 8－9 所示。

```
mysql> ALTER USER 'root'@'localhost' IDENTIFIED BY '123456';
Query OK, 0 rows affected (0.02 sec)
```

图 8－9　修改密码

以后登录 MySQL 时，需要使用新密码。

至此，MySQL 数据库就配置完成了。

（三）MySQL 的常用命令

数据库系统的常用命令很多，这里简单介绍三类：启动与退出、库操作、表操作。如需详细了解，可以参考专门的介绍 MySQL 数据库的教材。

1. 启动与退出

（1）启动：打开 CMD，进入 MySQL 的 bin 目录，输入命令“mysql －u root －p”，按 Enter 键后输入上一节修改的新密码 123456，按 Enter 键，即启动了 MySQL。此时的提示符是“mysql >”。

（2）退出：在“mysql >”后输入“quit”或“exit”。

2. 库操作

（1）创建数据库。

命令：CREATE DATABASE ＜数据库名＞；

例如，建立一个名为 XSGL 的数据库：

```
MYSQL > CREATE DATABASE XSGL;
```

（2）显示所有的数据库。

命令：SHOW DATABASES；（注意：最后有个 S）

```
MYSQL > SHOW DATABASES;
```

（3）删除数据库。

命令：DROP DATABASE ＜数据库名＞;

例如，删除名为 XSGL 的数据库：

```
MYSQL > DROP DATABASE XSGL;
```

（4）连接数据库。

命令：USE ＜数据库名＞;

例如，如果 XSGL 数据库存在，尝试存取它：

```
MYSQL > USE XSGL;
```

屏幕提示：DATABASE CHANGED

（5）查看当前使用的数据库。

```
MYSQL > SELECT DATABASE();
```

（6）显示当前数据库包含的表信息。

```
MYSQL > SHOW TABLES;
```

注意：最后有个 S。

3. 表操作，操作之前应连接某个数据库

（1）建表。

命令：CREATE TABLE ＜表名＞(＜字段名 1＞＜类型 1＞[,…＜字段名 N＞＜类型 N＞]);

例如，新建表 MYCLASS：

```
MYSQL > CREATE TABLE MYCLASS(
> ID INT(4) NOT NULL PRIMARY KEY AUTO_INCREMENT,
> NAME CHAR(20) NOT NULL,
> SEX INT(4) NOT NULL DEFAULT '0',
> DEGREE DOUBLE(16,2));
```

（2）获取表结构。

命令：DESC 表名或者 SHOW COLUMNS FROM 表名;

```
MYSQL >DESCRIBE MYCLASS;
MYSQL > DESC MYCLASS;
MYSQL > SHOW COLUMNS FROM MYCLASS;
```

（3）删除表。

命令：DROP TABLE ＜表名＞;

例如，删除表名为 MYCLASS 的表：

```
MYSQL > DROP TABLE MYCLASS;
```

（4）插入数据。

命令：INSERT INTO <表名>[(<字段名1>[,…<字段名N>])]VALUES(值1)[,(值N)];

例如，往表MYCLASS中插入两条记录，这两条记录表示：编号为1的名为TOM的成绩为96.45，编号为2的名为JOAN的成绩为82.99，编号为3的名为WANG的成绩为96.5。

```
MYSQL> INSERT INTO MYCLASS VALUES(1,'TOM',96.45),(2,'JOAN',82.99),
(3,'WANG', 96.59);
```

（5）查询表中的数据。

①查询所有行。

命令：SELECT <字段1，字段2，…>FROM <表名>WHERE <表达式>;

例如，查看表MYCLASS中所有数据：

```
MYSQL> SELECT * FROM MYCLASS;
```

②查询前几行数据。

例如，查看表MYCLASS中的前两行数据：

```
MYSQL> SELECT * FROM MYCLASS ORDER BY ID LIMIT 0,2;
```

或者

```
MYSQL> SELECT * FROM MYCLASS LIMIT 0,2;
```

（6）删除表中数据。

命令：DELETE FROM 表名 WHERE 表达式;

例如，删除表MYCLASS中编号为1的记录：

```
MYSQL> DELETE FROM MYCLASS WHERE ID=1;
```

（7）修改表中数据。

命令：UPDATE 表名 SET 字段=新值，…WHERE 条件;

```
MYSQL> UPDATE MYCLASS SET NAME='MARY'WHERE ID=1;
```

（8）在表中增加字段。

命令：ALTER TABLE 表名 ADD 字段 类型 其他;

例如，在表MYCLASS中添加了一个字段PASSTEST，类型为INT(4)，默认值为0：

```
MYSQL> ALTER TABLE MYCLASS ADD PASSTEST INT(4) DEFAULT '0'
```

（9）更改表名。

命令：RENAME TABLE 原表名 TO 新表名;

例如，将表MYCLASS名字更改为YOUCLASS：

```
MYSQL> RENAME TABLE MYCLASS TO YOUCLASS;
```

（10）更新字段内容。

命令：

UPDATE 表名 SET 字段名 = 新内容；

UPDATE 表名 SET 字段名 = REPLACE（字段名，'旧内容'，'新内容'）；

例如，在文章前面加入4个空格：

```
UPDATE ARTICLE SET CONTENT=CONCAT('    ',CONTENT);
```

4. 字段类型

（1）INT[(M)] 型：正常大小整数类型。

（2）DOUBLE[(M,D)] [ZEROFILL] 型：正常大小（双精密）浮点数字类型。

（3）DATE 日期类型：支持的范围是1000－01－01～9999－12－31。MYSQL 以 YYYY－MM－DD 格式来显示 DATE 值的，但是允许使用字符串或数字把值赋给 DATE 列。

（4）CHAR(M) 型：定长字符串类型，当存储时，总是使用空格填满右边到指定的长度。

（5）BLOB TEXT 类型：最大长度为65 535（$2^{16}-1$）个字符。

（6）VARCHAR 型：变长字符串类型。

5. 实例

例8－1：创建数据库，建表，插入数据并查询数据。

（1）创建数据库 xsgl。

输入命令：

```
create database xsgl;
```

如图8－10所示。

```
mysql> create database xsgl;
Query OK, 1 row affected (0.03 sec)
```

图8－10　建库

（2）创建数据表 student。

先输入命令：

```
use xsgl;
```

按 Enter 键后，再输入命令：

```
create table student(
Sno char(10) primary key,
Sname char(20) unique,
Ssex char(2),
Sage int,
Sdept char(20));
```

如图8－11所示。

```
mysql> use xsgl;
Database changed
mysql> create table student(
    ->              Sno char(10) primary key,
    ->              Sname char(20) unique,
    ->              Ssex char(2),
    ->              Sage int,
    ->              Sdept char(20));
Query OK, 0 rows affected (0.07 sec)
```

图8－11　建表

（3）插入数据。

输入命令：

```
insert into student values(2020001,'Tom','男',18,'计算机应用');
```

如图8－12所示。

```
mysql> insert into student values(2020001,'Tom','男',18,'计算机应用');
Query OK, 1 row affected (0.01 sec)
```

图8－12　插入数据

（4）查询数据。

输入命令：

```
select *  from student;
```

如图8－13所示。

```
mysql> select * from student;
+---------+-------+------+------+------------+
| Sno     | Sname | Ssex | Sage | Sdept      |
+---------+-------+------+------+------------+
| 2020001 | Tom   | 男   |   18 | 计算机应用 |
+---------+-------+------+------+------------+
1 row in set (0.00 sec)
```

图8－13　查询数据

二、数据库连接

（一）JDBC概述

编程语言的一个重要功能就是处理数据。Java语言作为网络中最流行的编程语言自然也不例外。因为Java具有跨平台的特性，所以Java语言需要处理大量分布在不同硬件平台上、格式各异的数据资源，因此，Java语言对数据库的支持是影响Java语言生命力的一个重要因素。Java语言提供了一个非常有效的数据库开发工具——JDBC（Java DataBase Connectivity，Java数据库连接）来支持针对数据库的操作。

1. JDBC 的概念

JDBC 是一个独立于特定数据库管理系统的、通用的 SQL 数据库存取和操作的公共接口（Application Programming Interface，API），定义了用来访问数据库的标准 Java 类库，使用这个类库可以以一种标准的方法方便地访问数据库资源（在 java. sql 包和 javax. sql 包中）。用 JDBC 编写的程序能够自动地将 SQL 语句传送给相应的数据库管理系统，并且程序可能在任何支持 Java 的平台上运行，不必在不同的平台上编写不同的应用，增强了数据库的访问能力，大大简化和加快了开发过程。

JDBC 的体系结构如图 8－14 所示。在体系结构中，JDBC API 屏蔽不同的数据库驱动程序之间的差别，为开发者提供一个标准的、纯 Java 的数据库程序设计接口，为在 Java 中访问不同类型的数据库提供技术支持。驱动程序管理器（Driver Manager）为应用程序装载数据库驱动（JDBC Driver），数据库驱动程序是与具体的数据库相关的，由数据库开发商提供，用于向数据库提交 SQL 请求，完成对数据库的访问。

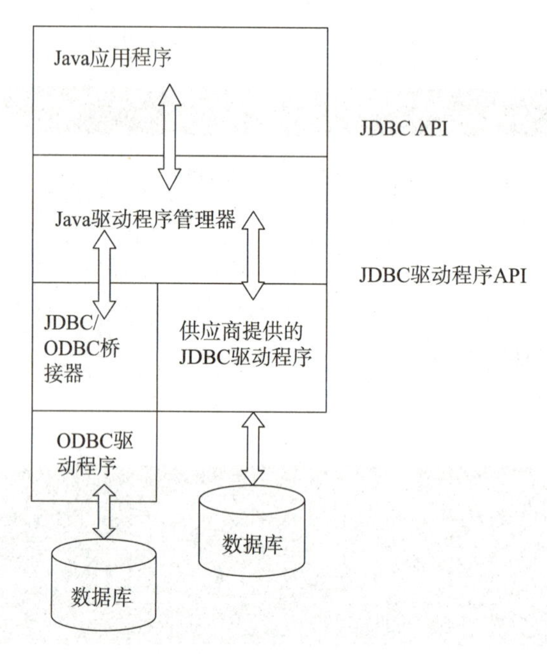

图 8－14　JDBC 的体系结构

JDBC 接口（API）包含两层。

① JDBC API：抽象接口，负责与 JDBC 驱动程序管理器 API 进行通信，供应用程序开发人员使用（连接数据库，发送 SQL 语句，处理结果）。

② JDBC 驱动程序 API：JDBC 驱动程序管理器与实际连接到数据库的第三方驱动程序进行通信（执行 SQL 语句，返回查询信息），供各开发商开发数据库驱动程序（JDBC Driver）使用。JDBC Driver 是一个类的集合，实现了 JDBC 所定义的类和接口，提供了一个能实现 java. sql. Driver 接口的类。

作为编程者，要学习的是面向应用的 API，即如何在程序中编写代码，调用 JDBC API 实现对数据库的连接，执行 SQL 语句等操作。

2. JDBC 驱动程序的类型

目前比较常见的 JDBC 驱动程序可分为以下四个种类：

(1) JDBC-ODBC 桥接器。

这种方式通过 JDBC-ODBC 桥接器与 ODBC 数据源通信。注意，必须将 ODBC 二进制代码（许多情况下还包括数据库客户机代码）加载到使用该驱动程序的每个客户机上。因此，这种类型的驱动程序最适用于企业网（这种网络上客户机的安装不是主要问题），或者是用 Java 编写的三层结构的应用程序服务器代码。

JDBC-ODBC 桥接方式利用微软的开放数据库互连接口（ODBC API）与数据库服务器通信，客户端计算机首先应该安装并配置 ODBC Driver 和 JDBC-ODBC Bridge 两种驱动程序。

(2) 本地 API。

这种类型的驱动程序把客户机 API 上的 JDBC 调用转换为 Oracle、Sybase、Informix、DB2 或其他 DBMS 的调用。注意，像桥驱动程序一样，这种类型的驱动程序要求将某些二进制代码加载到每台客户机上。

这种驱动方式将数据库厂商的特殊协议转换成 Java 代码及二进制类码，使 Java 数据库客户方与数据库服务器方通信。例如，Oracle 用 SQLNet 协议，DB2 用 IBM 的数据库协议。数据库厂商的特殊协议也应该被安装在客户机上。

(3) JDBC 网络纯 Java 驱动程序。

这种驱动程序将 JDBC 转换为与 DBMS 无关的网络协议，之后这种协议又被某个服务器转换为一种 DBMS 协议。这种网络服务器中间件能够将它的纯 Java 客户机连接到多种不同的数据库上，所用的具体协议取决于提供者。通常，这是最为灵活的 JDBC 驱动程序。有可能所有这种解决方案的提供者都提供适用于 Intranet 的产品。为了使这些产品也支持 Internet 访问，它们必须处理 Web 所提出的安全性、通过防火墙的访问等方面的额外要求。几家提供者正将 JDBC 驱动程序加到他们现有的数据库中间件产品中。

这种方式是纯 Java driver。数据库客户以标准网络协议（如 HTTP、SHTTP）同数据库访问服务器通信，数据库访问服务器，然后将标准网络协议翻译成数据库厂商的专有特殊数据库访问协议（也可能用到 ODBC driver）与数据库进行通信。对 Internet 和 Intranet 用户而言，这是一个理想的解决方案。Java driver 被自动地以透明的方式随 Applets 自 Web 服务器下载并安装在用户的计算机上。

(4) 本地协议纯 Java 驱动程序。

这种类型的驱动程序将 JDBC 调用直接转换为 DBMS 所使用的网络协议。这将允许从客户机上直接调用 DBMS 服务器，是 Intranet 访问的一个很实用的解决方法。

这种方式也是纯 Java driver。数据库厂商提供了特殊的 JDBC 协议使 Java 数据库客户与数据库服务器通信。然而，把代理协议同数据库服务器通信改用数据库厂商的特殊 JDBC driver，这对 Intranet 应用是高效的，但是数据库厂商的协议可能不被防火墙支持，因此在 Internet 应用中会存在安全隐患。

（二）JDBC 连接数据库

1. JDBC 访问数据库的步骤

(1) 安装 JDBC 驱动。只有正确安装了驱动，才能进行其他数据库操作。具体安装时，根据需要选择数据库，加载相应的数据库驱动。

（2）连接数据库。数据库驱动安装好后，即可建立数据库连接。只有建立了数据库连接，才能对数据库进行具体的操作、执行 SQL 指令等。连接数据库时，首先需要定义数据库连接 URL，根据 URL 提供的连接信息建立连接。

（3）处理结果集。对数据库的操作完成后，可能还需要处理其执行结果。对于查询操作而言，返回的查询结果可能为多条记录。JDBC 的 API 提供了具体的方法对结果集进行处理。

（4）关闭数据库连接。对数据库访问完毕后，需要关闭数据库连接，释放相应的资源。

2. JDBC 的接口和类

由前述内容可知，JDBC 主要完成三个方面的工作：建立与数据库的连接；向数据库发送 SQL 语句；处理数据库返回结果。这些功能由一系列 API 实现，其中主要的接口有 DriverManager（驱动程序管理器）、Connection（连接）、Statement（SQL 语句）和 ResultSet（结果集）。

（1）DriverManager。

DriverManager(java. sql. DriverManager）类为驱动程序管理器类。要访问数据库中的数据，需要与数据库建立连接，DriverManager 类负责建立和管理应用程序与驱动程序之间的连接。

用 Class. forName( ) 语句完成驱动程序的加载和注册后，就可以用 DriverManager 类来建立 Java 程序和数据库的连接。

例如：

```
Class.forName("com.mysql.jdbc.Driver");
conn = DriverManager.getConnection(url,"root","");
```

要建立与数据的连接，首先要创建指定数据库的 URL，设定数据库的来源。数据库的 URL 对象与网络资源的统一资源定位类似，格式如下：

```
jdbc:subProtocol:subName:// hostname:port;DatabaseName=XXX;
```

这里有几个部分，它们用冒号隔开：

- jdbc：协议，这里它是唯一的，JDBC 只有这一种协议。
- subProtocol：子协议，主要用于识别数据库驱动程序。不同数据库的子协议不同。
- subName：子名，与专有的驱动程序有关，不同的驱动程序可以采用不同的子名。
- hostname：主机名。
- port：相应的连接端口。
- DatabaseName：连接的数据库名。

如

```
String url="jdbc:mysql:// localhost:3306/xsgl";
```

对于不同的数据库，厂商提供的驱动程序和连接 URL 都不同，见表 8－1。

表 8-1 数据库驱动程序和 URL

数据库名	驱动程序	URL
MSSQL Server 2000	com. Microsoft. sqlserver. SQL ServerDriver	Jdbc:Microsoft:sqlserver:// [ip]:[port];user = [user];password = [password]
Oracle oci8	oracle. jdbc. driver. OracleDriver	Jdbc:oracle:oci8:@ [sid]
Oracle thin Driver	oracle. jdbc. driver. OracleDriver	Jdbc:oracle:thin:@ [ip]:[port]:[sid]
JDBC-ODBC	Sun. jdbc. odbc. JdbcOdbcDriver	Jdbc:odbc:[obccsource]
MySQL	Org. git. mm. mysql. Driver	Jdbc:mysql:/ip /database,user,password
Cloudscape	com. cloudscape. core. JDBCDriver	Jdbc:cloudscape:databse

DriverManager 类的主要方法见表 8-2。

表 8-2 DriverManager 类的主要方法

方法	功能
Connection getConnection(String url)	建立和数据库的连接。url 是连接数据库的 URL
Connection getConnection(String url, String user, String password)	建立和数据库的连接。url 是连接数据库的 URL，user 是用户名，password 是用户密码
void deregisterDriver(Driver driver)	删除已有的数据库驱动程序
Driver getDriver(String url)	获取指定的驱动程序
Enumeration getDrivers()	列举出所有的驱动程序

(2) Connection。

Connection（java. sql. Connection）用来表示数据连接的对象。对数据库的一切操作都是在这个连接的基础上进行的，它将应用程序连接到特定的数据库。用户可绕过 JDBC 管理层直接调用 Driver 方法。这在以下特殊情况下将很有用：当两个驱动器可同时连接到数据库中，而用户需要明确地选用其中特定的驱动器时。但一般情况下，使用 DriverManager 类处理打开连接则更为简单。

下述代码显示如何打开一个与位于 URL“jdbc:mysql:// localhost:3306/mysql”的数据库的连接。所用的用户标识符为“user”，口令为“123”：

```
String url = "jdbc:mysql:// localhost:3306/mysql";
Connection con = DriverManager.getConnection(url, "user","123");
```

Connection 接口的主要成员方法见表 8-3。

表 8-3　Connection 接口的主要成员方法

方法	功能
Statement createStatement( )	创建一个 Statement 对象
void commit( )	提交对数据库的改动并释放当前连接的数据库锁
void rollback( )	回滚当前事务中的所有改动并释放持有的数据库锁
void setReadOnly( )	设置连接的只读模式
void close( )	立即释放连接对象的数据库和 JDBC 资源

（3）Statement。

Statement（java. sql. Statement）提供执行数据库操作的方法。其对象的主要功能是将 SQL 命令传送给数据库，并将 SQL 命令的执行结果返回。

它是一个接口的定义，其中包括了执行 SQL 语句和获取返回结果的方法，见表 8-4。

表 8-4　Statement 对象的主要方法

方法	功能
boolean execute(String Sql)	执行该方法参数中指定的 SQL 语句
ResultSet executeQuery(String Sql)	执行一个查询语句
int executeUpdate(String sql)	执行更新操作

例如，创建一个 Statement 对象。

建立了到特定数据库的连接之后，就可以用该连接发送 SQL 语句。Statement 对象用 Connection 的方法 createStatement 创建，如下列代码段所示：

```
String url ="jdbc:mysql:// localhost:3306/mysql";
Connection con = DriverManager.getConnection(url,"user","123");
Statement stmt = con.createStatement();
```

为了执行 Statement 对象，被发送到数据库的 SQL 语句将被作为参数提供给 Statement 的方法：

```
ResultSet rs = stmt.executeQuery("SELECT a, b, c FROM Table2");
```

注意：Statement 对象本身不包含 SQL 语句，因而必须给 Statement. execute 方法提供 SQL 语句作为参数。

（4）PreparedStatement。

PreparedStatement 继承了 Statement 接口。PreparedStatement 语句中包含预编译的 SQL 语句，因此可以获得更高的执行效率。特别是当需要反复调用某些 SQL 语句时，使用 PreparedStatement 语句具有明显优势。

另外，PreparedStatement 语句中，可以包含多个“?”代表的字段，在程序中利用 set 方法设置该字段的内容，从而增强了程序的动态性。

对象的创建方法为：

```
PreparedStatement pstm=con.prepareStatement(…);
```

示例：

```
try{
PreparedStatement pstm=connection.prepareStatement("update student
set department=? whereuserid=?");
pstm.setString(1,"计算机系")
for(int i=0;i<50;i++)
{
pstm.setInt(2,i);
ResultSet rs=pstm.executeQuery();
  }
}catch(SQLException e){… }
```

这个例子将 student 表中 id 为 1～50 的学生的系别设置为“计算机系”。

（5）ResultSet。

ResultSet（java.sql.ResultSet）类用来暂时存放查询操作返回的数据结果集（包括行、列）。它包含符合 SQL 语句条件的所有行，使用 get()方法对这些行的数据进行访问。

对象的创建方法为：

```
Connection con=DriverManager.getConnection(urlString);
Statement stm=con.createStatement();
ResultSet rs=stm.executeQuery(sqlString);
```

示例：

```
Connection con = DriverManager.getConnection ( "jdbc:mysql://local-
host:3306/mysql");
Statement stm=con.createStatement();
ResultSet rs=stm.executeQuery("select *  from student");
rs.getInt("id");
```

从 ResultSet 对象中获得结果集后，可以通过移动指针的方法访问结果集中的一行。ResultSet 使 cursor 指针总是指向当前数据行，指针最初位于第一行之前。

示例：

```
While(rs.next()){
    System.out.println("name:"+rs.getString("name"));
    System.out.println("age:"+rs.getInt("age"));
    System.out.println("score:"+rs.getFloat("score"));
    System.out.println();
}
```

此外，DatabaseMetadata 类（java. sql. DatabaseMetadata）和 ResultSetMetadata 类（java. sql. Result SetMetadata）用于查询结果集、数据库和驱动程序的元数据信息。

Connection 提供了 getMetadata() 方法来获得数据库的元数据信息，它返回的是一个 DatabaseMetadata 对象。通过 DatabaseMetadata 对象，可以获得数据库的各种信息，如数据库厂商信息、版本信息、数据表数目、每个数据表名称，例如 getDatabase ProductName()、getDatabaseProductVersion()、getDriverName()、getTables() 等。

3. 实例

例 8-2：连接例 8-1 建立的数据库 xsgl。

（1）首先下载 MySQL 的驱动程序（注意版本系统位数）。

官网下载地址：http://dev.mysql.com/downloads/connector/j/，如图 8-15 所示。

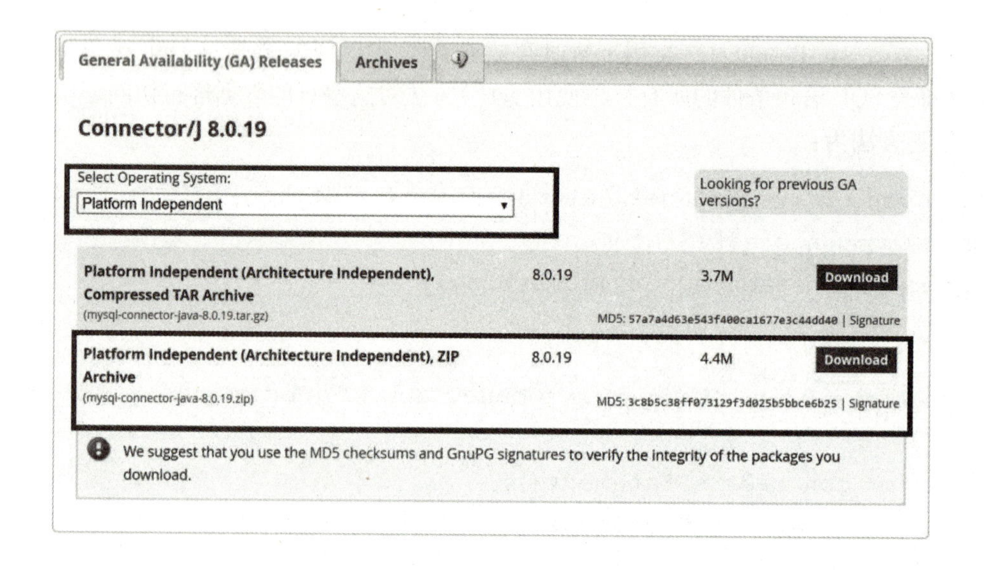

图 8-15　MySQL 驱动下载

下载后，对压缩包进行解压。

（2）在 Eclipse 中，选中相应的工程，加载驱动，如图 8-16 所示。

在弹出的对话框中选择解压后的 mysql-connector-java-8. 0. 19. jar 文件，驱动添加完成，如图 8-17 所示。

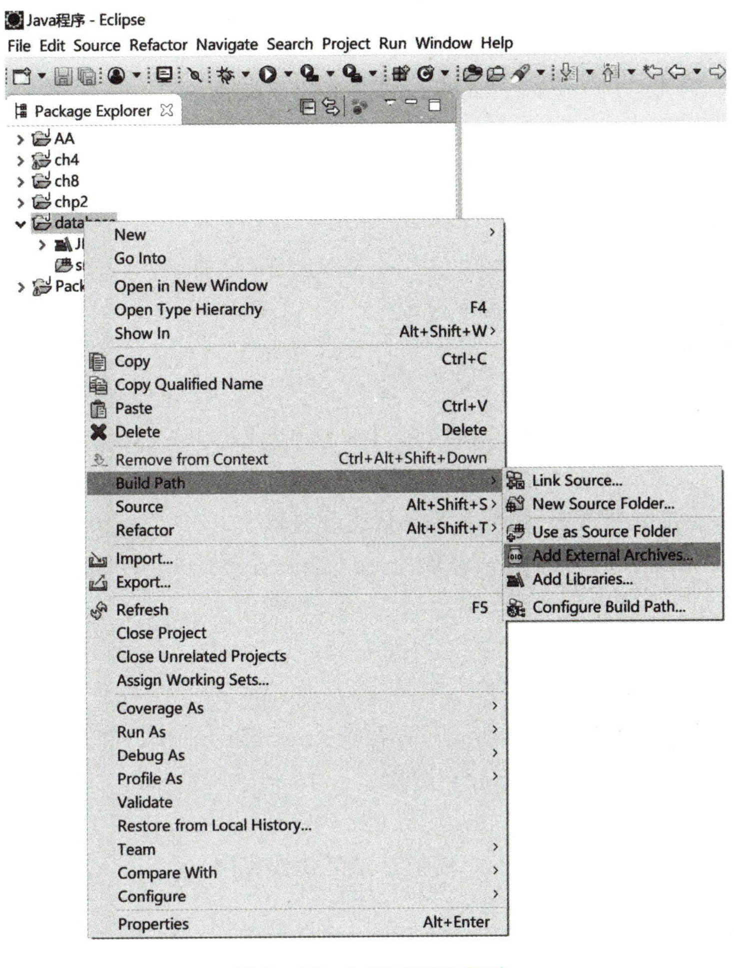

图 8－16 加载 JDBC 驱动

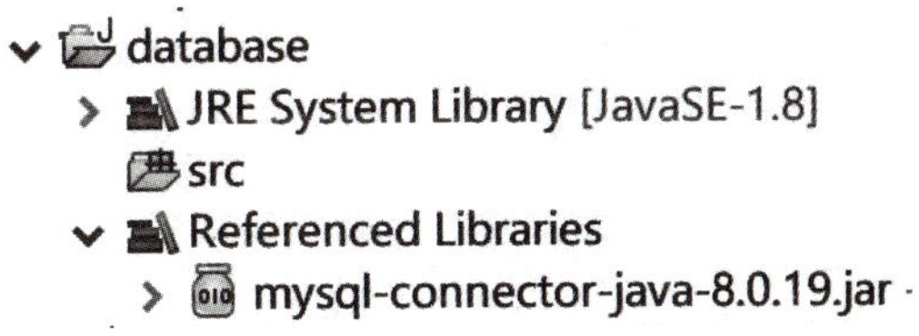

database
JRE System Library [JavaSE-1.8]
src
Referenced Libraries
mysql-connector-java-8.0.19.jar

图 8－17 添加驱动之后

（3）新建 ConnectionDemo 类，输入如下代码。

```
import java.sql.Connection;
import java.sql.DriverManager;
import java.sql.SQLException;
import java.sql.Statement;
public class ConnectionDemo {
```

```
    public static void main(String[] args){
        try{
            //调用 Class.forName()方法加载驱动程序
            Class.forName("com.mysql.cj.jdbc.Driver");
            System.out.println("成功加载 MySQL 驱动!");
        }catch(ClassNotFoundException e1){
            System.out.println("找不到 MySQL 驱动!");
            e1.printStackTrace();
        }

        String url = "jdbc:mysql://localhost:3306/xsgl?serverTimezone
=UTC";    /* JDBC 的 URL,在数据库驱动的 URL 后加上 serverTimezone = UTC 参
数,否则,MySQL 连接数据库时,提示系统时区出现错误* /
        /* 调用 DriverManager 对象的 getConnection()方法,获得一个 Connec-
tion 对象* /
        Connectionconn;
        try {
            conn = DriverManager.getConnection(url, "root","123456");
            //创建一个 Statement 对象
            Statement stmt = conn.createStatement(); //创建 Statement 对象
            System.out.print("成功连接到数据库!");
            stmt.close();
            conn.close();
        }catch (SQLException e){
            e.printStackTrace();
        }
    }
}
```

运行结果如图 8－18 所示。

```
成功加载MySQL驱动!
成功连接到数据库!
```

图 8－18　例 8－2 运行结果

4. 实训

例 8－3：在例 8－2 的基础上，查询数据库 xsgl 中表 student 的信息，将结果显示出来。

代码实现：

```
import java.sql.Connection;
import java.sql.DriverManager;
import java.sql.ResultSet;
import java.sql.SQLException;
import java.sql.Statement;
public class ConnectionDemo {
    public static void main(String[] args){
        try{
            //调用 Class.forName()方法加载驱动程序
            Class.forName("com.mysql.cj.jdbc.Driver");
            System.out.println("成功加载 MySQL 驱动!");
        }catch(ClassNotFoundException e1){
            System.out.println("找不到 MySQL 驱动!");
            e1.printStackTrace();
        }

         String url ="jdbc:mysql://localhost:3306/xsgl? serverTime-
zone=UTC";     /* JDBC 的 URL,在数据库驱动的 URL 后加上 serverTimezone =
UTC 参数,否则,MySQL 连接数据库时,提示系统时区出现错误* /
        /* 调用 DriverManager 对象的 getConnection()方法,获得一个 Connec-
tion 对象* /
        Connectionconn;
        try {
            conn = DriverManager.getConnection(url, "root","123456");
            //创建一个 Statement 对象
            Statement stmt = conn.createStatement();
   //创建 Statement 对象
            System.out.print("成功连接到数据库!");
            String sql = "select *  from student";     //要执行的 SQL
            ResultSet rs = stmt.executeQuery(sql);//创建数据对象
            System.out.println();
            System.out.println("学号"+"\t"+"姓名"+"\t"+"性别"+"\t"+"
年龄"+"\t"+"专业");
                while (rs.next()){
                    System.out.print(rs.getString(1) + "\t");
                    System.out.print(rs.getString(2) + "\t");
                    System.out.print(rs.getString(3) + "\t");
```

```
                System.out.print(rs.getInt(4) + "\t");
                System.out.print(rs.getString(5) + "\t");
                System.out.println();
            }
            rs.close();
            stmt.close();
            conn.close();
        }catch(Exception e)
        {
            e.printStackTrace();
        }
    }
}
```

运行结果如图 8-19 所示。

```
成功加载MySQL驱动!
成功连接到数据库!
学号      姓名    性别    年龄    专业
2020001  Tom     男      18     计算机应用
```

图 8-19　例 8-3 运行结果

三、数据库操作

（一）数据插入

1. 使用 Statement 类实现插入操作

在对数据库的操作中，经常向表中增加记录。SQL 语句中增加记录的语法格式如下所示，其中如果不指定字段列表的话，值列表需要对应表的所有字段。

```
insert into 表名(字段列表)values('值列表');
```

2. 实例

例 8-4：将例 8-1 建立的数据表 student 增加 1 条记录，在控制台显示整个表的信息。

代码实现：

```
import java.sql.Connection;
import java.sql.DriverManager;
import java.sql.ResultSet;
import java.sql.Statement;
```

```
public class InsertDemo {
    public static void main(String[] args){
        try{
            // 调用 Class.forName()方法加载驱动程序
            Class.forName("com.mysql.cj.jdbc.Driver");
            System.out.println("成功加载 MySQL 驱动!");
        }catch(ClassNotFoundException e1){
            System.out.println("找不到 MySQL 驱动!");
            e1.printStackTrace();
        }

        String url = "jdbc:mysql:// localhost:3306/xsgl? serverTime-
zone=UTC";    /* JDBC 的 URL,在数据库驱动的 URL 后加上 serverTimezone =
UTC 参数,否则,MySQL 连接数据库时,提示系统时区出现错误* /
        /* 调用 DriverManager 对象的 getConnection()方法,获得一个 Connec-
tion 对象* /
        Connection conn;
        try {
            conn = DriverManager.getConnection(url, "root","123456");
            // 创建一个 Statement 对象
            Statement stmt = conn.createStatement(); // 创建 Statement 对象
            System.out.print("成功连接到数据库!");
            String sql1 = "insert into student
(Sno,Sname,Ssex,Sage,Sdept) values ('2020002','李明','男',19,'软件技
术')";    // 要执行的 SQL
            stmt.executeUpdate(sql1);
            String sql2 = "select * from student";    // 要执行的 SQL
            ResultSet rs = stmt.executeQuery(sql2);// 创建数据对象
            System.out.println();
            System.out.println("学号" + "\t" + "姓名" + "\t" + "性别" + "\t"
+ "年龄" + "\t" + "专业");
                while (rs.next()){
                    System.out.print(rs.getString(1) + "\t");
                    System.out.print(rs.getString(2) + "\t");
                    System.out.print(rs.getString(3) + "\t");
                    System.out.print(rs.getInt(4) + "\t");
```

```
                System.out.print(rs.getString(5) + "\t");
                System.out.println();
            }
            rs.close();
            stmt.close();
            conn.close();
        }catch(Exception e)
        {
            e.printStackTrace();
        }
    }
}
```

运行结果如图 8-20 所示。

```
成功加载MySQL驱动！
成功连接到数据库！
学号      姓名    性别    年龄    专业
2020001 Tom     男      18      计算机应用
2020002 李明    男      19      软件技术
```

图 8-20　例 8-4 运行结果

3. 实训

例 8-5：使用 PreparedStatement 类进行带参数插入数据。

代码实现：

```
import java.sql.Connection;
import java.sql.DriverManager;
import java.sql.PreparedStatement;
import java.sql.ResultSet;
import java.sql.Statement;

public class InsertDemo01 {
    public static void main(String[] args){
        try{
            //调用 Class.forName()方法加载驱动程序
            Class.forName("com.mysql.cj.jdbc.Driver");
            System.out.println("成功加载 MySQL 驱动!");
```

```
        }catch(ClassNotFoundException e1){
            System.out.println("找不到MySQL驱动!");
            e1.printStackTrace();
        }

        String url = "jdbc:mysql://localhost:3306/xsgl? serverTime-
zone = UTC";    /* JDBC 的 URL,在数据库驱动的 URL 后加上 serverTimezone =
UTC 参数,否则,MySQL 连接数据库时,提示系统时区出现错误*/
// 调用 DriverManager 对象的 getConnection()方法,获得一个 Connection 对象
        Connectionconn;
        try {
            conn = DriverManager.getConnection(url,"root","123456");
            // 创建一个 Statement 对象
            Statement stmt = conn.createStatement(); // 创建 Statement 对象
            System.out.print("成功连接到数据库!");
            String sql1 = "insert into student
(Sno,Sname,Ssex,Sage,Sdept)values(?,?,?,?,?)";    // 定义 SQL 语句
            PreparedStatement ps = conn.prepareStatement(sql1);
            ps.setString(1,"2020003");// 给第一个参数赋值
            ps.setString(2,"王艳");// 给第二个参数赋值
            ps.setString(3,"女");// 给第三个参数赋值
            ps.setInt(4,20);// 给第四个参数赋值
            ps.setString(5,"网络技术");// 给第五个参数赋值
            ps.executeUpdate();// 执行 SQL 语句
            String sql2 = "select * from student";    // 要执行的 SQL
            ResultSet rs = stmt.executeQuery(sql2);// 创建数据对象
            System.out.println();
            System.out.println("学号" + "\t" + "姓名" + "\t" + "性别" + "\t"
+ "年龄" + "\t" + "专业");
                while (rs.next()){
                    System.out.print(rs.getString(1) + "\t");
                    System.out.print(rs.getString(2) + "\t");
                    System.out.print(rs.getString(3) + "\t");
                    System.out.print(rs.getInt(4) + "\t");
                    System.out.print(rs.getString(5) + "\t");
                    System.out.println();
                }
```

```
                rs.close();
                stmt.close();
                conn.close();
            }catch(Exception e)
            {
                e.printStackTrace();
            }
    }
}
```

运行结果如图 8－21 所示。

```
成功加载MySQL驱动!
成功连接到数据库!
学号      姓名    性别    年龄    专业
2020001 Tom     男      18      计算机应用
2020002 李明    男      19      软件技术
2020003 王艳    女      20      网络技术
```

图 8－21　例 8－5 运行结果

（二）数据修改

1. 数据修改语句

对数据库的操作经常需要修改表的记录，SQL 语句中修改记录的语法格式如下：

```
update 表名 set 字段名 = 数值 where 条件;
```

2. 实例

例 8－6：修改表 student 中姓名为“李明”的记录，将其专业改为“大数据技术与应用”。

代码实现：

```
import java.sql.Connection;
import java.sql.DriverManager;
import java.sql.ResultSet;
import java.sql.Statement;

public class UpdateDemo {
    public static void main(String[] args){
        try{
            //调用 Class.forName()方法加载驱动程序
```

```
            Class.forName("com.mysql.cj.jdbc.Driver");
            System.out.println("成功加载 MySQL 驱动!");
        }catch(ClassNotFoundException e1){
            System.out.println("找不到 MySQL 驱动!");
            e1.printStackTrace();
        }

        String url ="jdbc:mysql://localhost:3306/xsgl? serverTime-
zone=UTC";    /* JDBC 的 URL,在数据库驱动的 URL 后加上 serverTimezone =
UTC 参数,否则,MySQL 连接数据库时提示系统时区出现错误* /
        /* 调用 DriverManager 对象的 getConnection()方法,获得一个 Connec-
tion 对象* /
        Connection conn;
        try {
            conn = DriverManager.getConnection(url, "root","123456");
            // 创建一个 Statement 对象
            Statement stmt = conn.createStatement(); // 创建 Statement 对象
            System.out.print("成功连接到数据库!");
            String sql1 = "update student set Sdept ='大数据技术与应用'
where Sname ='李明'";     // 要执行的 SQL
            stmt.executeUpdate(sql1);
            String sql2 = "select *  from student";    // 要执行的 SQL
            ResultSet rs = stmt.executeQuery(sql2);// 创建数据对象
            System.out.println();
            System.out.println("学号"+"\t"+"姓名"+"\t"+"性别"+"\t"+
"年龄"+"\t"+"专业");
                while (rs.next()){
                    System.out.print(rs.getString(1) + "\t");
                    System.out.print(rs.getString(2) + "\t");
                    System.out.print(rs.getString(3) + "\t");
                    System.out.print(rs.getInt(4) + "\t");
                    System.out.print(rs.getString(5) + "\t");
                    System.out.println();
                }
                rs.close();
                stmt.close();
                conn.close();
```

```
            }catch(Exception e)
            {
                e.printStackTrace();
            }
    }
}
```

运行结果如图 8－22 所示。

成功加载MySQL驱动！				
成功连接到数据库！				
学号	姓名	性别	年龄	专业
2020001	Tom	男	18	计算机应用
2020002	李明	男	19	大数据技术与应用
2020003	王艳	女	20	网络技术

图 8－22　例 8－6 运行结果

3. 实训

例 8－7：将表 student 中的姓名“Tom”改为中文名“赵刚”。

代码实现：

```
import java.sql.Connection;
import java.sql.DriverManager;
import java.sql.ResultSet;
import java.sql.Statement;

public class UpdateDemo01 {
    public static void main(String[] args){
        try{
            //调用 Class.forName()方法加载驱动程序
            Class.forName("com.mysql.cj.jdbc.Driver");
            String url ="jdbc:mysql://localhost:3306/xsgl? serverTi-
mezone=UTC";    /* JDBC 的 URL,在数据库驱动的 URL 后加上 serverTimezone=
UTC 参数,否则,MySQL 连接数据库时,提示系统时区出现错误* /
        /* 调用 DriverManager 对象的 getConnection()方法,获得一个 Connec-
tion 对象* /
            Connection conn;
            conn = DriverManager.getConnection(url, "root","123456");
            //创建一个 Statement 对象
            Statement stmt = conn.createStatement(); //创建 Statement 对象
```

```
        String sql1 = "update student set Sname = '赵刚'where Sname =
'Tom'";     //要执行的SQL
stmt.executeUpdate(sql1);
        String sql2 = "select *  from student";     //要执行的SQL
        ResultSet rs = stmt.executeQuery(sql2);//创建数据对象
        System.out.println();
        System.out.println("学号" + "\t" + "姓名" + "\t" + "性别" + "\t"
+"年龄" + "\t" + "专业");
            while (rs.next()){
                System.out.print(rs.getString(1) + "\t");
                System.out.print(rs.getString(2) + "\t");
                System.out.print(rs.getString(3) + "\t");
                System.out.print(rs.getInt(4) + "\t");
                System.out.print(rs.getString(5) + "\t");
                System.out.println();
            }
            rs.close();
            stmt.close();
            conn.close();
        }catch(Exception e)
        {
            e.printStackTrace();
        }
    }
}
```

运行结果如图8－23所示。

学号	姓名	性别	年龄	专业
2020001	赵刚	男	18	计算机应用
2020002	李明	男	19	大数据技术与应用
2020003	王艳	女	20	网络技术

图8－23　例8－7运行结果

（三）数据删除

1. 删除数据的格式

在对数据库的操作中，经常需要删除表中的数据记录，SQL语句中删除记录的语法格式如下：

```
delete from 表名 where 条件;
```

2. 实例

例8-8：删除student表中专业为“大数据技术与应用”的记录。

代码实现：

```
import java.sql.Connection;
import java.sql.DriverManager;
import java.sql.ResultSet;
import java.sql.Statement;

public class DeleteDemo {
    public static void main(String[] args){
        try{
            //调用Class.forName()方法加载驱动程序
            Class.forName("com.mysql.cj.jdbc.Driver");
            String url = "jdbc:mysql://localhost:3306/xsgl?serverTi-
mezone=UTC";     /* JDBC的URL,在数据库驱动的URL后加上serverTimezone=
UTC参数,否则,MySQL连接数据库时,提示系统时区出现错误
        /* 调用DriverManager对象的getConnection()方法,获得一个Connec-
tion对象*/
            Connection conn;
            conn = DriverManager.getConnection(url, "root","123456");
            //创建一个Statement对象
            Statement stmt = conn.createStatement(); //创建Statement对象
            String sql1 = "delete from student where Sdept='大数据技术与
应用'";     //要执行的SQL
stmt.executeUpdate(sql1);
            String sql2 = "select *  from student";     //要执行的SQL
            ResultSet rs = stmt.executeQuery(sql2);//创建数据对象
            System.out.println();
            System.out.println("学号"+"\t"+"姓名"+"\t"+"性别"+"\t"
+"年龄"+"\t"+"专业");
                while (rs.next()){
                    System.out.print(rs.getString(1) + "\t");
                    System.out.print(rs.getString(2) + "\t");
                    System.out.print(rs.getString(3) + "\t");
                    System.out.print(rs.getInt(4) + "\t");
```

```
                System.out.print(rs.getString(5) + "\t");
                System.out.println();
            }
            System.out.println("删除数据成功!");
            rs.close();
            stmt.close();
            conn.close();
        }catch(Exception e)
        {
            e.printStackTrace();
        }
    }
}
```

运行结果如图8-24所示。

```
学号      姓名    性别    年龄    专业
2020001  赵刚    男      18      计算机应用
2020003  王艳    女      20      网络技术
删除数据成功!
```

图8-24 例8-8运行结果

3. 实训

例8-9：将表student删除。

代码实现：

```
import java.sql.Connection;
import java.sql.DriverManager;
import java.sql.Statement;

public class DropDemo {
    public static void main(String[] args){
        try{
            //调用Class.forName()方法加载驱动程序
            Class.forName("com.mysql.cj.jdbc.Driver");
            String url = "jdbc:mysql://localhost:3306/xsgl?serverTi-
mezone=UTC";     /* JDBC的URL,在数据库驱动的URL后加上serverTimezone=
UTC参数,否则,MySQL连接数据库时,提示系统时区出现错误*/
```

```
        /* 调用 DriverManager 对象的 getConnection()方法,获得一个 Connection 对象* /
            Connection conn;
            conn = DriverManager.getConnection(url, "root","123456");
            //创建一个 Statement 对象
            Statement stmt = conn.createStatement(); //创建 Statement 对象
            String sql1 = "drop table student";      //要执行的 SQL
            stmt.executeUpdate(sql1);
                stmt.close();
                conn.close();
            }catch(Exception e)
            {
                e.printStackTrace();
                                        }
    }
}
```

要检验是否删除成功，只需要将例8-8再运行一次即可。运行例8-8，会出现如图8-25所示异常，说明 student 表不存在。

```
java.sql.SQLSyntaxErrorException: Table 'xsgl.student' doesn't exist
	at com.mysql.cj.jdbc.exceptions.SQLError.createSQLException(SQLError.java:120)
	at com.mysql.cj.jdbc.exceptions.SQLError.createSQLException(SQLError.java:97)
	at com.mysql.cj.jdbc.exceptions.SQLExceptionsMapping.translateException(SQLExceptionsMapping.java:122)
	at com.mysql.cj.jdbc.StatementImpl.executeUpdateInternal(StatementImpl.java:1335)
	at com.mysql.cj.jdbc.StatementImpl.executeLargeUpdate(StatementImpl.java:2108)
	at com.mysql.cj.jdbc.StatementImpl.executeUpdate(StatementImpl.java:1245)
	at ch8.DeleteDemo.main(DeleteDemo.java:20)
```

图8-25　运行例8-8后出现的异常

任务实施

（1）用图形用户界面实现简单的学生管理系统，能进行信息查询、修改、添加和删除。

（2）Java 代码主要由四个类组成：Renwu，包含 main( )方法；StuShow，用来刷新、呈现数据库；StuAdd，用来实现增添读者功能；StuUpdate，修改学生信息。具体代码如下。

①Renwu.java：

```
import javax.swing.*;
import java.util.*;
import java.awt.*;
import java.awt.event.*;
import java.sql.Connection;
```

```
import java.sql.Driver;
import java.sql.DriverManager;
import java.sql.PreparedStatement;
import java.sql.ResultSet;
import java.sql.Statement;

public class Renwu extends JFrame implements ActionListener {
// 定义一些控件
    JPanel jp1,jp2;
    JLabel jl1,jl2;
    JButton jb1,jb2,jb3,jb4;
    JTable jt;
    JScrollPane jsp;
    JTextField jtf;
    StuShowsm;
    // 定义连接数据库的变量
    Statement stat = null;
    PreparedStatement ps;
    Connection ct = null;
    ResultSet rs = null;

    public static void main(String[] args){
        Renwurw = new Renwu();
    }
    // 构造函数
    public Renwu(){
    jp1 = new JPanel();
    jtf = new JTextField(10);
    jb1 = new JButton("查询");
    jb1.addActionListener(this);
    jl1 = new JLabel("请输入姓名:");

    jp1.add(jl1);
    jp1.add(jtf);
    jp1.add(jb1);

    jb2 = new JButton("添加");
```

```
        jb2.addActionListener(this);
        jb3 = new JButton("修改");
        jb3.addActionListener(this);
        jb4 = new JButton("删除");
        jb4.addActionListener(this);

        jp2 = new JPanel();
        jp2.add(jb2);
        jp2.add(jb3);
        jp2.add(jb4);

        //创建模型对象
        sm = new StuShow();
        //初始化
        jt = new JTable(sm);
        jsp = new JScrollPane(jt);

        //将jsp放入jframe中
        this.add(jsp);
        this.add(jp1,"North");
        this.add(jp2,"South");
        this.setSize(800, 600);
        //this.setLocation(300, 200);
        this.setDefaultCloseOperation(EXIT_ON_CLOSE);
        this.setVisible(true);

    }
    public void actionPerformed(ActionEvent arg0) {
        //判断是哪个按钮被单击
      if(arg0.getSource() == jb1){
          System.out.println("用户希望被查询...");
          //把对表的数据封装到StuShow中,可以比较简单地完成查询
          String name = this.jtf.getText().trim();
          //写一个SQL语句
```

```
String sql = "select * from student where SName = '"+name+"' ";
//构建一个数据模型类,并更新
sm = new StuShow(sql);
//更新jtable
  jt.setModel(sm);

}

//一、弹出添加界面
else if(arg0.getSource() = = jb2){
System.out.println("添加...");
StuAdd sa = new StuAdd(this,"添加学生",true);

//重新获得新的数据模型
sm = new StuShow();
jt.setModel(sm);
}else if(arg0.getSource() = = jb4){
//二、删除记录
//得到学生的ID
int rowNum = this.jt.getSelectedRow();/* getSelectedRow会返回给
用户点中的行* /
//如果该用户一行都没有选,就返回-1
if(rowNum = = -1){
//提示
JOptionPane.showMessageDialog(this, "请选中一行");
return ;
}
//得到学术ID
String stuId = (String)sm.getValueAt(rowNum, 0);
System.out.println("Id:   "+stuId);

//连接数据库,完成删除任务
try{
  //1.加载驱动
Class.forName("com.mysql.jdbc.Driver");
//2.连接数据库
 String url = "jdbc:mysql://localhost:3306/xsgl? serverTime-
zone=UTC";
```

```
String user = "root";
String passwd = "123456";

ct = DriverManager.getConnection(url, user, passwd);
System.out.println("连接成功");
ps = ct.prepareStatement("delete from student where Sno = ?");
ps.setString(1,stuId);
ps.executeUpdate();

}catch(Exception e){
  e.printStackTrace();
}finally{
try{
  if(rs! = null){
  rs.close();
  rs = null;

  }
  if(ps! = null){
  ps.close();
  ps = null;
  }
  if(ct ! = null){
  ct.close();
  ct = null;
  }
}catch(Exception e){
  e.printStackTrace();
}
  }
sm = new StuShow();
//更新jtable
jt.setModel(sm);
}else if(arg0.getSource() = = jb3){
System.out.println("11111");
//三、用户希望修改
int rowNum = this.jt.getSelectedRow();
```

```
    if(rowNum = = -1){
    //提示
    JOptionPane.showMessageDialog(this, "请选择一行");
    return ;
    }
    //显示对话框
    System.out.println( "12435");
    StuUpdate su = new StuUpdate(this, "修改", true, sm, rowNum);
    sm = new StuShow();
    jt.setModel(sm);
    }
    }
}
```

②StuShow.java:

```
/*
* 这是我的一个stu表的模型
* 可以把对学生表的操作全都封装到这个类
*/
import java.sql.Connection;
import java.sql.DriverManager;
import java.sql.ResultSet;
import java.sql.Statement;
import java.util.Vector;
import javax.swing.table.* ;

public class StuShow extends AbstractTableModel{

    //rowData存放行数据,columnNames存放列名
    VectorrowData,columnNames;

    //定义连接数据库的变量
    Statement stat = null;
    Connection ct = null;
    ResultSet rs = null;

    //初始化
```

```
    public void init(String sql){
        if(sql.equals("")){
            sql = "select * from student";
        }
        //中间
        //设置列名
        columnNames = new Vector();
        columnNames.add("学号");
        columnNames.add("姓名");
        columnNames.add("性别");
        columnNames.add("年龄");
        columnNames.add("专业");
        //rowData存放多行
        rowData = new Vector();
        try{
        //1.加载驱动
        Class.forName("com.mysql.jdbc.Driver");
        System.out.println("加载成功");
        //2.连接数据库
        //定义几个常量
         String url = "jdbc:mysql://localhost:3306/xsgl?serverTime-
zone=UTC";
        ct = DriverManager.getConnection(url,"root","123456");
        stat = ct.createStatement();//创建stat对象
        rs = stat.executeQuery(sql);//查询结果

        while(rs.next()){
        Vector hang = new Vector();
        hang.add(rs.getString(1));
        hang.add(rs.getString(2));
        hang.add(rs.getString(3));
        hang.add(rs.getInt(4));
        hang.add(rs.getString(5));
        //加入rowData中
        rowData.add(hang);

        }
```

```
}catch(Exception e){
    e.printStackTrace();
}finally{
    try{
    if(rs! =null){
    rs.close();
    rs = null;
        }
    if(stat ! = null){
    stat.close();
    stat = null;
        }
    if(ct ! = null){
    ct.close();
    ct = null;
        }
            }catch(Exception e){
        e.printStackTrace();
        }
    }
}

//增加学生函数
public void addStu(String sql){
    //根据用户输入的SQL语句,完成添加任务


}

//第二个构造函数,通过传递的SQL语句来获得数据模型
public StuShow(String sql){
    this.init(sql);
}

//构造函数,用于初始化我的数据模型(表)
public StuShow(){
    this.init("");
}
```

```
        //得到行数
        public int getRowCount() {
            // TODO Auto-generated method stub
            return this.rowData.size();
    }

    //得到列数
    public int getColumnCount() {
        // TODO Auto-generated method stub
        return this.columnNames.size();
    }

    //得到某行某列的数据
    public Object getValueAt(int row, int column) {
        // TODO Auto-generated method stub
        return ((Vector)(this.rowData.get(row))).get(column);
    }

    //得到属性名字
    public String getColumnName(int column) {
        // TODO Auto-generated method stub
        return (String)this.columnNames.get(column);
    }
}
```

③StuAdd. java：

```
import java.awt.BorderLayout;
import java.awt.Frame;
import java.awt.GridLayout;
import java.awt.event.ActionEvent;
import java.awt.event.ActionListener;
import java.sql.Connection;
import java.sql.DriverManager;
import java.sql.PreparedStatement;
import java.sql.ResultSet;
import javax.swing.JButton;
import javax.swing.JDialog;
import javax.swing.JLabel;
```

```
import javax.swing.JPanel;
import javax.swing.JTextField;

public class StuAdd extends JDialog implements ActionListener {
    //定义我需要的swing组件
    JLabel jl1,jl2,jl3,jl4,jl5;
    JTextField jf1,jf2,jf3,jf4,jf5;
    JPanel jp1,jp2,jp3;
    JButton jb1,jb2;
    /* owner代笔父窗口,title是窗口的名字,modal指定是模式窗口还是非模式窗
口* /
    public StuAdd(Frame owner,String title, boolean modal){
        //调用父类方法
        super(owner,title,modal);

        jl1 = new JLabel("学号");
        jl2 = new JLabel("姓名");
        jl3 = new JLabel("性别");
        jl4 = new JLabel("年龄");
        jl5 = new JLabel("专业");

        jf1 = new JTextField(10);
        jf2 = new JTextField(10);
        jf3 = new JTextField(10);
        jf4 = new JTextField(10);
        jf5 = new JTextField(10);

        jb1 = new JButton("添加");
        jb1.addActionListener(this);
        jb2 = new JButton("取消");

        jp1 = new JPanel();
        jp2 = new JPanel();
        jp3 = new JPanel();

        //设置布局
        jp1.setLayout(new GridLayout(5,1));
```

```
        jp2.setLayout(new GridLayout(5,1));

        jp3.add(jb1);
        jp3.add(jb2);

        jp1.add(jl1);
        jp1.add(jl2);
        jp1.add(jl3);
        jp1.add(jl4);
        jp1.add(jl5);

        jp2.add(jf1);
        jp2.add(jf2);
        jp2.add(jf3);
        jp2.add(jf4);
        jp2.add(jf5);

        this.add(jp1, BorderLayout.WEST);
        this.add(jp2, BorderLayout.CENTER);
        this.add(jp3, BorderLayout.SOUTH);

        this.setSize(700,500);
        this.setVisible(true);
    }
    @Override
    public void actionPerformed(ActionEvent e) {
        // TODO Auto-generated method stub
        if(e.getSource() == jb1){
            Connection ct = null;
            PreparedStatement pstmt = null;
            ResultSet rs = null;

            try{
                //1. 加载驱动
                Class.forName("com.mysql.jdbc.Driver");
                System.out.println("加载成功");
                //2. 连接数据库
```

```
            //定义几个常量
            String url = "jdbc:mysql:// localhost:3306/xsgl? server-
Timezone =UTC";
            String user = "root";
            String passwd = "123456";
            ct = DriverManager.getConnection(url,user,passwd);

            //编译语句对象

            String strsql = "insert into student values(?,?,?,?,?)";
            pstmt = ct.prepareStatement(strsql);

            //给对象赋值
            pstmt.setString(1,jf1.getText());
            pstmt.setString(2,jf2.getText());
            pstmt.setString(3,jf3.getText());
            pstmt.setInt(4,Integer.parseInt(jf4.getText()));
            pstmt.setString(5,jf5.getText());
            pstmt.executeUpdate();

            this.dispose();//关闭学生对话框

        }catch(Exception arg1){
            arg1.printStackTrace();
        }finally{
            try{
            if(rs! =null){
            rs.close();
            rs = null;
                }
            if(pstmt ! = null){
            pstmt.close();
            pstmt = null;
                }
            if(ct ! = null){
            ct.close();
            ct = null;
```

```
                }
            }catch(Exception arg2){
                arg2.printStackTrace();
            }
        }

    }

}
}
```

④StuUpdate. java：

```
import javax.swing.JDialog;
import javax.swing.* ;
import java.awt.* ;
import java.awt.event.ActionEvent;
import java.awt.event.ActionListener;
import java.sql.Statement;
import java.sql.Connection;
import java.sql.DriverManager;
import java.sql.ResultSet;
import java.sql.* ;
public class StuUpdate extends JDialog implements ActionListener {
    //定义我需要的 swing 组件
    JLabel jl1,jl2,jl3,jl4,jl5;
    JTextField jf1,jf2,jf3,jf4,jf5;
    JPanel jp1,jp2,jp3;
    JButton jb1,jb2;
    /* owner 表示父窗口,title 是窗口的名字,modal 指定是模式窗口还是非模式窗
口* /
    public StuUpdate(Frame owner,String title, boolean modal,StuShow
sm,int rowNum){
        //调用父类方法
        super(owner,title,modal);

        jl1 = new JLabel("学号");
        jl2 = new JLabel("姓名");
        jl3 = new JLabel("性别");
```

```
        jl4 = new JLabel("年龄");
        jl5 = new JLabel("专业");

        jf1 = new JTextField(10);jf1.setText((sm.getValueAt(rowNum,
0)).toString());
        jf2 = new JTextField(10);jf2.setText((String)sm.getValueAt
(rowNum, 1));
        jf3 = new JTextField(10);jf3.setText(sm.getValueAt(rowNum, 2)
.toString());
        jf4 = new JTextField(10);jf4.setText((sm.getValueAt(rowNum,
3)).toString());
        jf5 = new JTextField(10);jf5.setText((String)sm.getValueAt
(rowNum, 4));
        jb1 = new JButton("修改");
        jb1.addActionListener(this);
        jb2 = new JButton("取消");

        jp1 = new JPanel();
        jp2 = new JPanel();
        jp3 = new JPanel();

        //设置布局
        jp1.setLayout(new GridLayout(6,1));
        jp2.setLayout(new GridLayout(6,1));

        jp3.add(jb1);
        jp3.add(jb2);

        jp1.add(jl1);
        jp1.add(jl2);
        jp1.add(jl3);
        jp1.add(jl4);
        jp1.add(jl5);

        jp2.add(jf1);
        jp2.add(jf2);
        jp2.add(jf3);
```

```
        jp2.add(jf4);
        jp2.add(jf5);

        this.add(jp1, BorderLayout.WEST);
        this.add(jp2, BorderLayout.CENTER);
        this.add(jp3, BorderLayout.SOUTH);

        this.setSize(800,600);
        this.setVisible(true);
    }
    @Override
    public void actionPerformed(ActionEvent e) {
        // TODO Auto-generated method stub
        if(e.getSource() == jb1){
            Connection ct = null;
            PreparedStatement pstmt = null;
            ResultSet rs = null;

            try{
                //1.加载驱动
                Class.forName("com.mysql.jdbc.Driver");
                System.out.println("加载成功");
                //2.连接数据库
                //定义几个常量
                String url = "jdbc:mysql://localhost:3306/xsgl? server-
Timezone=UTC";
                String user = "root";
                String passwd = "123456";
                ct = DriverManager.getConnection(url,user,passwd);

                //编译语句对象

                String strsql = "insert into stu values(?,?,?,?,?)";
                pstmt = ct.prepareStatement(strsql);

                //给对象赋值
                pstmt.setString(1,jf1.getText());
```

```
            pstmt.setString(2,jf2.getText());
            pstmt.setString(3,jf3.getText());
            pstmt.setInt(4,Integer.parseInt(jf4.getText()));
            pstmt.setString(4,jf5.getText());

            pstmt.executeUpdate();

            this.dispose();//关闭学生对话框

        }catch(Exception arg1){
            arg1.printStackTrace();
        }finally{
            try{
            if(rs! =null){
            rs.close();
            rs = null;
                }
            if(pstmt ! = null){
            pstmt.close();
            pstmt = null;
                }
            if(ct ! = null){
            ct.close();
            ct = null;
                }
            }catch(Exception arg2){
                arg2.printStackTrace();
            }
        }

    }

  }
}
```

运行结果如图8－26～图8－29所示。

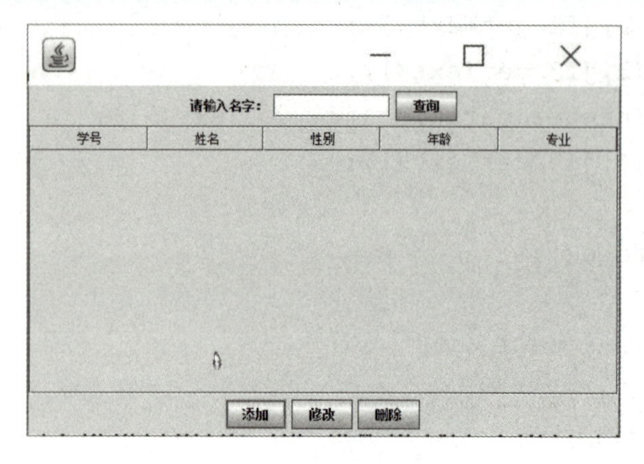

图 8-26 学生管理系统

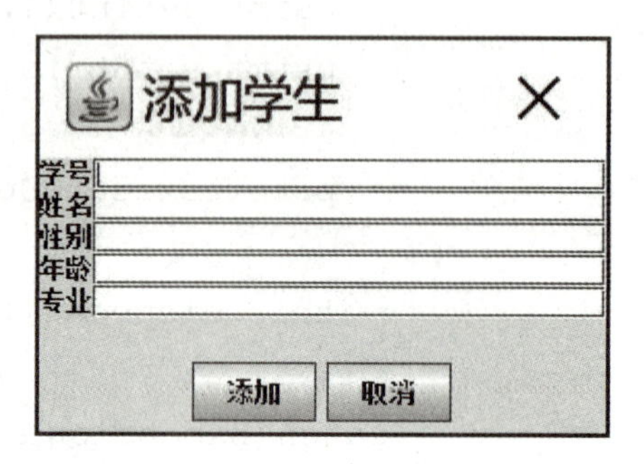

图 8-27 添加学生

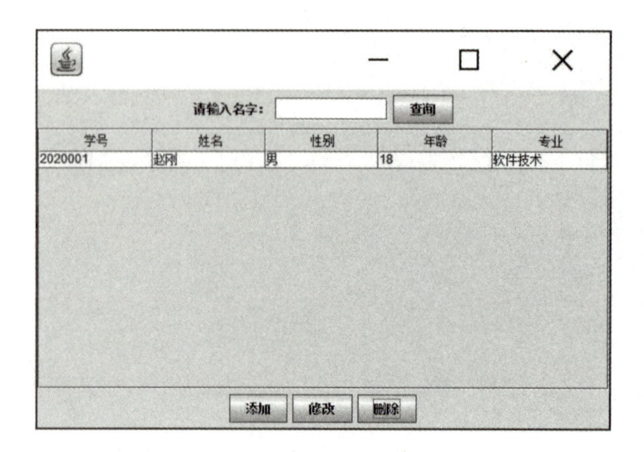

图 8-28 添加后的信息

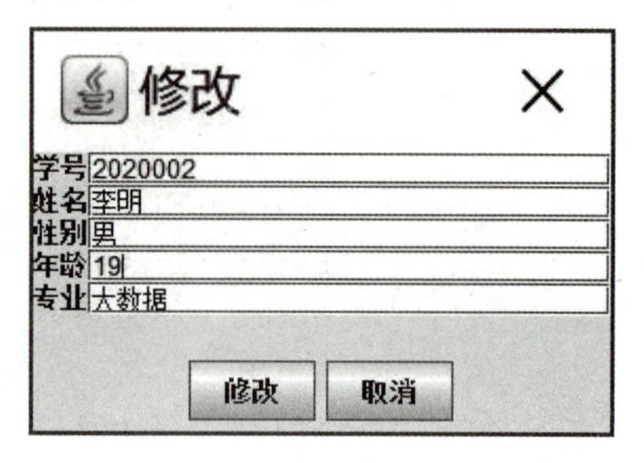

图 8-29 信息修改

习题

一、选择题

1. 下面的 Connection 方法中，可以建立一个 PreparedStatement 接口的是（　　）。
   A. createPrepareStatement( )　　B. prepareStatement( )
   C. createPreparedStatement( )　　D. preparedStatement( )
2. 下面的描述正确的是（　　）。
   A. PreparedStatement 继承自 Statement　　B. Statement 继承自 PreparedStatement
   C. ResultSet 继承自 Statement　　D. CallableStatement 继承自 PreparedStatement
3. 下面的描述错误的是（　　）。
   A. Statement 的 executeQuery( )方法会返回一个结果集
   B. Statement 的 executeUpdate( )方法会返回是否更新成功的 boolean 值

C. 使用 ResultSet 中的 getString( )方法可以获得一个对应于数据库中 char 类型的值

D. ResultSet 中的 next( )方法会使结果集中的下一行成为当前行

4. 如果数据库中某个字段为 numberic 型，可以通过结果集中的（　　）方法获取。

A. getNumberic( )　　B. getDouble( )

C. setNumberic( )　　D. setDouble( )

5. 在 JDBC 中使用事务，想要回滚事务的方法是（　　）。

A. Connection 的 commit( )　　B. Connection 的 setAutoCommit( )

C. Connection 的 rollback( )　　D. Connection 的 close( )

二、填空题

1. 在 Java 中，JDBC 是一种可用于执行 SQL 语句的应用程序接口，它是由一些用 Java 语言编写的________和________ 。
2. 要完成对某一指定数据库的连接，使用的类为________。
3. 要管理在一个指定数据库连接上的 SQL 语句的执行，使用的类为________。
4. 在 Java 程序对数据库的操作中，通过调用相应的方法实现对数据库的查询，将查询结果存放在一个由________类声明的对象中。

三、简答题

1. 简述使用 JDBC 访问 MySQL 数据库的基本步骤。
2. JDBC 的含义及作用是什么?
3. 数据库编程需要导入什么包中的类?
4. 如何加载数据库驱动程序?
5. 如何获得一个数据库的连接?

模块 9
Java 网络编程

【模块教学目标】

- 理解网络基础知识及 TCP/IP 协议
- 熟悉并理解 URL 类
- 理解并掌握 Socket 的基本概念
- 掌握基于 TCP 和 UDP 的 Socket 网络通信机制

任务 1　通过 URL 类访问网络资源案例

导入任务

创建一个访问网络资源的程序，获取网络资源的协议名、主机名、文件名、端口号等信息，并将网络资源的 HTML 内容保存下来。

知识准备

一、网络基础知识

所谓计算机网络，就是把分布在不同地理区域的计算机与专门的外部设备用通信线路互连成一个规模大、功能强的网络系统，从而使众多的计算机可以方便地互相传递信息，共享硬件、软件、数据信息等资源。

Internet（国际互联网）是通过主干线将原本分离的多个计算机网络互联起来，构成跨越国度的网际网。随着 Internet 的发展中，资源共享变得简单，交流的双方可以随时随地传递信息。

需要注意的是，大家都在遵守一定的规则来进行网络之间数据信息的传递。这个规则就是网络间的协议。协议是对网络中设备以何种方式交换信息的一系列规定的组合，它对信息交换的速率、传输代码、代码结构、传输控制步骤、出错控制等许多参数做出定义。网络在发展过程中形成了很多不同的协议簇，每一协议簇都在网络的各层对应有相应的协议，其中作为 Internet 规范的是 TCP/IP 协议簇。

二、TCP/IP 协议

TCP/IP（Transmission Control Protocol/Internet Protocol，传输控制协议/互联网协议）是目前世界上应用最为广泛的协议，它的流行与 Internet 的迅猛发展密切相关。TCP/IP 最初是为互联网的原型 ARPANET 设计的，目的是提供一整套方便实用、能应用于多种网络上的协议。事实证明 TCP/IP 做到了这一点，它使网络互联变得容易起来，并且使越来越多的网络加入其中，成为 Internet 的事实标准。

1. IP 协议

在 TCP/IP 协议中，IP 协议（互联网协议）是支持网络间互联的数据报协议，其规定互联网络范围内的地址格式。IP 层主要负责网络主机的定位、数据传输的路由，由 IP 地址可以唯一地确定 Internet 上的一台主机。在 Windows 操作系统中，用户可以通过如图 9－1 所示设置界面方便地设置一台电脑的 IP 地址。

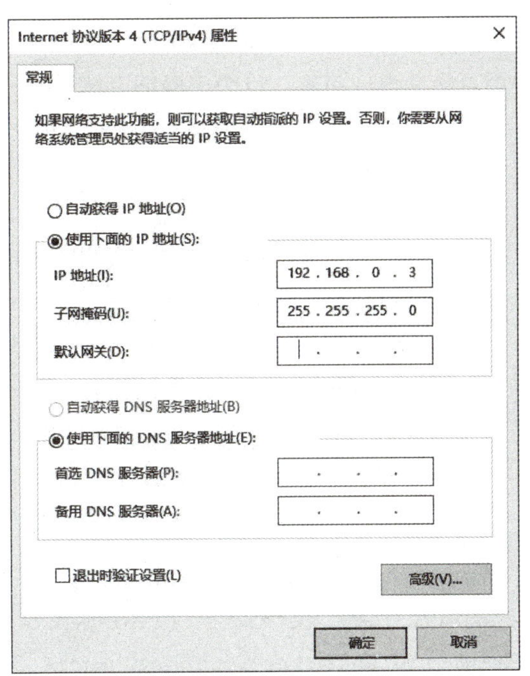

图 9－1 IP 地址设置

IP 地址使用 32 位长度的二进制数据表示，一般现实生活中看到的大部分 IP 地址都是以十进制的数据形式表示的，如 192.168.0.3。

IP 地址的格式为：

IP 地址＝网络地址＋主机地址

其中，网络地址用来识别主机所在的网络，主机地址用来识别该网络中的主机。

IP 地址分为 5 类，A 类、B 类、C 类、D 类、E 类，每类地址的范围见表 9－1 所示。

表 9－1 IP 地址的范围

地址分类	地址范围
A 类地址	1.0.0.1～126.255.255.255
B 类地址	128.0.0.1～191.255.255.255
C 类地址	192.0.0.1～223.255.255.255
D 类地址	224.0.0.1～239.255.255.255
E 类地址	240.0.0.1～255.255.255.255

2. TCP 协议

虽然 TCP/IP 协议中只有 TCP 一个协议名称，但 TCP/IP 协议在传输层同时存在 TCP 和 UDP 两个协议。TCP 是 Transfer Control Protocol 的简称，是一种面向连接的保证可靠传输数据的协议。通过 TCP 协议传输，得到的是一个顺序的无差错的数据流。在 TCP 协议中，采用三次握手的方式，保证准确的连接操作。UDP 是 User Datagram Protocol 的简称，是一种无连接的协议，也就是不需要建立发送方和接收方的连接。每个数据报都是一个独立的信息，包括完整的源地址或目的地址及端口号，它在网络上以任何可能的路径传往目的地，因此能否到达目的地、到达目的地的时间及内容的正确与否都是不能被保证的。

三、InetAddress 类

InetAddress 类是 Java 的 IP 地址封装类，主要用来区分计算机网络中的不同节点，即不同的计算机并对其寻址。每个 InetAddress 对象中包含了 IP 地址、主机名等信息。使用 InetAddress 类时，不能通过构造方法创建对象。要创建该类的实例对象，可以通过该类的静态方法获得该对象。该类主要的方法如下：

public static InetAddress getLocalHost()，用于为本地主机创建一个 InetAddress 对象。

public static InetAddress getByName(String host)，用于为指定的主机创建一个 InetAddress 对象。参数 host 用于指定主机名。

public static InetAddress[] getAllByName(String host)，用于为指定的一组同名主机创建一个 InetAddress 对象数组。参数 host 用于指定主机名。

String getHostAddress()，返回代表与 InetAddress 对象相关的主机地址的字符串。

String getHostName()，返回代表与 InetAddress 对象相关的主机名的字符串。

boolean isReachable(int timeout)，判断地址是否可以到达，同时指定超时时间。

例 9-1：InetAddress 的使用。

```
import java.io.IOException;
import java.net.InetAddress;
import java.net.UnknownHostException;
public class InetAddressDemo {
    public static void main(String[] args) throws IOException {
        InetAddress locAdd = InetAddress.getLocalHost();
        InetAddress remAdd = InetAddress.getByName("www.baidu.com");
        System.out.println("本机的 IP 地址为:" + locAdd.getHostAddress());
        System.out.println("百度的 IP 地址为:" + remAdd.getHostAddress());
        System.out.println("本机是否可达:" + locAdd.isReachable(5000));
    }
}
```

运行该程序，程序的运行结果如图 9-2 所示。

```
本机的IP地址为: 192.168.0.11
百度的IP地址为: 61.135.169.125
本机是否可达: true
```

图 9-2　例 9-1 运行结果

四、URL类

随着Internet的发展，访问网络资源越来越方便，但每次访问的时候，都需要提供一个网址，这个网址就是URL地址。

URL（Uniform Resource Locator）是统一资源定位符的简称，它表示Internet上某一资源的地址。

在使用浏览器（IE）访问Internet上的各种网络资源时，都是通过URL实现的。

URL地址的组成如图9－3所示。

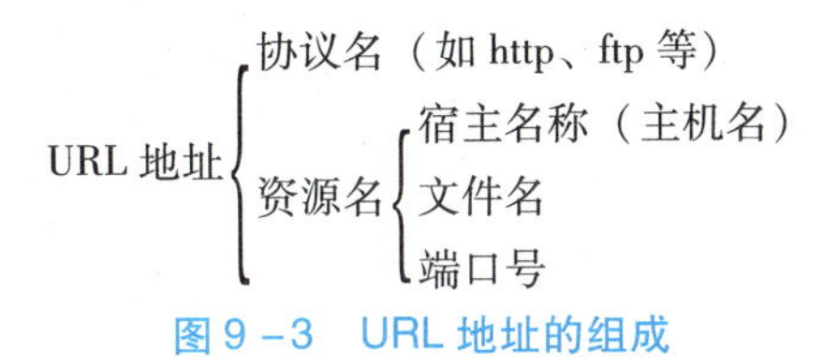

图9－3 URL地址的组成

例如，URL地址http://www.sina.com:80/index.html，其中http是协议名，www.sina.com是宿主名称，80是默认端口号，index.html是文件名称。

在Java语言中，java.net包中提供了一个URL类，利用URL类的对象编程来实现对网络资源的访问。

URL类的构造方法有以下4种：

①public URL（String spec），通过一个表示URL地址的字符串构造一个URL对象。

②public URL(URL context, String spec)，通过基地址和相对URL构造一个URL对象。

例如：

URL urlsn = new URL("http://www.sina.com/");

URL indexsn = new URL(urlsn, "index.html");

③public URL(String protocol, String host, String file)，通过协议名、主机名、文件名构造一个URL对象。

例如：URL newssn = new URL("http", "news.sina.com", "/photo/index.html");

④public URL(String protocol, String host, int port, String file)，通过协议名、主机名、端口号、文件名构造一个URL对象。

例如：URL newssn = new URL("http", "news.sina.com", 80, "/photo/index.html");

例9－2：利用URL类创建对象。

```
import java.net.MalformedURLException;
import java.net.URL;
public class URLDemo1 {
    public static void main(String[] args) {
        try {
            URL url = new URL("http,//www.baidu.com");
        } catch (MalformedURLException e) {
            // TODO Auto-generated catch block
```

```
            e.printStackTrace();
        }
    }
}
```

运行该程序，可在屏幕上看到如图 9 –4 所示的错误信息。

```
java.net.MalformedURLException: no protocol: http,//www.baidu.com
        at java.net.URL.<init>(Unknown Source)
        at java.net.URL.<init>(Unknown Source)
        at java.net.URL.<init>(Unknown Source)
        at ch09.URLDemo1.main(URLDemo1.java:8)
```

图 9 –4　错误提示信息

在该程序中，构造方法中的参数 “URL url = new URL("http,// www. baidu. com");” 存在问题，不是合法的 URL 内容，导致出现了异常。

对 URL 对象进行解析，可以获取 URL 对象的相关属性信息。常用方法如下：

public String getProtocol( )，获取该 URL 的协议名。

public String getHost( )，获取该 URL 的主机名。

public int getPort( )，获取该 URL 的端口号，如果没有设置端口，返回 –1。

public String getFile( )，获取该 URL 的文件名。

public String getQuery( )，获取该 URL 的查询信息。

public String getPath( )，获取该 URL 的路径。

public String getAuthority( )，获取该 URL 的权限信息。

例 9 –3：获得 URL 对象的属性。

```
import java.net.MalformedURLException;
import java.net.URL;
public class URLDemo2 {
    public static void main(String[] args) {
        try {
            URL hp = new URL("https:// www.baidu.com/index.html/");
            System.out.println("Protocol: " + hp.getProtocol());
            System.out.println("Host: " + hp.getHost());
            System.out.println("Port: " + hp.getPort());
            System.out.println("File: " + hp.getFile());
            System.out.println("Query: " + hp.getQuery());
            System.out.println("Path: " + hp.getPath());
            System.out.println("Authority: " + hp.getAuthority());
        } catch (MalformedURLException ex) {
```

```
            System.out.println(ex.toString());
        }
    }
}
```

运行该程序，程序的运行结果如图9－5所示。

```
Protocol: https
Host: www.baidu.com
Port: -1
File: /index.html/
Query: null
Path: /index.html/
Authority: www.baidu.com
```

图9－5　例9－3运行结果

一个URL对象代表一个网络资源，获取资源内容的操作需要使用流，URL类提供openStream()方法返回一个字节输入流对象，声明如下：

```
public final InputStream openStream() throws java.IO.IOException
```

该方法将返回一个字节输入流InputStream类的对象，该对象连接着一条和资源通信的通道，于是访问资源内容的操作就转化为使用输入流对象的操作，即从字节输入流中读取资源数据。

例9－4：使用URL读取内容。

```
import java.io.InputStream;
import java.net.URL;
import java.util.Scanner;
public class URLDemo3 {
    public static void main(String[] args) throws Exception {
            URL url  = new URL("http:// www.baidu.com");
            InputStream input =url.openStream();
            Scanner scan =new Scanner(input);
            scan.useDelimiter("\n");// 设置读取分隔符
            while(scan.hasNext()) {
                System.out.println(scan.next());
            }
    }
}
```

以上程序运行时，使用URL找到了百度页面资源，并且将HTML代码显示在控制台中。

任务实施

本任务的具体实现步骤如下：

①编写程序源代码。

```
import java.net.*;
import java.io.*;
public class URLGetFile {
    public static void main(String[] args) {
        try {
            URL url = new URL("http://www.163.com/index.html");
            System.out.println("protocol =" + url.getProtocol());
            System.out.println("host =" + url.getHost());
            System.out.println("filename =" + url.getFile());
            System.out.println("port =" + url.getPort());
            BufferedReader discontent = new BufferedReader(
            new InputStreamReader(url.openStream()));
            String strline;
            File file = new File("163Page.txt");
            PrintWriter pw = new PrintWriter(new FileWriter(file, false));
            while ((strline = discontent.readLine()) != null)
                pw.println(strline);
            pw.close();
            discontent.close();
        } catch (MalformedURLException e) {
            System.out.println("MalformedURLException:" + e);
        } catch (IOException e) {
            System.out.println("ioexception:" + e);
        }
    }
}
```

②编译并运行程序，程序运行结果如图 9－6 所示。同时在 URLGetFile 类所在的工程目录下生成 163Page. txt 文本文件，如图 9－7 所示。163Page. txt 的文件内容如图 9－8 所示。

```
protocol =http
host =www.163.com
filename =/index.html
port=-1
```

图 9－6　程序运行结果

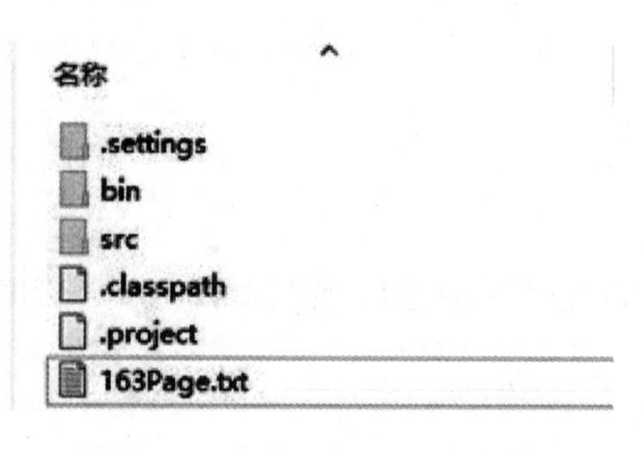

图 9－7　生成 163Page. txt 文件

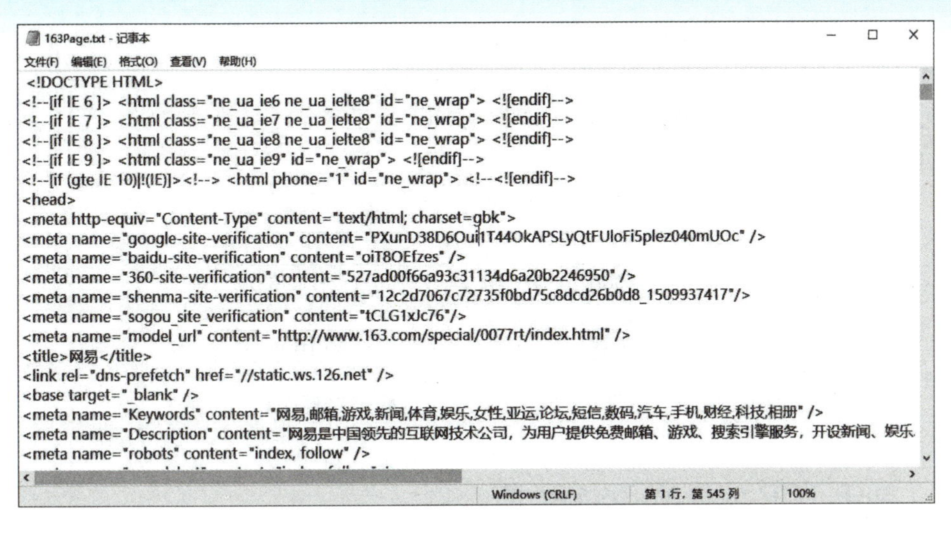

```
163Page.txt - 记事本
文件(F) 编辑(E) 格式(O) 查看(V) 帮助(H)
<!DOCTYPE HTML>
<!--[if IE 6 ]> <html class="ne_ua_ie6 ne_ua_ielte8" id="ne_wrap"> <![endif]-->
<!--[if IE 7 ]> <html class="ne_ua_ie7 ne_ua_ielte8" id="ne_wrap"> <![endif]-->
<!--[if IE 8 ]> <html class="ne_ua_ie8 ne_ua_ielte8" id="ne_wrap"> <![endif]-->
<!--[if IE 9 ]> <html class="ne_ua_ie9" id="ne_wrap"> <![endif]-->
<!--[if (gte IE 10)|!(IE)]><!--> <html phone="1" id="ne_wrap"> <!--<![endif]-->
<head>
<meta http-equiv="Content-Type" content="text/html; charset=gbk">
<meta name="google-site-verification" content="PXunD38D6Oui1T44OkAPSLyQtFUloFi5plez040mUOc" />
<meta name="baidu-site-verification" content="oiT8OEfzes" />
<meta name="360-site-verification" content="527ad00f66a93c31134d6a20b2246950" />
<meta name="shenma-site-verification" content="12c2d7067c72735f0bd75c8dcd26b0d8_1509937417"/>
<meta name="sogou_site_verification" content="tCLG1xJc76"/>
<meta name="model_url" content="http://www.163.com/special/0077rt/index.html" />
<title>网易</title>
<link rel="dns-prefetch" href="//static.ws.126.net" />
<base target="_blank" />
<meta name="Keywords" content="网易,邮箱,游戏,新闻,体育,娱乐,女性,亚运,论坛,短信,数码,汽车,手机,财经,科技,相册" />
<meta name="Description" content="网易是中国领先的互联网技术公司，为用户提供免费邮箱、游戏、搜索引擎服务，开设新闻、娱乐
<meta name="robots" content="index, follow" />
Windows (CRLF)    第 1 行，第 545 列    100%
```

图 9－8　163Page. txt 文件内容

任务 2　基于 TCP 协议的网络通信案例

导入任务

编写一个基于 TCP 协议的网络程序，实现客户端和服务端的通信。

知识准备

网络编程的目的就是利用编程语言，通过网络协议，实现计算机之间的通信。网络编程中有两个主要的工作：一个是确定网络上通信对方的主机，另一个是实现可靠、高效的数据传输。

目前较为流行的网络编程模型是客户机/服务器（C/S）结构。即通信双方一方作为服务器等待客户提出请求并予以响应，客户则在需要服务时向服务器提出申请。服务器一般作为守护进程始终运行，监听网络端口，一旦有客户请求，就会启动一个服务进程来响应该客户，同时继续监听服务端口，使后来的客户也能及时得到服务。

一、TCP 通信

基于 TCP 协议的客户机/服务器（C/S）结构中，一端是服务器端（S），另一端是客户端（C）。就像人们日常打电话的过程一样，连接的发起者（相当于拨号打电话的人）是客户端，监听者（相当于接电话的人）是服务器端。发起者指定要连接的服务器地址和端口（相当于电话号码），监听者通过接听建立连接（相当于听到电话铃声响去接电话）。建立连接后，双方可以互相发送和接收数据（相当于说话交流）。

在 TCP 通信中，客户机和服务器通过一个双向的通信连接实现数据的交换。这个双向链路的一端称为一个 Socket（套接字）。一个 Socket 由一个 IP 地址和一个端口号唯一确定。图 9－9 显示了 TCP 通信的基本过程。

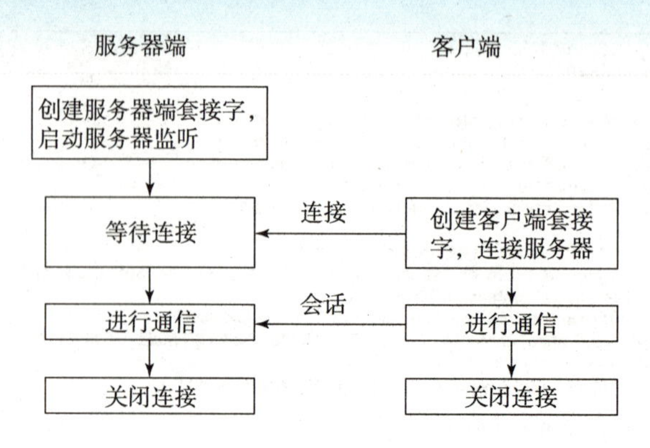

图 9-9 基于 TCP 的通信流程图

二、基于 TCP 协议的 Socket 类

TCP（Transmission Control Protocol，传输控制协议）：面向连接的，可靠的数据传输协议。TCP 传输是流式的，必须先建立连接，然后数据流沿已连接的线路传输。

在 Java 语言的 java. net 包中，有 Socket 和 ServerSocket 两个类，分别用来表示双向连接的客户端和服务器端的套接字类。

1. Socket 类

Socket 类的构造方法：

Socket(InetAddress address, int port)，创建一个流套接字，并将其连接到指定 IP 地址的指定端口号。

Socket(String host, int port)，创建一个流套接字，并将其连接到指定主机上的指定端口号。

Socket(SocketImpl impl)，使用用户指定的 SocketImpl 创建一个未连接 Socket。

Socket(String host, int port, InetAddress localAddr, int localPort)，创建一个套接字，并将其连接到指定远程主机上的指定远程端口。

Socket(InetAddress address, int port, InetAddress localAddr, int localPort)，创建一个套接字，并将其连接到指定远程地址上的指定远程端口。

Socket 类的成员方法：

public InetAddress getInetAddress()，返回套接字连接的远程主机的地址。

public int getPort()，返回 Socket 连接到远程主机的端口号。

public InputStream getInputStream()，返回一个输入流，利用这个流就可以从套接字读取数据。通常链接这个流到一个 BufferedInputStream 或者 BufferedReader。

public OutputStream getOutputStream()，返回一个与套接字绑定的数据输出流，可以从应用程序写数据到套接字的另一端。通常将它链接到 DataOutputStream 或者 OutputStream-Writer 等更方便的类，还可以连接到缓冲类。

public synchronized void close()，关闭套接字。

2. ServerSocket 类

ServerSocket 类的构造方法：

ServerSocket(int port)，创建绑定到特定端口的服务器端套接字。

ServerSocket(int port, int backlog)，创建绑定到特定端口的服务器端套接字。backlog 参数用于指定在服务器忙时，可以与之保持连接请求的等待客户数量，如果没有指定参数，默认为 50。

ServerSocket 类的成员方法：

public Socket accept() throws IOException，该方法是阻塞的，它停止执行流，等待下一个客户端的连接。当客户端请求连接时，accept() 方法返回一个 Socket 对象，然后就用这个 Socket 对象的 getInputStream() 和 getOutputStream() 方法返回的流与客户端交互。

public void close() throws IOException，关闭服务器端套接字。

注意：在以上的诸多方法中，port 是端口号，可以自行设定，但 0～1 023 的端口号为系统保留号，一般不要使用。

一个实现 Socket 通信的网络应用程序由一个服务端程序和一个客户端程序组成。服务端程序中包含一个提供 TCP 连接服务的 ServerSocket 类对象和一个参与通信的 Socket 对象；客户端程序中只包含一个参与通信的 Socket 对象。服务端的 ServerSocket 对象提供 TCP 连接服务，连接成功以后，实际进行通信的是服务端的 Socket 对象和客户端的 Socket 对象。Socket 通信的流程如图 9－10 所示。

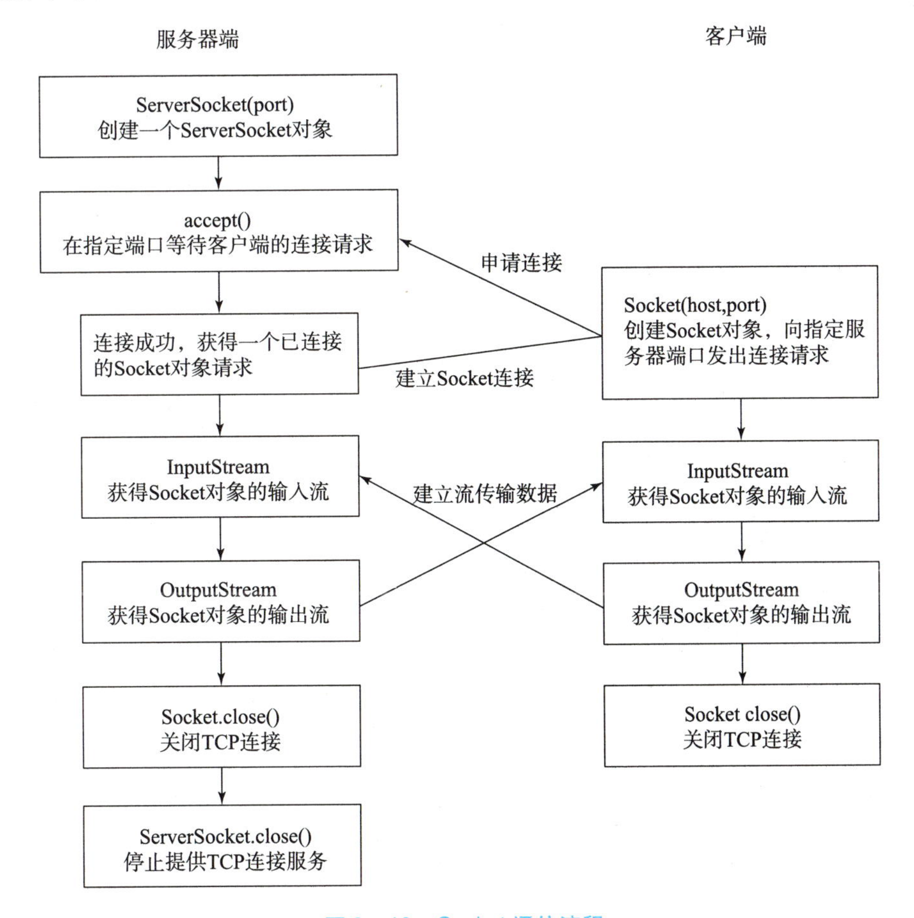

图 9－10 Socket 通信流程

例9-5：实现基于TCP协议的简单通信程序。

服务器端代码：

```
import java.io.OutputStream;
import java.net.ServerSocket;
import java.net.Socket;
public class TCPServerDemo {
    public static void main(String[] args) throws Exception {
        new TCPServer1().listen();
    }
}
class TCPServer1 {
    private static final int PORT = 7788;// 定义一个端口号
    public void listen() throws Exception {
        // 创建 ServerSocket 对象
        ServerSocket serverSocket = new ServerSocket(PORT);
        // 调用 ServerSocket 的 accept()方法接收数据
        Socket client = serverSocket.accept();
        OutputStream os = client.getOutputStream();// 获取客户端的输出流
        System.out.println("开始与客户端交互数据");
        os.write(("欢迎你").getBytes());
        Thread.sleep(5000);
        System.out.println("结束与客户端交互数据");
        os.close();
        client.close();
    }
}
```

客户端代码：

```
import java.io.InputStream;
import java.net.InetAddress;
import java.net.Socket;
public class TCPClientDemo {
    public static void main(String[] args) throws Exception {
        new TCPClient1().connect();
    }
}
class TCPClient1 {
    private static final int PORT = 7788;// 服务器端的端口号
```

```
    public void connect() throws Exception {
        // 创建一个 Socket,并连接到给出地址和端口号的计算机
        Socket client  = new Socket(InetAddress.getLocalHost(), PORT);
        InputStream is  = client.getInputStream();// 得到接收数据的流
        byte[] buf  = new byte[1024];// 定义 1 024 个字节数组的缓冲区
        int len  = is.read(buf);// 将数据读到缓冲区
        // 将缓冲区中的数据输出
        System.out.println(new String(buf, 0, len));
        client.close();// 关闭 Socket 对象,释放资源
    }
}
```

运行结果如图 9－11 和图 9－12 所示（先启动服务器端，然后再启动客户端）。

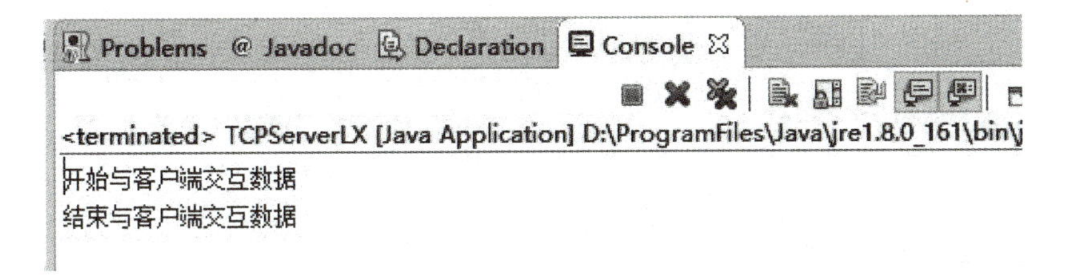

图 9－11　服务器端运行结果

图 9－12　客户端运行结果

任务实施

①编写服务器端程序。

```
import java.io.* ;
import java.net.* ;
public class TCPServer {
    public static void main(String[] args) {
        try {
            // 初始化 ServerSocket 对象
            ServerSocket socket  = new ServerSocket(3000);
```

```
            System.out.println("服务器已经启动,等待客户端连接...");
            Socket client = socket.accept();//
            System.out.println("已经连接上一个客户端。");
            BufferedReader rsp = new BufferedReader(
            new InputStreamReader(client.getInputStream()));
            PrintWriter osp = new PrintWriter(client.getOutputStream());
            BufferedReader sin = new BufferedReader(
            new InputStreamReader(System.in));
            System.out.println("客户端:" + rsp.readLine());
            String line = sin.readLine();
            while (! line.equals("exit")) {
                osp.println(line);
                osp.flush();
                System.out.println("客户端:" + rsp.readLine());
                line = sin.readLine();
            }
            System.out.println();
            sin.close();
            rsp.close();
            osp.close();
            client.close();
            socket.close();
        } catch (Exception e) {
            System.out.println("出现错误:" + e.toString());
        }
    }
}
```

②编写客户端程序，代码如下：

```
import java.io.*;
import java.net.Socket;
public class TCPClient {
    public static void main(String[] args) {
        try {
            // 初始化 socket 对象
            Socket sclient = new Socket("127.0.0.1", 3000);
            System.out.println("已经连接到服务器");
```

```
        BufferedReader sin = new BufferedReader(
        new InputStreamReader(System.in));
        PrintWriter osw = new PrintWriter(sclient.getOutputStream());
        BufferedReader isw = new BufferedReader(
        new InputStreamReader(sclient.getInputStream()));
        String readline;
        readline = sin.readLine();
        while (!readline.equals("exit")) {
            osw.println(readline);
            osw.flush();
            System.out.println("服务器端:" + isw.readLine());
            readline = sin.readLine();
        }
        sin.close();
        osw.close();
        isw.close();
        sclient.close();
    } catch (Exception e) {
        System.out.println("出现错误:" + e.toString());
    }
  }
}
```

③运行程序，程序的运行结果如图9－13和图9－14所示。

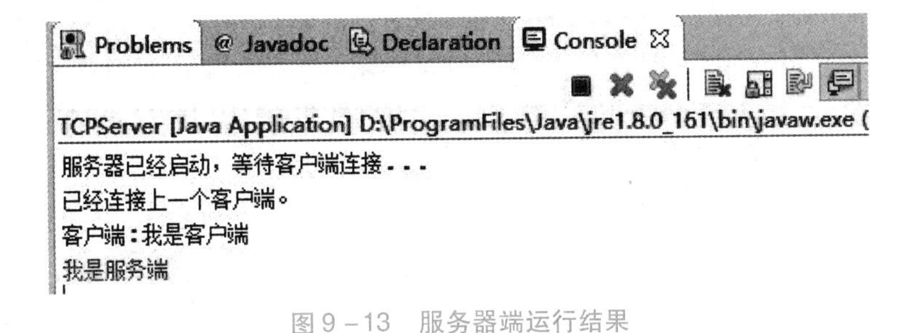

图9－13　服务器端运行结果

Problems　@ Javadoc　Declaration　Console

TCPClient [Java Application] D:\ProgramFiles\Java\jre1.8.0_161\bin\javaw.exe

已经连接到服务器

我是客户端

服务器端:我是服务端

图9－14　客户端运行结果

任务3　基于UDP协议的网络通信案例

导入任务

编写一个基于UDP协议的简单通信程序，实现发送端与接收端的通信功能。

要求：

发送端窗口中，输入需要发送的内容，单击“发送”按钮进行信息的发送。

接收端接收到发送端发送的数据，在接收端窗口中显示接收的内容，并且向发送端返回“信息已经收到”。

知识准备

一、UDP通信

UDP（User Datagram Protocl，用户数据报协议）：面向无连接的，不可靠的数据报传输协议。在UDP通信中，传输数据大小限制在64 KB以下。通常UDP是不分客户端和服务器端的，通信双方是平等的。但就一个报文而言，发送端是客户端，监听端是服务器端。发送端把数据报发送给网络上的路由器后就不再管了，可能会出现报文丢失的问题，所以说是不可靠的。

二、基于UDP协议的Socket类

Java的UDP网络编程主要通过DatagramSocket和DatagramPacket两个类实现。

1. DatagramSocket类

DatagramSocket类的构造方法：

DatagramSocket()，构造一个数据报Socket对象，其通信端口为任意可以使用的端口。

DatagramSocket(int port)，构造一个绑定到port端口号的数据报Socket对象。

DatagramSocket(int port,InetAddress Iaddr)，构造一个绑定到port端口号的数据报Socket对象，并且指明本地IP地址

DatagramSocket类的常用方法：

receive(DatagramPacket p)，接收数据报。

send(DatagramPacket p)，发送数据报。

2. DatagramPacket类

DatagramPacket类的构造方法：

DatagramPacket(byte[] buf, int length)，构造一个接收报文的数据报对象，buf和length为报文缓冲区及其长度。

DatagramPacket(byte[] buf, int length, InetAddress address, int port)，构造一个发送报文的数据报对象。buf和length为报文缓冲区及其长度，address和port是接收方的IP地址和端口号。

DatagramPacket 类的常用方法：

InetAddress getAddress()，获取报文发送者的 IP 地址。

int getPort()，获取报文发送者的端口号。

byte[] getData()，获取数据包的内容。

int getLength()，获取数据包的长度。

例 9-6：实现基于 UDP 协议的简单通信程序。

发送端代码：

```
import java.io.BufferedReader;
import java.io.IOException;
import java.io.InputStreamReader;
import java.net.DatagramPacket;
import java.net.DatagramSocket;
import java.net.InetAddress;
public class UDPSendDemo {
    public static void main(String[] args) throws IOException {
        System.out.println("发送端已经启动");
        DatagramSocket ds = new DatagramSocket(8888);// 监听端口
        InputStreamReader read = new InputStreamReader(System.in);
        BufferedReader bufr = new BufferedReader(read);// 键盘输入
        String line = null;
       while ((line = bufr.readLine()) ! = null) {
        byte[] buf = line.getBytes();
        InetAddress InetAdd = InetAddress.getByName("127.0.0.1");
        DatagramPacket dp =new DatagramPacket(buf,buf.length,InetAdd,
10001);
        ds.send(dp);
        if ("88".equals(line)) {
            break;
            }
        }
        // 关闭资源
        ds.close();
    }
}
```

接收端代码：

```
import java.io.IOException;
import java.net.DatagramPacket;
```

```
import java.net.DatagramSocket;
public class UDPReceiveDemo {
  public static void main(String[] args) throws IOException {
    System.out.println("接收端已经启动");
    DatagramSocket ds = new DatagramSocket(10001);
    while (true) {
        byte[] buf = new byte[1024];
        DatagramPacket dp = new DatagramPacket(buf, buf.length);
        ds.receive(dp);
        //通过数据包的方法解析数据包中的数据,比如地址、端口、数据内容
        String ip = dp.getAddress().getHostAddress();
        int port = dp.getPort();
        String text = new String(dp.getData(), 0, dp.getLength());
        System.out.println("接收到" + ip + ":" + port + "发来的信息:" +
text);
        }
    }
}
```

运行程序，程序的运行结果如图9－15和图9－16所示。

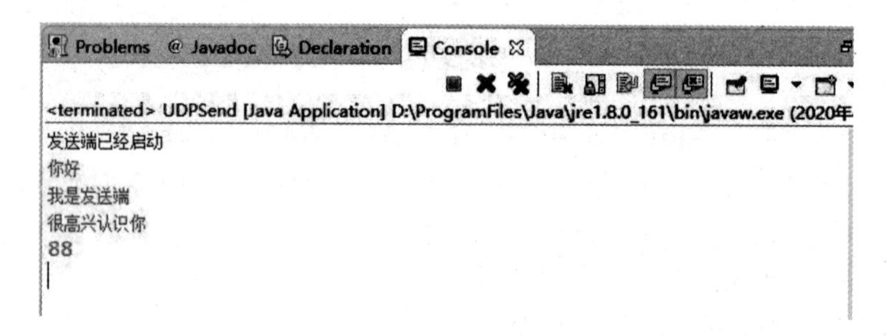

图9－15　发送端运行结果

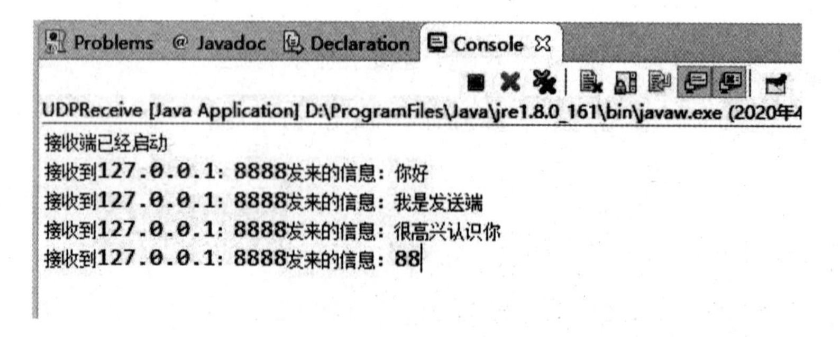

图9－16　接收端运行结果

该任务是UDP编程与Swing编程的综合应用。在发送端和接收端代码中添加窗体的相关代码。

①发送端代码:

```
import java.awt.*;
import java.awt.event.*;
import java.io.*;
import java.net.*;
import javax.swing.*;
public class UDPSender {
    public static void main(String[] args) {
        //发送端窗体
        JFrame sendFrame = new JFrame();
        JTextArea text = new JTextArea();
        JButton sendButton = new JButton("发送");
        GridLayout layout = new GridLayout(2, 1, 1, 1);
        sendFrame.setLayout(layout);
        sendFrame.setTitle("发送端窗体");
        sendFrame.setVisible(true);
        sendFrame.setLocationRelativeTo(null);
        sendFrame.setSize(400, 200);
        sendFrame.setDefaultCloseOperation(JFrame.EXIT_ON_CLOSE);
        sendFrame.add(text);
        sendFrame.add(sendButton);
        //发送动作事件
        sendButton.addActionListener(new ActionListener() {
            public void actionPerformed(ActionEvent e) {
                try {
                    InetAddress ip = InetAddress.getByName("127.0.0.1");
                    DatagramSocket socket = new DatagramSocket();
                    String message = text.getText();
                    DatagramPacket packet = new DatagramPacket(
                    message.getBytes(), message.getBytes().length, ip,
                        10010);
                    socket.send(packet);
                    byte[] messageFromServer = new byte[2048];
```

```
                    packet = new DatagramPacket(messageFromServer,
                    messageFromServer.length);
                    socket.receive(packet);
                    text.setText(new String(packet.getData()));
                    socket.close();
                } catch (IOException ex) {
                    ex.printStackTrace();
                }
            }
        });
    }
}
```

②接收端代码：

```
import java.awt.HeadlessException;
import java.io.*;
import java.net.*;
import javax.swing.*;
public class UDPReceiver {
    public static void main(String[] args) throws IOException,
    HeadlessException {
        //接收端图形界面
        JFrame receiveFrame = new JFrame("接收端");
        JTextArea text = new JTextArea();
        receiveFrame.add(text);
        receiveFrame.setSize(400, 200);
        receiveFrame.setLocationRelativeTo(null);
        receiveFrame.setVisible(true);
        receiveFrame.setDefaultCloseOperation(JFrame.EXIT_ON_CLOSE);
        byte[] message = new byte[2048];
        DatagramSocket socket = new DatagramSocket(10010);
        DatagramPacket packet =new DatagramPacket(message, message.length);
        socket.receive(packet);
        InetAddress ip = packet.getAddress();
        int port = packet.getPort();
        text.setText("ip 地址 : " + ip.toString() + "\n");
        text.append("端口号 : " + port + "\n");
        text.append("接收到信息 : " + new String(packet.getData()));
```

```
        String messageFromServer = "信息已经收到";
        packet = new DatagramPacket (messageFromServer.getBytes ( ),
messageFromServer.getBytes().length, ip, port);
        socket.send(packet);
        socket.close();
    }
}
```

③运行程序。运行结果如图 9－17～图 9－19 所示。

图 9－17　发送端窗体

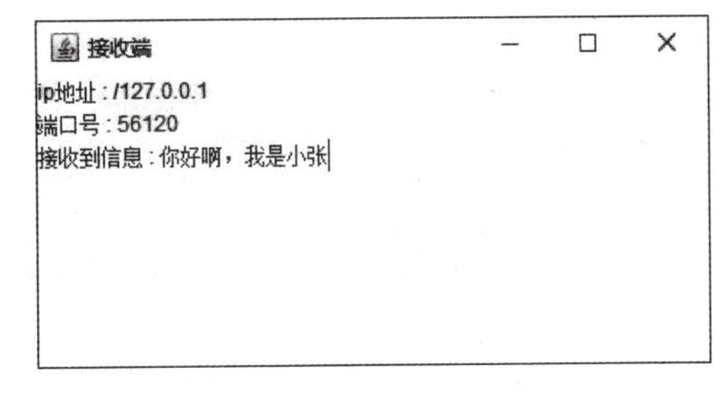

图 9－18　接收端窗体

图 9－19　发送端收到消息反馈

习题

一、选择题

1. DatagramSocket 类的 receive 方法的作用是（　　）。
   A. 根据网络地址接收数据包　　B. 根据网络地址与端口接收数据包
   C. 根据端口接收数据包　　D. 根据网络地址与端口发送数据包
2. Socket 类的 getOutputStream 方法的作用是（　　）。
   A. 返回文件路径　　B. 返回文件大小
   C. 返回数据输出流　　D. 返回数据输入流
3. 在套接字编程中，客户端需用到 Java 的（　　）类来创建 TCP 连接。
   A. ServerSocket　　B. DatagramSocket

C. Socket　　D. URL

4. 在套接字编程中，服务器端需用到 Java 的（　　）类来监听端口。

A. ServerSocket　　B. DatagramSocket

C. Socket　　D. URL

5. 以下（　　）方法可以获得主机名字或一个具有点分形式的数字 IP 地址。

A. getFile( )　　B. getQuery( )　　C. getHostName( )　　D. getPath( )

二、填空题

1. URL 对象调用________方法可以返回一个输入流，该输入流指向 URL 对象所包含的资源。
2. Java 中有关网络的类都包含在________包中。
3. ServerSocket. accept( )返回________对象，使服务器与客户端相连。
4. Sockets 技术构建在________协议之上。
5. Datagrams 技术构建在________协议之上。
6. 对于不可靠的数据报传输，使用________类来创建一个套接字。
7. 客户端的套接字和服务器端的套接字通过________互相连接后进行通信。

三、简答题

1. TCP、UDP 通信的特点分别是什么?
2. Socket 与 ServerSocket 类的区别是什么?

四、编程题

实现简单的 Echo 程序。即客户端输入哪些信息，服务器端会在内容前面加上“Echo:”，并将信息发回给客户端。